流行饰品材料及生产工艺

（第二版）

袁军平 王昶 编著

LIUXING SHIPIN CAILIAO JI
SHENGCHAN GONGYI

中国地质大学出版社
ZHONGGUO DIZHI DAXUE CHUBANSHE

图书在版编目(CIP)数据

流行饰品材料及生产工艺/袁军平,王昶编著. —2版. —武汉:中国地质大学出版社,2015.6(2022.7重印)
ISBN 978-7-5625-3630-7

Ⅰ.①流…
Ⅱ.①袁…②王…
Ⅲ.①首饰-材料②首饰-生产工艺
Ⅳ.①TS934.3

中国版本图书馆CIP数据核字(2015)第124841号

流行饰品材料及生产工艺(第二版)		袁军平　王昶　编著
责任编辑:段连秀		责任校对:张咏梅
出版发行:中国地质大学出版社(武汉市洪山区鲁磨路388号)		邮政编码:430074
电　　话:(027)67883511　传真:67883580		E-mail:cbb@cug.edu.cn
经　　销:全国新华书店		http://www.cugp.cug.edu.cn
开本:787毫米×960毫米 1/16		字数:420千字　印张:21.25
版次:2009年1月第1版　2015年6月第2版		印次:2022年7月第4次印刷
印刷:武汉中远印务有限公司		印数:8 001—9 000册
ISBN 978-7-5625-3630-7		定价:98.00元

如有印装质量问题请与印刷厂联系调换

21世纪高等教育珠宝首饰类专业规划教材

编 委 会

主任委员：

　　朱勤文　　中国地质大学(武汉)党委副书记、教授

委　　员(按音序排列)：

　　毕克成　　中国地质大学出版社社长
　　陈炳忠　　梧州学院艺术系珠宝首饰教研室主任、高级工程师
　　方　泽　　天津商业大学珠宝系主任、副教授
　　郭守国　　上海建桥职业技术学院珠宝系主任、教授
　　胡楚雁　　深圳职业技术学院副教授
　　黄晓望　　中国美术学院艺术设计职业技术学院特种工艺系主任
　　匡　锦　　青岛经济职业学校校长
　　李勋贵　　深圳技师学院珠宝钟表系主任、副教授
　　梁　志　　中国地质大学(武汉)珠宝学院书记、研究员
　　刘自强　　金陵科技学院珠宝首饰系主任、教授
　　秦宏宇　　长春工程学院珠宝教研室主任、副教授
　　石同栓　　河南省广播电视大学珠宝教研室主任
　　石振荣　　北京经济管理职业学院宝石教研室主任、副教授
　　王　昶　　广州番禺职业技术学院珠宝学院院长、教授
　　王弗锐　　海南职业技术学院珠宝专业主任、教授
　　王娟鹃　　云南国土资源职业学院宝玉石与旅游系主任、教授
　　王礼胜　　石家庄经济学院宝石与材料工艺学院院长、教授
　　肖启云　　北京城市学院理工部珠宝首饰工艺及鉴定专业主任、副教授

徐光理　天津职业大学宝玉石鉴定与加工技术专业主任、教授
薛秦芳　原中国地质大学（武汉）珠宝学院职教中心主任、教授
杨明星　中国地质大学（武汉）珠宝学院院长、教授
张桂春　揭阳职业技术学院机电系（宝玉石鉴定与加工技术教研室）系主任
张晓晖　北京经济管理职业学院副教授
张义耀　上海新侨职业技术学院珠宝系主任、副教授
章跟宁　江门职业技术学院艺术设计系副主任、高级工程师
赵建刚　安徽工业经济职业技术学院党委副书记、教授
周　燕　武汉市财贸学校宝玉石鉴定与营销教研室主任

特约编委：

刘道荣　中钢集团天津地质研究院有限公司副院长、教授级高工
　　　　天津市宝玉石研究所所长
　　　　天津石头城有限公司总经理
王　蓓　浙江省地质矿产研究所教授级高工
　　　　浙江省浙地珠宝有限公司总经理

策　划：

毕克成　中国地质大学出版社社长
梁　志　中国地质大学（武汉）珠宝学院书记、研究员
张晓红　中国地质大学出版社副总编
张　琰　中国地质大学出版社编辑中心常务副主任

前　言

随着社会经济、文化的飞跃发展和人们生活水平的不断提高，人们的消费观念也在不断变化，首饰用于标榜富贵和保值的传统作用已逐渐减弱，人们选择佩戴首饰已由注重保值观念发展为更多地追求首饰的装饰功能，材料是否贵贱已不是最重要，时尚化、个性化的饰品愈来愈受到大众的欢迎。从整个饰品行业发展的态势来看，我们已经步入了一个流行饰品快速发展的时代，且发展潜力巨大。

当前有许多饰品企业在从事流行饰品生产，饰品市场已出现了各种各样的廉价材料制作的工艺饰品。无论是饰品生产企业，还是普通消费者，都需要这方面的专业知识。鉴于业内缺乏流行饰品材料及生产工艺方面的书籍，编著者在2009年编著出版了《流行饰品材料及生产工艺》一书，作为珠宝首饰工艺专业教材及参考书。迄今六年过去了，国内外饰品行业发生了较大变化，出现了许多新的材料及工艺技术，为此在本书再版之际，编著者对饰品行业进行了广泛调研，根据当前饰品材料与工艺技术状况及未来发展趋势，对本书内容进行了较大的调整与补充。

全书按照饰品材料的类别及生产工艺特点共分为十一章，第一章主要介绍饰品的流行性、流行饰品的含义及特征、行业现状和市场前景，使读者对流行饰品有一个基本的认识。第二章主要介绍纯铜及高铜合金、黄铜、白铜、青铜等铜合金的性能，以及铜合金饰品生产中主要采用的熔模铸造工艺、冲压工艺、电铸工艺。第三章主要介绍了苗银、藏饰及泰银材料的特点、饰品类别及生产工艺。第四章主要介绍了饰品用锡合金、铅锡合金等低熔点合金与锌合金的材料特性、饰的类别和特点，以及低熔点合金与锌合金饰品主要采用的硅橡胶离心铸造工艺和压铸工艺。第五章主要介绍了饰品用不锈钢与钛合金的材料特性、饰品类别及特点，以及不锈钢和钛合金饰品主要采用的机械加工成型工艺和熔模铸造工艺。第六章主要介绍了饰品用钨钢材料特性、钨钢饰品类别及特点，以及钨钢饰品主要采用的粉末冶金工艺。第七章主要介绍了饰品用陶瓷材料特性、陶瓷饰品类别及特点，以及陶瓷饰品主要采用的成形及烧结工艺。第八章主要介绍了饰品用玻璃、琉璃材料特性、饰品类别及特点，玻璃饰品主要采用的成形及表面装饰处理工艺，以及琉璃饰品主要采用的失蜡铸造工艺。第九章主要介绍了饰品用树脂、塑料、亚克力的材料特性、饰品类别及特点，以及树脂工艺饰品主要采用的模具浇注成型工艺、塑料亚克力饰品主要采用的一次成型和二次成型工艺。第十章主要介绍了饰品用沉香木、花梨木、阴沉木、紫檀木、金丝楠木、硅化木等几种典型木材的特性及生产工艺过程。第十一章主要介绍了流行饰品常用的抛光、电镀、化学镀、化学电化学转化膜、物理气相沉积、珐琅、滴胶、表面纳米喷镀等典型表面处理工艺。

  本书在内容取舍上以通俗易懂为原则，理论知识讲解不过分深入，实际操作工艺尽量明细，书中插入了大量的实物图片，图文并茂，有助于读者理解。

  流行饰品材料及生产工艺涉及到多学科的领域，限于编著者水平有限，取材不当及疏漏错误之处，恳请读者批评指正。

编著者

2015 年 2 月于广州番禺职业技术学院

目　录

第一章　绪　论 …………………………………………………… (1)
第一节　首饰的流行性 ……………………………………… (1)
一、流行性含义 …………………………………………… (1)
二、首饰流行性的范畴 …………………………………… (3)
第二节　流行饰品及其特征 ………………………………… (7)
一、流行饰品的含义 ……………………………………… (7)
二、流行饰品的特征 ……………………………………… (7)
第三节　流行饰品的生产经营现状 ………………………… (11)
第四节　流行饰品行业的前景 ……………………………… (13)

第二章　铜合金饰品及生产工艺 ………………………………… (14)
第一节　概　述 ……………………………………………… (14)
第二节　纯铜及高铜合金 …………………………………… (15)
一、纯铜及其性质 ………………………………………… (15)
二、高铜合金 ……………………………………………… (18)
三、纯铜及高铜合金的工艺性能 ………………………… (18)
第三节　铜合金 ……………………………………………… (20)
一、黄铜 …………………………………………………… (21)
二、白铜 …………………………………………………… (27)
三、青铜 …………………………………………………… (32)
第四节　铜饰品的制作工艺 ………………………………… (37)
一、铜饰品的熔模铸造工艺 ……………………………… (37)
二、铜饰品的冲压工艺 …………………………………… (51)
三、铜饰品的电铸工艺 …………………………………… (51)

第三章 苗银藏饰泰银饰品及生产工艺 (56)

第一节 苗银饰品及生产工艺 (56)

一、苗银饰品简介 (56)

二、苗银材料 (57)

三、苗银饰品类别 (57)

四、苗银生产工艺 (61)

第二节 藏饰饰品及生产工艺 (64)

一、藏饰饰品简介 (64)

二、藏饰材料及饰品类别 (64)

三、藏饰品的制作工艺 (73)

四、藏饰的特点 (73)

第三节 泰银饰品及生产工艺 (74)

一、泰银 (74)

二、泰银的做旧处理 (74)

第四章 低熔点合金饰品及生产工艺 (76)

第一节 低熔点合金饰品 (76)

一、几种典型低熔点金属元素简介 (76)

二、典型的低熔点合金 (78)

三、低熔点合金工艺饰品的类别及特点 (83)

四、低熔点合金饰品的保养 (86)

五、低熔点合金饰品的安全性 (86)

第二节 锌合金饰品 (87)

一、锌合金 (87)

二、锌合金饰品实例 (92)

第三节 低熔点合金工艺饰品的制作工艺 (94)

一、硅橡胶离心铸造工艺 (94)

二、冷挤压成形工艺 (112)

三、压铸工艺 (112)

第五章 不锈钢与钛合金饰品及生产工艺 (118)

第一节 不锈钢饰品及生产工艺 (118)
一、不锈钢简介 (118)
二、饰品用不锈钢 (122)
三、不锈钢饰品的特点 (130)
四、不锈钢饰品的类别 (130)

第二节 钛合金饰品 (133)
一、钛合金简介 (133)
二、饰用钛合金 (137)
三、钛合金饰品的特点 (138)
四、钛合金饰品的类别 (139)
五、钛饰品的市场状况 (140)

第三节 不锈钢和钛合金饰品的成型工艺 (143)
一、机械成型工艺 (143)
二、熔模铸造成型工艺 (151)

第六章 钨钢饰品及生产工艺 (157)

第一节 钨钢材料简介 (157)
一、金属钨 (157)
二、碳化钨硬质合金 (159)
三、饰品用钨钢材料 (165)

第二节 钨钢饰品的特点 (167)
一、钨钢饰品的优点 (167)
二、钨钢饰品的缺点 (168)
三、钨钢饰品的辨别 (168)

第三节 钨钢饰品的类别 (169)
一、素金属钨钢饰品 (169)
二、钨钢镶嵌饰品 (171)

第四节 钨钢饰品的生产工艺 (171)
一、粉末冶金技术简介 (171)

二、粉末冶金技术生产钨钢饰品的工艺过程 ……………………… (172)

第七章　陶瓷饰品及生产工艺 ……………………………………… (185)

第一节　陶瓷材料简介 ……………………………………………… (185)

　　一、陶瓷的概念 …………………………………………………… (185)

　　二、陶瓷的分类 …………………………………………………… (186)

　　三、陶瓷材料的组成 ……………………………………………… (186)

　　四、陶瓷材料的性能 ……………………………………………… (187)

第二节　陶瓷饰品 …………………………………………………… (189)

　　一、陶瓷饰品的发展概况 ………………………………………… (189)

　　二、陶瓷饰品的特点 ……………………………………………… (190)

　　三、陶瓷饰品的类别 ……………………………………………… (191)

第三节　陶瓷饰品生产工艺 ………………………………………… (194)

　　一、配泥 …………………………………………………………… (194)

　　二、成形 …………………………………………………………… (195)

　　三、干燥 …………………………………………………………… (196)

　　四、烧结 …………………………………………………………… (199)

　　五、施釉 …………………………………………………………… (201)

第八章　玻璃琉璃饰品及生产工艺 …………………………………… (203)

第一节　玻璃琉璃材料简介 ………………………………………… (203)

　　一、玻璃 …………………………………………………………… (203)

　　二、琉璃 …………………………………………………………… (208)

第二节　玻璃琉璃饰品 ……………………………………………… (210)

　　一、玻璃饰品 ……………………………………………………… (210)

　　二、琉璃饰品 ……………………………………………………… (213)

　　三、琉璃饰品的保养 ……………………………………………… (215)

第三节　玻璃琉璃饰品制作工艺 …………………………………… (215)

　　一、玻璃工艺饰品的制作工艺 …………………………………… (215)

　　二、琉璃饰品的制作工艺 ………………………………………… (222)

第九章　树脂塑料亚克力饰品及生产工艺 (228)

第一节　树脂饰品及生产工艺 (228)
一、饰品用树脂简介 (228)
二、树脂工艺饰品类别 (231)
三、树脂工艺饰品的制作工艺 (234)
四、树脂白坯生产中常见的问题及解决方法 (239)

第二节　塑料饰品及生产工艺 (242)
一、饰品用塑料简介 (242)
二、塑料饰品示例 (246)
三、塑料饰品生产工艺 (248)

第三节　亚克力饰品及生产工艺 (252)
一、亚克力材料简介 (252)
二、亚克力饰品的类别 (253)
三、亚克力饰品的生产工艺 (256)
四、亚克力饰品的保养与维护 (257)

第十章　木饰品及生产工艺 (258)

第一节　沉香木及饰品 (258)
一、沉香简介 (258)
二、沉香的形成条件 (259)
三、沉香的分类 (260)
四、沉香工艺饰品 (264)

第二节　黄花梨木及其饰品 (264)
一、黄花梨简介 (264)
二、黄花梨木特征 (265)
三、海南黄花梨的分类 (265)
四、黄花梨木饰品 (267)

第三节　阴沉木及其饰品 (267)
一、阴沉木简介 (267)
二、阴沉木工艺饰品 (268)

第四节　紫檀木及其饰品 ……………………………………… (269)
　　一、紫檀木简介 ………………………………………………… (269)
　　二、紫檀木工艺饰品 …………………………………………… (270)

第五节　金丝楠木及其饰品 …………………………………… (272)
　　一、金丝楠木简介 ……………………………………………… (272)
　　二、金丝楠木纹理 ……………………………………………… (272)
　　三、金丝楠木工艺饰品 ………………………………………… (274)

第六节　硅化木及其饰品 ……………………………………… (275)
　　一、硅化木简介 ………………………………………………… (275)
　　二、硅化木工艺饰品 …………………………………………… (277)

第七节　木质工艺饰品生产工艺 ……………………………… (277)
　　一、木质工艺饰品的一般生产流程 …………………………… (277)
　　二、木珠手串生产工艺流程 …………………………………… (278)

第十一章　流行饰品的表面处理工艺 ……………………… (281)

第一节　抛光工艺 ……………………………………………… (281)
　　一、机械抛光 …………………………………………………… (281)
　　二、化学抛光 …………………………………………………… (284)
　　三、电化学抛光 ………………………………………………… (284)

第二节　电镀工艺 ……………………………………………… (285)
　　一、饰品电镀基本知识 ………………………………………… (286)
　　二、电镀铜及铜合金 …………………………………………… (287)
　　三、电镀镍 ……………………………………………………… (291)
　　四、电镀银及银合金 …………………………………………… (293)
　　五、电镀金及金合金 …………………………………………… (295)
　　六、电镀铑 ……………………………………………………… (298)

第三节　化学镀工艺 …………………………………………… (298)
　　一、化学镀的特点 ……………………………………………… (299)
　　二、化学镀原理 ………………………………………………… (299)
　　三、化学镀金 …………………………………………………… (300)

四、化学镀镍 …………………………………………………（301）

　　五、化学镀铜 …………………………………………………（303）

　　六、化学镀实例：树叶的叶脉电镀 …………………………（304）

　第四节　流行饰品的化学电化学转化膜工艺 ……………………（305）

　　一、铜及铜合金饰品的化学着色工艺 ………………………（306）

　　二、银及其合金饰品的着色工艺 ……………………………（308）

　　三、锌及其合金饰品的着色工艺 ……………………………（308）

　　四、不锈钢饰品的氧化着色工艺 ……………………………（309）

　　五、铝合金饰品的阳极氧化处理 ……………………………（310）

　第五节　物理气相沉积工艺 ………………………………………（311）

　　一、物理气相沉积工艺的分类 ………………………………（311）

　　二、PVD镀膜工艺在饰品业的应用 …………………………（313）

　第六节　珐琅工艺 …………………………………………………（316）

　第七节　滴胶工艺 …………………………………………………（318）

　第八节　蚀刻工艺 …………………………………………………（320）

　　一、化学蚀刻工艺 ……………………………………………（320）

　　二、电解蚀刻 …………………………………………………（321）

　第九节　纳米喷镀技术 ……………………………………………（321）

　　一、纳米喷镀的原理 …………………………………………（321）

　　二、纳米喷镀的特点 …………………………………………（322）

参考文献 ……………………………………………………………（323）

第一章　绪　论

传统观念中珠宝首饰被视为一种可望不可及的奢侈品,其材料都是贵重金属和精美宝石,它以高昂的材料价值向人们展示着拥有者的权力、地位和财富。这限制了首饰进入平常生活的方方面面,同时也不可避免地会表现出单调和呆板。随着现代经济技术和文化的发展,人们的生活水平不断提高,禁锢的思想逐步得到解放,人们开始追求得到自己喜爱的饰品。在这种背景下,人们对首饰的概念已有了新的认识。首饰用于标榜富贵的传统作用已逐渐减弱,人们选择佩戴首饰已由注重保值观念发展为更多地追求首饰的个性化,强调艺术性,随心所欲地改变它的形式以满足自我需要。材料是否贵贱,已不是最重要。随着现代人越来越追求自我表现,首饰也越来越个性化,进入了一个流行饰品的时代。

第一节　首饰的流行性

一、流行性含义

在现代社会生活中,百业俱兴,万物竞生,丰富多彩的时尚物品由于民族传统、风俗习惯和时代风尚的不同,往往在造型、色彩和材料方面存在着一种时代倾向。随着社会的变革,这种倾向不断变化,常常由一种倾向变为另一种倾向。当这种倾向为一定的群体所接受,形成生活的潮流时,就成为引人注目的流行性。流行性之所以成为生活的潮流,就是因为它具有一种新颖的美感,能够成为人们追求高尚生活情趣的目标指向。

流行性是一种变化着的生活潮流。既然是潮流,它就有产生、发展、消失或演进的过程。如果我们研究古往今来的历史,就会发现流行性在首饰方面的表现是非常明显的。从原始社会的兽骨、果实、砾石、羽毛装饰,到奴隶社会的扇贝、青铜、铁器装饰,再到封建社会的金、银、珠宝装饰,发展到近现代各种各样的贵金属、宝玉石镶嵌饰品,以及当代用廉价材料制作的无奇不有的时装饰品,既是人类审美情趣的发展,也是流行时尚的轨迹。

首饰的流行性属于一种人体装饰的艺术创造,它的变化范围是非常宽广的,带有周期性的循环特征的变化,这是首饰流行性的一个屡见不鲜的个性。当一种新的首饰刚一出现,就会以其独特的风格和崭新的姿态去吸引消费者,并迅速向四周扩散形成时尚潮流,过了一个时期以后,又会在新潮流的冲击下渐渐消失,成为历史的陈迹。有时候,以往曾经出现过的首饰,又会经过某些改变和革新,再次成为一种时髦的风尚。

流行性所引起的生活倾向,有些可能是短暂的,由于不能为社会所欣然接受,很难成为广泛的爱好;另外一些,由于能在很大的范围内受到普遍的欢迎,就会变成一种风俗习惯。例如,结婚戒指、小孩长命锁、男戴观音女戴佛的讲究已经成为人们的一种风俗习惯。民族传统、文化伦理、图腾崇拜、信念寄托有时会成为一种长期的流行风尚,这是首饰美学的一种独特风格。例如,黔东南地区苗族的银饰,以种类繁多、特点鲜明、制作工艺精美成为苗族人的象征,一件银衣就是一部写在苗族人身上的史书;再如渗透着西藏文化精髓的各种饰品,随着人们对个性的崇尚而越来越为更多的人所钟爱。

苗族银饰

社会名流的示范和戏剧文艺的暗示,常常会对某些首饰的流行起到推波助澜的作用。例如,美国好莱坞大片《泰坦尼克号》中女主角佩戴的"海洋之心",引起了人们极大的关注和无法抗拒的追捧。该项链所嵌宝石既非蓝钻也非蓝宝石,而是一颗产自东非坦桑尼亚乞力马扎罗山脚下的坦桑石(Tanzanite)。随着影片热潮风靡全球,使坦桑石一举成为宝石界中大热的"明星"。而"海洋之心"的款式也得到市场的热烈响应,当年用各种材料仿制的"海洋之心"使许多首饰厂的业务大幅增长,迄今在电商平台还屡见与"海洋之心"相关的产品信息,其中多为仿"海洋之心"的水晶饰品。

第一章　绪　论

藏银吊坠　　　　　　　　"海洋之心"水晶饰品

首饰的美虽仅以"小巧之物"去装饰"垂颈之地",但首饰的装饰艺术变化万千,体现出不同的时期、不同的艺术风格、不同的表现主题,具有很强的流行性。新款首饰的诞生绝不是孤立的,而是与时尚脉搏合拍的。

二、首饰流行性的范畴

按照首饰的基本属性,首饰流行性可涵盖色彩流行、款式流行、材料流行、功能流行、种类流行等范畴。

1. 色彩流行

这是指首饰的色彩符合人们对色彩的要求,与国际流行色有很大的关系。流行饰品的色彩多以服装流行色为参考,赤橙黄绿蓝青紫黑白灰各色皆有,姹紫嫣红,琳琅满目,并多利用颜色的类似性、对比性和冷暖性而产生较强的装饰效果。

2. 款式流行

这是指流行式样趋于某一特点。流行饰品的款式丰富多彩,如时装首饰大量采用对称的或非对称的、规则的或不规则的、几何形状的或自然而成的各种各样的款式和图案,并随时装的变化而变化。

3. 材料流行

这是指流行饰品的材料有一定的趋向性。流行饰品在用材上与时装风格相配具有多样性和随意性,有硬性材料、软性材料,也有软硬适中的中性材料。其中,硬性质地的有珐琅、不锈钢、玻璃、陶瓷、饰石、普通金属等;软性质地的有毛、皮、绒、布、羽毛、线绳等;介于二者之间的有橡胶、竹木、塑料、骨料、漆料、贝壳、

流行饰品的色彩

果核等。流行饰品所用材料突破了传统的贵金属首饰与新潮仿真首饰的界限，如时装首饰的用材一般为一些价格低廉、质地较差的天然金属材料或合金材料及非金属材料。正是由于材料的多样性和饰品的多样性，才更适应千变万化的时装。一些典型材料制作的流行饰品见图版。

4. 功能流行

这是首饰流行中的新概念、新思潮。现代首饰为了能够方便顾客使用，往往将首饰设计成一物多用。有些首饰甚至不仅有装饰价值，而且还有实际生活气息。例如，当今化纤服装很多，化纤服装和人体磨擦可产生静电，对人体健康有一定危害。于是日本推出了一种抗静电项链，衣服所产生的静电都可由它"收容"，从而有效保护人体，可减轻人们头痛之苦，对高血压也有一定疗效。法国研制出一种能够在急救病人时提供病历的项链，内有一个装着放大镜和缩微胶卷的圆柱体。缩微胶卷上除记载着病人较为详细的病史外，还有血压、血型、用药情况。对于那些患有心血管病的人，佩戴这种项链尤为适宜，一旦发生紧急情况，这种项链就能帮助医生当机立断，迅速采取抢救措施。

美国新近推出一种运动戒指。这种戒指实际是一个可以戴在手指上的超小型电子仪器。戴上它跑步，其细小的液晶显示器会告诉你跑步的平均速度、最快速度、距离及时间等数据，且防水、美观，很受女性欢迎。加拿大研制成功的体温戒指，相当于一支体温计，其上嵌有能够感应体温变化的液晶体，它把感应到的人体温度用数字加以显示，一目了然。这种戒指对于训练运动员、飞行员和水下作业者实用价值很高。国内饰品市场推出的戒指表和U盘吊坠也很具有代表性，戒指表既是有装饰功能的饰品，又具有钟表的功能。U盘吊坠拆开后是两个U盘，合并后是一件吊坠，产品兼具信息存储和装饰佩戴的功能。

珐琅饰品

不锈钢饰品

陶瓷饰品

木饰品

低熔点合金饰品

塑料饰品

戒指表　　　　　　　　　　　　　　　　肩饰

带 U 盘的陶瓷组合吊坠

5.种类流行

这是指人们对某一种首饰在一段时间内特别有所偏爱,而使这种首饰在社会上盛行一时。比如近年来在国际上肩饰非常流行。这种首饰通常与时装首饰相配合,个体较大,可随人走动而闪烁飘曳的色彩和光泽,令人赏心悦目。

第二节 流行饰品及其特征

一、流行饰品的含义

流行饰品是相对珠宝首饰而言的,是指用合金材料和人造珠宝等非贵重材料制造成的具有装饰美感的首饰,也称仿真首饰、时尚饰品等。

著名服装设计师夏奈尔是倡导流行饰品的第一人,她改变了长期以来把首饰的经济价值作为审美价值的传统观念,教给人们用人造宝石首饰装饰自己,使首饰进入大众生活,她在设计中强调首饰的装饰作用。流行饰品因"物美价廉"、佩戴方便、好收藏和保管,经常与时装配套,在整体上配合默契,与时装相互照应烘托,更能塑造时尚、凸显个人风格和品味的形象,成为着装打扮时不可缺少的重要元素。

二、流行饰品的特征

与珠宝首饰不同的是,流行饰品不受材质所限,材质选择更加广泛,款式创意具有更大的自由空间。从功能角度而言,流行饰品更强调与服装和空间、场合的搭配,时尚、流行、价格低廉、选择广泛,这是它最大的卖点,其特点突出表现在以下方面。

1.新材料层出不穷

传统首饰的材料都是贵重金属和精美宝石。可以说材料的价值决定着首饰的价值,这限制了首饰进入平常生活的方方面面。当代首饰的出现是人们对首饰的一种全新认识,人们意识到首饰的首要功能是佩戴和装饰,而不屑于甚至鄙视通过它来展示自己的财富。佩戴的目的也不是仅仅展示首饰本身的精美和豪华,而是作为一个附属物与人相融合,展示和突出人的个性特点。在这种指导思想下,首饰的选材突破了传统的首饰材料的要求(贵重、精美),取而代之的是大量新材料的使用。首饰设计大师们及时审时度势,研究时代的特点和大众的心理,根据他们自身个性表现的需要,随心所欲地选择适合主题表达需要的首饰材料,不再感觉到贵重材料在他们创作中的限制和压力。因此在当代流行饰品领域,对材料的选择五花八门,几乎没有限制地根据主题的要求和佩带个性化的需要被运用到设计中。

2. 设计理念更加活跃

传统首饰表达的主题是严肃的、非常规范的,使得作品不可避免的雷同,缺乏活力。当代流行饰品的产生带给人一种自由奔放的时代感觉,设计主题的选择目的在于更加直接地表述人们的思想,人们所关心的全部社会内容都可以成为首饰创作的主题。可以说当代首饰设计上的每一个主题都寓意着一个故事,首饰作品的内涵表现得更加淋漓尽致。

3. 表现形式出现重大突破

随着当代首饰在材料和主题上的拓展,首饰形式在传统概念上也有重大突破。

(1)时尚性。首饰与时尚紧密相联,成为一对"孪生姐妹",时尚通过首饰的展示来表现,所以首饰为时尚而设计。装饰人体的部位不再局限于传统的手指(戒指)、手腕(腕饰)、脖子(项饰和颈饰)、耳朵(耳钉、耳坠和耳环)及胸部(胸饰),而是随心所欲地发展到人体的各个部位。如当脐上短装流行的时候,出现了专为装饰肚脐设计的钉饰;当纹眉、纹唇的时尚流行时,街头上悄然出现了点缀眉毛和嘴唇的眉戒和唇戒,甚至是颔戒和鼻戒;耳饰的位置也由耳垂向耳廓发展,数量也增多。更有甚者在欧洲曾有一段时间女性都以"泪妆"为流行,在眼睛下面用特殊材料粘上两颗泪珠样饰品,虽然这些非传统首饰出现的初期并不被人喜欢,但很快人们品尝到新设计带来时尚的新感觉。当电视节目主持人和当红影星也开始佩戴时,这些首饰开始广为流行。除此以外,当代首饰还与服饰、鞋饰组合共同演绎当代流行的时尚。

(2)多样性。首饰的外形和尺度也不拘泥于传统的格式,如戒指中出现了连指戒、腕指连饰等。首饰的尺寸也经常带有其他相关的艺术形式的痕迹,如大尺度的雕塑表现形式经常被应用到首饰设计中,使得首饰的造型夸张,别有一番原始粗犷的风味。

(3)个性化。首饰的表面处理方式更加个性化。不再追求一致的有序的抛光或镶石工艺带来的表面效果,而是根据主题的需要、材料的特点,设计不同的表面处理方法,以更好地表达作品的创意。例如,采用彩绘技术、滴胶技术、仿古技术、珐琅技术、着色技术等,大大丰富了流行饰品的表面处理效果。

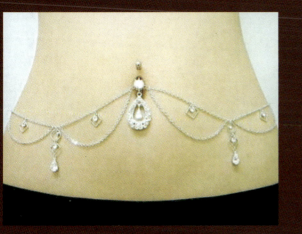

脐饰

耳饰

Nose jewelry

Eyebrow jewelry

Lip jewelry

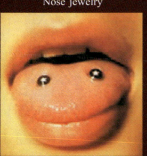

Tongue jewelry

Bridge/Earl jewelry

Madonna jewelry

眉饰、鼻饰、唇饰、舌饰、颔饰

连指戒指

彩绘木手镯

表面仿古处理的项链

雕塑风格饰品

第一章 绪 论

第三节 流行饰品的生产经营现状

从目前饰品产销量来讲,我国已经成为饰品的生产大国、销售大国和消费大国。我国流行饰品市场上的首饰品种很多,从材料方面来说,有金属、水晶玻璃、塑料、珍珠玉石、贝壳、木头等。金属饰品包括的主要产品有吊坠项链、套装项链、耳环及戒指、胸花、头饰、皮带扣等。水晶玻璃饰品主要产品有水晶工艺品、水晶钮扣、卫星钻、平底钻、戒面、宝石、饰品水晶主要配件等。塑料饰品主要产品有各种手镯、耳环、项链、闪光项链、亚克力钻戒、树脂戒指等。珍珠玉石饰品主要产品有宝石、晶石、不定型、链、圆珠等。贝壳饰品主要产品有各类贝壳标本、挂坠、耳环、项链、手链、戒面、胸针等。

国内已经形成了珠三角、义乌、青岛三个颇具规模的流行饰品生产制造产业聚集区,呈三足鼎立的格局。

以浙江省最具活力、外贸出口最强的区域义乌为例,该地区饰品行业起源于20世纪80年代初期,经过多年的发展,义乌饰品行业已经形成了一条包括产品开发、材料供应、生产制造、产品销售、物流配送等在内的完整产业链,目前生产企业已达3 800多家,从业人员达30万人,年产值约200亿元人民币,销量占中国流行饰品市场的70%,出口178个国家和地区,年出口额100亿元,占世界流行饰品出口额的30%,是我国流行饰品生产和贸易中心,拥有新光、庆琳、琳琅、太阳花等一批品牌饰品企业。其中新光饰品是最突出的代表,它创建于1995年,现已发展成为集饰品研发、生产、销售、贸易于一体的中国知名企业,公司占地面积$13.4 \times 10^4 m^2$,厂房建筑面积$16.8 \times 10^4 m^2$,企业员工5 600余人,是目前国内最大的流行饰品生产基地之一,产品涵盖合金、爪链、晶钻、铜银四大材质系列。

珠三角地区凭借毗邻香港、澳门的优势,在材料、工艺技术、设计开发、产品质量等方面具有一定的优势,占领了国内部分中高端市场,聚集了威妮华、旭平、哎呀呀、流行美、伊泰莲娜、雅天妮、茜子等多个著名的饰品品牌。例如,创立于1969年的伊泰莲娜(集团)有限公司经过40多年的发展,已成为一家集首饰研发、生产、销售、旅游产业于一体的大型首饰跨国企业。设立于国内的生产基地中山伊泰莲娜工业区占地$5 \times 10^4 m^2$,生产员工4 000余人,产品设计开发水平和生产能力居同行业前列,工业区内创立的国家级旅游示范景点——伊泰莲娜DIY地带,将首饰个性化与"体验式营销"完美结合,已成为国内首家首饰主题公园。公司产品种类繁多,工艺技术精湛,产品远销欧美、中东和南美等世界各地。产品大类包括戒指、耳环、项链、胸花、头饰、手链、脚链、腰链、饰表、化妆镜、旅游纪念品等。在中国大陆和港澳地区拥有 DEBOR、IT:MODA、ITL、伊泰莲娜、东樱、美丽缘创、银の堡、丽晶、红苹果、凯妮等多元化的品牌线阵容,分别覆盖高端零售专卖、中档零售专柜以及大流通渠道等领域,为经销商、加盟商提供多种商业模式。公司在国内各大中城市建立了稳定的销售网络,拥有 500 多个销售专柜和专卖店。曾为香奈儿、古驰、玫琳凯、大众汽车、宝洁、资生堂、黛安芬、美赞臣、中国移动、中国银行等知名品牌提供礼品定制服务,也是 2008 年北京奥运会、2010 年世博会、迪士尼合金首饰类指定生产商及合作伙伴。再如始创于 1996 年的广州威妮华首饰有限公司经过近 20 年的专注经营,发展成为集时尚首饰及礼品设计、生产、销售于一体的专业饰品公司,拥有自己的生产基地、销售公司及多个地区与国家的代理商,其产品品质、生产规模和营销模式均排在国内饰品行业的前列,在国内外饰品界深具品牌影响力。

受"韩流"时尚的影响,韩派饰品在我国热销,由于青岛毗邻韩国,聚集了众多的韩国饰品企业及国内的饰品生产企业,使之成为国内重要的饰品生产基地。

经过 30 多年的发展,国内饰品行业形成了巨大的市场效应和经济效益,但是也产生了不少问题。

(1)产品同质化现象严重,低价格引起恶性竞争。由于饰品生产所需的资金以及技术门槛低,产品利润率相对较高,因此造成了饰品行业整体庞大,中小企业数量众多的现象,多数企业小而全,行业内部没有形成分工体系,造成产品同质化竞争日趋激烈,产业过度低价和过度仿制竞争的局面,使得饰品生命周期越来越短,多数产品的生命周期在一个月以内。新产品上市的速度越来越快,但其质量和品牌提升却非常缓慢,低价过度竞争导致产品价格不断下降,企业的利润持续下滑,多数企业缺乏可持续发展能力。

(2)制造工艺简陋,生产效率低下。饰品的价值高低、质量好坏都与它的加工工艺、原材料质量、生产方式直接相关。目前饰品企业制造方式依然以手工和半手工操作为主,较少采用先进的制造设备,导致生产效率低、产品品质不稳定等问题。受生产设备所限,镶嵌工艺以及点钻工艺难以达到较高的水平,某些工艺环节比如电镀工艺还存在着污染严重的问题。

(3)低价格下资源大量消耗。许多饰品生产企业是以劳动密集型为经营方式的加工企业,这类企业产出效率低,资源耗费大。低价格出口商品就等于低价格卖掉了大量国内资源,廉价出口饰品的背后是我国大量资源的耗费。

(4)饰品出口渠道过于单一,部分企业以外贸为主,易遭遇"贸易壁垒"。由于饰品生产企业大部分为中小企业,主要以低成本的劳动力作为竞争力,在国际市场上又缺乏品牌优势,只能通过低价格出口商品来占领国外市场,导致国外同

第一章 绪 论

类商品在价格方面没有足够的竞争优势,使得国外政府采取许多贸易和技术壁垒来阻止我国低价商品的进入,甚至指责和控诉我国低价倾销商品。

(5)饰品材质与安全性现状。随着饰品销量的增加,饰品对皮肤产生的不良反应时有发生,饰品安全问题已引起社会关注。饰品企业目前普遍使用铅锡合金和锌合金作为金属饰品的制造原料,然而铅锡合金所含的铅含量稍微过高就会对人体血液和神经系统造成损害。因此,应严格限制含铅、镉成分的合金应用于饰品上。

第四节 流行饰品行业的前景

饰品行业是从珠宝首饰、工艺礼品行业中分离出来、综合形成的一个新兴产业,处于一个快速发展的阶段。饰品作为新经济的增长点,发达国家已逐步走向成熟。各种档次的专卖店、销售点星罗棋布;各种款式、各种层次的产品充分满足了日益增长的市场需求。据权威机构对中国女性饰品市场的调查,女性占据饰品消费市场的最大份额。随着国内经济的不断发展和国民收入的高速增长,人们正从温饱型步入小康型,崇尚人性和时尚,不断塑造个性和魅力,已成为人们的追求,为各行各业提供了难得的发展机遇。饰品行业也面临着这个千载难逢的发展机遇,据专家预计,中国有13亿人口,其中6亿多为女性,按每十人有一件饰品计,需要6 000多万件,可谓空间巨大,前景诱人。

与此同时,随着人民生活水平不断改善,人们对精神文化需求及对美的追求标准不断提高,对饰品的要求也越来越高,传统的饰品生产技术水平难以满足日益提高的要求。因此,需要大力促进产业升级。从根本上说,制约饰品行业发展的因素包括人才因素、决策者的雄心和魄力、观念意识等多个方面,需要企业提高技术水平、提高行业从业人员素质、引进先进设备及管理理念,从而增强我国饰品在技术、款式、质量等方面的竞争力,将成为我国饰品行业发展的一项主要内容。另外,饰品生产行业在某种程度上仍然存在着无序发展、无序竞争的现象,需要进一步的完善,通过有效、有序、公平的竞争,促进整个饰品行业的发展。

第二章　铜合金饰品及生产工艺

第一节　概　述

金属铜,英文名称Copper,元素符号Cu,原子序数29,在元素周期表中为第四周期ⅠB族元素,它是人类最早发现的古老金属之一。早在史前时代,人们就开始采掘露天铜矿,并用获取的铜制造武器、礼器和其他器皿,铜的使用对早期人类文明的进步影响深远。铜是一种存在于地壳和海洋中的金属,铜在地壳中的含量约为0.01%,在个别铜矿床中,铜的含量可以达到3%~5%。自然界中的铜,多数以化合物即铜矿物存在。铜矿物与其他矿物聚合成铜矿石,开采出来的铜矿石,经过选矿而成为含铜品位较高的铜精矿。铜是唯一能大量天然产出的金属,也存在于各种矿石(如黄铜矿、辉铜矿、斑铜矿、赤铜矿和孔雀石)中,能以单质金属状态及黄铜、青铜和其他合金的形态用于工业、工程技术和工艺上。流行饰品(特别是仿真饰品)以及许多的艺术铸造工艺品,大量采用铜及铜合金材料来制作。铜及铜合金按色泽分类,一般可分为纯铜及高铜合金、黄铜、白铜、青铜几大类(图2-1)。

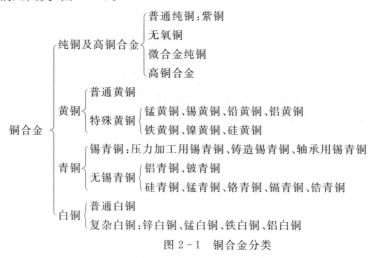

图2-1　铜合金分类

第二章 铜合金饰品及生产工艺

铜及铜合金按生产工艺可分为加工与铸造两大类。凡合金牌号前冠以 Z 字者均属铸造合金,加工铜及铜合金的牌号在我国的分类是按照传统将其分为紫、黄、青、白四大类。其中紫铜合金全是以加工状态供货的。紫铜的代号以最前面冠以 T 字为代表。以黄的汉语拼音第一个字母 H 代表黄铜,类似地,Q 代表青铜,B 代表白铜,后面的化学元素符号及数字分别代表又加入的元素名义重量成分百分比。

铜及铜合金按功能又可分为一般用途和特殊用途两类,饰品用铜合金属于特殊铜合金的一种,对色调、耐蚀性、铸造性能、磨削加工性能、焊接性能、着色性能等有特殊要求。目前用于饰品生产的铜及铜合金主要有纯铜及高铜合金、锡青铜、黄铜、锌白铜、仿金铜合金、仿银铜合金等。

第二节 纯铜及高铜合金

一、纯铜及其性质

纯铜按照化学成分可分为普通纯铜、无氧纯铜、微合金化纯铜几类。

1. 普通纯铜

普通纯铜是铜的质量分数不低于 99.7%,杂质量极少的含氧铜,外观呈紫红色,故又称为紫铜。普通纯铜的主要牌号有 T1、T2、T3。按 GB/T 5231-2001 规定,常用普通纯铜的化学成分见表 2-1 所示。

表 2-1 常用普通纯铜的化学成分 （质量分数单位:%）

牌号	Cu+Ag	P	Bi	Sb	As	Fe	Ni	Pb	Sn	S	Zn	O	杂质总和
	不小于	不大于											
T1	99.95	0.001	0.001	0.002	0.002	0.005	0.002	0.003	0.002	0.005	0.005	0.02	0.05
T2	99.90	—	0.001	0.002	0.002	0.005		0.005	—	0.005	—		0.1
T3	99.70	—	0.002					0.01					0.3

(刘平,2007;王碧文,2007;田荣璋和王祝堂,2002;全国有色金属标准化技术委员会,2012)

普通纯铜在固态时具有面心立方晶格,无同素异构转变,属逆磁性材料,具有抗磁性,具有优异的导电及导热性,其物理性能如表 2-2 所示。

表 2-2 普通纯铜的物理性能

性能名称	数值	性能名称	数值
晶格类型	面心立方	电子构型	$1s^2\,2s^2\,2p^6\,3s^2\,3p^6\,3d^{10}\,4s^1$
原子量	63.54	电阻率	$0.016\,73\,\Omega\cdot m$
原子半径	0.157nm	热导率(273~373K)	$399W/(m\cdot K)$
离子半径	0.073nm	电阻温度系数	$0.003\,93/℃$
密度	$8.92g/cm^3$	磁化率	$-0.86\times10^{-3}/kg$
熔点	$1\,083.4℃$	比热容	$0.39\times10^3 J/(kg\cdot℃)$
沸点	$2\,567℃$	线性膨胀数	$17.6\times10^{-6}/℃$

(刘平,2007;王碧文,2007;田荣璋和王祝堂,2002;全国有色金属标准化技术委员会, 2012)

铜是不太活泼的重金属,具有较好的耐腐蚀能力,常温下在干燥的空气里很稳定,加热时能产生黑色的氧化铜,如果继续在很高温度下煅烧,就生成红色的氧化亚铜。在潮湿的空气中放久后,铜表面会慢慢生成一层铜绿(碱式碳酸铜),铜绿可防止金属进一步腐蚀,其组成是可变的,可溶于硝酸和热浓硫酸,略溶于盐酸,容易被碱侵蚀。在电位序(金属活动性顺序)中,铜排在氢以后,所以不能置换稀酸中的氢。但当有空气存在时,铜可缓慢溶于这些稀酸中。铜可与加热的浓盐酸反应,易溶于硝酸、热浓硫酸等氧化性酸中。铜还能与三氯化铁作用。在饰品行业中,常利用三氯化铁溶液来刻蚀铜,以形成各种装饰纹理和图案。

普通纯铜的机械性能与其所处状态关系较大,如表 2-3 所示。

2. 无氧纯铜

无氧纯铜是通过各种冶炼手段将氧含量大幅降低的纯铜,按照 GB/T5231,无氧纯铜分为:零号、一号和二号无氧铜几个牌号,每个牌号对应的铜含量和氧含量如表 2-4 所示。无氧铜无氢脆现象,导电率高,加工性能和焊接性能、耐蚀性能和低温性能均好。用于配制金、银合金的补口时,一般优先采用无氧纯铜,减少补口中的杂质。

3. 微合金化纯铜

微合金化纯铜以铬、锆、银、铝、磷、硫、锑等为合金元素,它们以微量添加到纯铜后,可以有效改善纯铜的性能。微合金化纯铜有多个牌号,如 TUAg 0.06、TUAg0.05、TUAg0.08、TUAg0.1、TUAg0.2、TUAg0.3、TUA10.12、

第二章 铜合金饰品及生产工艺

TUZr0.15、TAg0.15、TAg0.1-0.01、TP3、TP4、TTe0.3、TTe0.5-0.008、TTe0.5-0.02、TZr0.15等。以锆微合金化纯铜为例,表2-5是其力学性能,比普通纯铜有明显提高,且软化温度达到了500℃。

表2-3 普通纯铜处于不同状态下的力学性能

性　能	加工铜	退货铜	铸造铜
弹性极限/MPa	280～300	20～50	—
屈服点/MPa	340～350	50～70	—
抗拉强度/MPa	370～420	220～240	170
伸长率/%	4～6	45～50	—
面缩率/%	35～45	65～75	—
布氏硬度/HB	1100-1300	350～450	400
剪切强度/MPa	210	150	—
冲击韧性/$J \cdot cm^{-2}$	—	16～18	—
抗压强度/MPa	—	—	1570
镦粗率/%	—	—	65

(刘平,2007;王碧文,2007;田荣璋和王祝堂,2002;全国有色金属标准化技术委员会,2012)

表2-4 无氧纯铜的氧含量要求

牌号	代号	铜+银≥	氧≥
零号无氧铜	TU0	99.99	0.0005
一号无氧铜		99.97	0.002
二号无氧铜	TU2	99.95	0.003

(全国有色金属标准化技术委员会,2012)

表 2-5 锆微合金化纯铜 QZr0.2 的力学性能

材 料 状 态	抗拉强度/MPa	屈服强度/MPa	伸长率/%	维氏硬度/HV	弹性模量/GPa
980℃淬火,500℃时效1小时	260	134	19.0	83	—
900℃淬火,500℃时效1小时	230	160	40.0	—	—
900℃加热30分钟淬火,冷加工90%	450	385	3.0	137	136
980℃加热1小时,冷加工90%,400℃时效1小时	492	428	10.0	150	133
900℃淬火,冷加工90%,400℃时效1小时	470	430	10.0	140	

(刘平,2007;王碧文,2007;田荣璋和王视堂,2002;全国有色金属标准化技术委员会,2012)

二、高铜合金

高铜合金又称低合金化铜,是指含有一种或几种微量合金元素以获得某些特殊性能的铜合金。对加工产品,其铜含量为 99.3%～96%,且不能划归任何铜合金组的。而对铸造产品,其铜含量应大于94%,而为获得某些特性可以加入银。

固溶强化与析出强化是铜合金重要强化方法,常见的合金化元素有 Cr、Zr、Ti、Si、Mg、Te 等,它们在铜中的溶解度随温度下降而急骤下降,这些元素在固态下,以单质或金属化合物质点析出,从而产生固溶强化和析出强化。美国铸造高铜合金牌号 C81300～C82800,加工高铜合金牌号 C16200～C19600,我国在新修订的 GB/T5231-2012《加工铜及铜合金牌号和化学成分》中,列举了 TTi3.0-0.2、TNi2.4-0.6-0.5、TPb1、TFe1.0、TCr1-0.18、TCr0.3-0.3、TCr0.5-0.1、TCr0.7、TCr0.8、TCr1-0.15 等牌号的高铜合金。

三、纯铜及高铜合金的工艺性能

1. 熔炼工艺

纯铜及高铜合金在熔铸过程中容易吸收氢和氧,导致气孔和氧化夹杂,影响铸件表面质量。氢和氧的含量与材料所处的温度有很大关系,表 2-6 是不同温度时氢在铜中的溶解度。

表 2-6 在 0.1MPa 下氢在铜中的溶解度

温度/℃	400	500	600	700	800	900	1000	1100	1200	1300	1400	1500
溶解度/$cm^3 \cdot (100g 铜)^{-1}$	0.06	0.16	0.3	0.49	0.72	1.08	1.58	6.3	8.1	10.9	11.8	13.6

(聂小武,2006)

氧不固溶于铜,与铜形成高熔点脆性化合物 Cu_2O,含氧铜冷凝时,氧呈共晶体($Cu+Cu_2O$)析出,分布在晶界上。共晶温度很高(1066℃),对热变形性能不产生影响,但 Cu_2O 硬而脆,使冷变形产生困难,致使金属发生"冷脆"。含氧铜在氢或还原性气氛中退火时,会出现"氢病"。"氢病"的本质是由于退火时,氢或还原性气氛易于渗入铜中与 CuO 的氧,化合而形成水蒸气或 CO_2。因此,熔炼过程中要制定明确的工艺规范并执行。

纯铜可采用反射炉熔炼或工频有芯感应电炉熔炼。反射炉熔炼时,通过精炼工艺,采用铁模或铜模浇铸,可获得致密的铸锭,也可经保温炉采用半连续或连续铸造。对于感应熔炼工艺,可参照如下工艺流程。

(1) 先将坩埚预热至暗红色,在坩埚底加一层厚度约为 30~50cm 的干燥木炭或覆盖剂(63%硼砂+37%碎玻璃),再依次加入边角余料、废块和棒料,最后加纯铜。

(2) 补加的合金元素可放在炉台上预热,严禁冷料加入液态金属中。整个熔化过程中应经常活动炉料,以防搭桥。

(3) 升温使合金全部熔化后,温度达到 1200~1250℃时,加入占合金液重量 0.3%~0.4%的磷铜脱氧,磷与氧化亚铜发生下列反应:

$$5Cu_2O + 2P = P_2O_5 + 10Cu$$

$$Cu_2O + P_2O_5 = 2CuPO_3$$

生成的 P_2O_5 气体从合金中逸出,磷酸铜可浮于液面,扒渣去除,达到脱氧的目的。另外,在脱氧的过程中需不断搅拌。

(4) 最后扒渣出炉,合金液的浇注温度一般为 1150~1230℃。

2. 加工工艺

纯铜和高铜合金有极好的冷、热加工性能,能用各种传统的压力加工工艺加工,如拉伸、压延、深冲、弯曲、精压和旋压等,图 2-2 是冲压纯铜首饰坯件的例子。热加工时应控制加热介质气氛,使其呈微氧化性。普通纯铜加工时,退火温度可选择在 380~650℃,热加工温度 800~900℃,典型软化温度约 360℃。对于高铜合金,软化温度与其化学成分有较大关系,如以 Cr 和 Zr 合金化的高铜合

图2-2 冲压纯铜饰品坯件

金(Cr0.25-0.65,Zr0.08-0.20),其软化温度可达到550℃。在焊接方面,纯铜和高铜合金易于锡焊、铜焊,也能进行气体保护电弧焊、闪光焊、电子束焊和气焊。

由于纯铜具有优良的导电性和雕刻性能,经常被用来制作冲压模具生产中的铜公(图2-3),利用铜公再经过电火花成型制作出钢模来。此外,利用纯铜被三氯化铁腐蚀的化学性能,可采用蚀刻工艺生产首饰坯件(图2-4)。

图2-3 冲压首饰模具用铜公

图2-4 利用蚀刻工艺生产的纯铜饰品

第三节 铜合金

由于纯铜的机械性能和铸造性能较差,因此用于流行饰品的铜材料大都是铜合金。铜合金的类别很多,当前饰品用铜合金,国内外尚无专用的技术标准,通常沿用工业用铜合金牌号,而且应用十分混乱,影响了产品质量,因此饰品用铜合金需进一步规范化。饰品用铜合金,与工业用铜合金不尽相同,有其独特的要求。

(1)合金必须满足饰品的使用要求。如有一定的机械性能,满足镶嵌要求,有较好的耐腐蚀性能,无应力腐蚀开裂倾向,有一定的颜色等。

(2) 合金应满足各种工艺要求,包括:①较好的铸造成形性能。采用熔模铸造工艺生产饰品时,铜合金应具有良好的流动性和尽可能小的凝固收缩。②焊接性能。焊接时应不易产生裂纹、氧化、吸气和色差。③切削加工性能。硬度应适中,硬度太高时工具损耗大,太低则难以达到高度的表面光亮度。④表面处理性能。大部分的铜饰品需进行表面处理,要求着色和防腐处理方便,色泽良好。

用于饰品的铜合金,主要有黄铜、白铜、青铜等几类。

一、黄铜

黄铜是以锌为主要合金元素的铜基合金,因常呈黄色而得名。黄铜色泽美观,有良好的工艺和力学性能,在大气、淡水和海水中耐腐蚀,易切削和抛光,焊接性好且价格便宜,在饰品行业使用广泛。

(一)黄铜的类别

根据黄铜的成分,又可以分为简单黄铜和特殊黄铜两大类。

1. 简单黄铜

简单黄铜是铜与锌构成的二元合金,锌在黄铜中的作用主要是提高强度,调节颜色,改善铸造性能。常用的二元黄铜平衡状态组织有三种(图2-5):含锌量小于38%时为单相α;含锌量为38%~47%时为α+β;含锌量为47%~50%

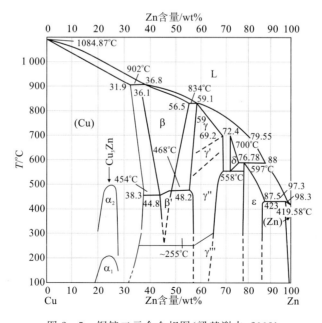

图2-5 铜锌二元合金相图(梁基谢夫,2009)

时为单相β,并分别称为小黄铜、α+β黄铜和β黄铜。当含锌量超过39%后,合金变得硬而脆,应用价值受影响,因此饰品用普通黄铜的含铜量一般超过60%。

黄铜一般以字母H来表示,H后面的数字表示合金的含铜量。例如,H68表示含铜量为68%的黄铜;用于铸造的黄铜,用ZH表示。表2-7是一些典型的普通黄铜牌号及其化学成分。随着含锌量的增加,其色泽由金红向黄、金黄逐渐变化(表2-8)。

表2-7 普通黄铜牌号及化学成分

序号	牌号	化学成分/%					
		Cu	Fe	Pd	Ni	Zn	杂质总和
		95.0~97.5	0.10	0.03	0.5	余量	0.2
2	H90	88.0~91.0	0.10	0.03	0.5	余量	0.2
3	H85	84.0~86.0	0.10	0.03	0.5	余量	0.3
4	H80	79.0~81.0	0.10	0.03	0.5	余量	0.3
5	H70	68.5~71.5	0.10	0.03	0.5	余量	0.3
6	H68	67.0~70.0	0.10	0.03	0.5	余量	0.3
7	H65	63.5~68.0	0.10	0.03	0.5	余量	0.3
8	H63	62.0~65.0	0.15	0.08	0.5	余量	0.5
9	H62	60.5~63.5	0.15	0.08	0.5	余量	0.5
10	H59	57.0~60.0	0.30	0.5	0.5	余量	1.0

(刘平,2007;王碧文,2007;田荣璋和王祝堂,2002;全国有色金属标准化技术委员会,2012)

表2-8 普通黄铜的表面颜色

牌号	铜含量/wt%	锌含量/wt%	颜 色
H59	59~63	余量	淡褐-金色
H65	63~68.5	余量	纯黄色
H68、H70	68.5~71.5	余量	绿-金色
H80	78.5~81.5	余量	略带红色的黄金色
H85	84~86	余量	棕黄-金色
H90	89~91	余量	古铜-金色
H96	94~96	余量	红褐色

第二章 铜合金饰品及生产工艺

H62、H68黄铜具有高的塑性和强度,成型性好,色泽美丽,近似24K黄金的色泽,是饰品用黄铜的主要品种。图2-6是用H62铸造的黄铜戒指。

由于锌的电极电位比铜低得多,合金在中性盐类溶液中容易产生电化学腐蚀,电位低的锌被溶解,铜则呈多孔薄膜残留在表面,并在表面下的黄铜组成微电池,使黄铜成为阳极而加速腐蚀。因此,黄铜饰品一般要进行表面保护处理,例如电镀一层贵金属或涂刷保护剂。

图2-6 H62黄铜戒指

2. 特殊黄铜

为改善简单黄铜的性能,在合金中加入1%～5%的锡、铅、铝、硅、铁、锰、镍等元素,构成三元、四元,甚至五元合金,称为特殊黄铜或复杂黄铜,并在黄铜的名称上冠以所加元素,称为锡黄铜、铅黄铜、铝黄铜、锰黄铜、铝锰黄铜等。锡能抑制脱锌腐蚀,提高黄铜的耐蚀性。铅在黄铜中的固溶度极小,呈游离质点分布于基体,能使切屑碎裂并起润滑作用,从而改善材料的可切削性和耐磨性。铝起固溶强化作用,使表面形成有保护作用的氧化铝膜。硅黄铜有较高的耐蚀性、力学和铸造性能,抗应力腐蚀能力强。镍黄铜具有较高的强度、韧性、耐蚀性,能承受冷、热塑性加工。

复杂黄铜的组织,可根据黄铜中加入元素的"锌当量系数"来推算。因为在铜锌合金中加入少量其他合金元素,通常只是使Cu-Zn状态图中的α/(α+β)相区,向左或向右移动。例如,加入1%的锡相当于2%的锌对组织性能的作用,则锡的锌当量为2。各合金元素的锌当量如表2-9。

表2-9 各合金元素的锌当量

合金元素	硅	铝	锡	铅	铁	锰	镍
锌当量	+10	+6	+2	+1	+0.9	+0.5	-1.3

因此,特殊黄铜的组织,通常相当于普通黄铜中增加或减少了锌含量的组织。复杂黄铜中的α相及β相是多元复杂固溶体,其强化效果较大,而普通黄铜中的α及β相是简单的Cu-Zn固溶体,其强化效果较低。虽然锌当量相当,多

元固溶体与简单二元固溶体的性质是不一样的。所以,少量多元强化是提高合金性能的一种途径。

在特殊黄铜中,有一种俗称"稀金"的铜基仿金合金,在饰品工艺品中得到了广泛应用。众所周知,金具有绚丽的金黄色泽,化学稳定性好,加热时不变颜色和有极好的抗氧化性,一直用作装饰艺术品。但由于价格昂贵,因此,广泛采用价格低廉且性能类似的合金来作为代用品。近年来,国内外研究者竞相研制铜基仿金合金替代金,已有相当进展。这些材料的金色度可与 16K～22K 金相媲美,而且有较好的耐腐蚀性和可加工性。

在稀金铜基仿金合金中,一般采用锌、铝、硅、稀土等作为合金元素,各元素对金色度和抗氧化性能的影响如下。

(1)锌。Zn 能使铜由红色变成黄色,所以是形成金黄色泽的主要元素。Zn 能提高合金的抗变色性能,随着 Zn 含量的增加,抗变色性能提高。

(2)铝。Al 是合金产生金色度的另一主要元素,铝含量对合金的颜色影响显著,随着铝含量的增高,合金反射光的主波长变小,色调由红色向黄色变化,进一步提高铝含量,合金的黄色色调明显减弱,导致合金与纯金的色差增大。当铝添加到黄铜合金中时,使得合金组织更为均匀以及 β 相的生成,有助于减轻黄铜的脱锌腐蚀,提高了仿金合金在人工汗液中的抗变色性能。究其原因,当铝含量足够高时,合金的表面形成致密的、附着牢固的铜和铝的混合氧化物保护膜,并且这层膜遭受破坏时有自愈能力。当铝含量太低不足以形成致密保护膜时,抗变色性能较差。

(3)硅。Si 有提高合金金色度和抗变色性的能力,当合金中加入 0.05%～2.50% Si 时,对比不加 Si 的同样合金,在人工汗液中抗变色时间增加 50%～100%;在同一加热温度下,抗变色时间增加 50%。Si 的加入还能改善合金的流动性和耐磨性。

(4)稀土。将稀土元素添加到黄铜合金中,可以提高合金的光亮度,改善合金的色泽,具有耐磨性好、质地坚硬、色泽酷似黄金而不易褪色的特点,在饰品行业中俗称"稀金材料"。用稀金材料加工制成的首饰,色泽可呈 18K 或 20K 金黄色,不易氧化褪色,很适合日常佩戴,价格又低廉,成为制造较高档仿金首饰的一种材料。

表 2-10 是几种常见的仿金铜合金,可以归为铜基合金中 Cu-Al 系和 Cu-Zn 系。

表 2-10　几种仿金铜合金的化学成分　　（质量分数单位：%）

牌　号	铝	锡	镍	硅	锌	锰	稀土	铜	备注
Cu-12.5Zn-1Sn		1.0			12.5			其余	红金色
Cu-22Zn-2Sn-1P		2.0			22.0	磷1.0		其余	浅金黄色
Cu-35Zn-1.5Sn		1.5			30.0~40.0			其余	金黄色
Cu-6Al-15Zn-0.5Si	6			0.5	15			其余	
亚　金	5.6		0.26		0.70			92.6	化验成分
亚　金	0.38			0.03	48.74			50.64	化验成分
稀　金	5~6	1~3			25~32	0.8~1.5	0.1	其余	18K金黄色
稀　金	2~10	1~1.5	0.05~2.5		5~30		0.05~0.50	其余	18K金黄色

（王碧文等，1998）

(二)黄铜的性能

1. 耐腐蚀性能

黄铜在高温度、高湿度和盐雾大气中耐腐蚀性能很差，在流动的热海水中还会产生"脱锌腐蚀"（锌先溶掉，工件表面残留为多孔海绵状纯铜）。在潮湿大气、特别是含氨和 SO_2 的大气中，黄铜有应力腐蚀开裂倾向。作为新抛光的黄铜饰品，即使在空气中停留一段时间后，表面就会晦涩，或者在局部出现暗斑点。因此，作为黄铜饰品，一般需要进行表面着色或电镀处理，以改善其抗蚀性能。

2. 铸造工艺性能

黄铜的凝固区间很小，因此液态金属流动性好，充型能力佳，缩松倾向小。熔炼时锌产生很大的蒸汽压，能充分去除铜液中的气体，故黄铜中不易产生气孔。熔炼温度比锡青铜低，熔铸均较方便，不仅可以较容易地铸造细小的首饰件，也常用于铜工艺品的铸造。

3. 机械性能

黄铜中由于含锌量不同，机械性能也不一样。对于α黄铜，随着含锌量的增多，σ_b 和 δ 均不断增高。对于（α+β）黄铜，当含锌量增加到约为 45% 之前，室温强度不断提高。若再进一步增加含锌量，则由于合金组织中出现了脆性更大的 γ 相（以 Cu_5Zn_8 化合物为基的固溶体），强度急剧降低。（α+β）黄铜的室温塑性则始终随含锌量的增加而降低。所以含锌量超过 45% 的铜锌合金无实用价值。

4. 加工性能

α单相黄铜(从 H96 至 H65)具有良好的塑性,能承受冷热加工,但α单相黄铜在锻造等热加工时易出现中温脆性,其具体温度范围随含 Zn 量不同而有所变化,一般在 200~700℃之间。因此,热加工时温度应高于 700℃。单相α黄铜中温脆性区产生的原因主要是在 Cu-Zn 合金系α相区内存在着 Cu_3Zn 和 Cu_9Zn 两个有序化合物,在中低温加热时发生有序转变,使合金变脆;另外,合金中存在微量的铅、铋有害杂质与铜形成低熔点共晶薄膜分布在晶界上,热加工时产生晶间破裂。实践表明,加入微量的铈可以有效地消除中温脆性。

两相黄铜(从 H63 至 H59),合金组织中除了具有塑性良好的α相外,还出现了由电子化合物 CuZn 为基的β固溶体。β相在高温下具有很高的塑性,而低温下的β′相(有序固溶体)性质硬脆。故(α+β)黄铜应在热态下进行锻造。含锌量大于 46%~50%的β黄铜因性能硬脆,不能进行压力加工。

对于比较纤细的首饰品,黄铜一般采用冷加工,可以利用黄铜线材、板材、片材等型材,通过冷加工获得最终的产品,当然,在加工过程中,由于发生加工硬化,会采用中间退火处理,以恢复黄铜的塑性,防止裂纹的发生。图 2-7 是用黄铜制作的龙虾扣,图 2-8 是黄铜制作的手镯。也可以利用黄铜板进行雕刻,利用推、钻、挑、扭、拉等多种手工技法在铜板表面雕刻成画,将雕刻好的画电镀 24K 金保护膜,获得所谓的"金雕画"。

5. 焊接性能

黄铜的焊接性能很好,对于体积较大的工艺品,通常采用气焊;对于纤细的首饰品,一般采用火枪焊接。

6. 打磨抛光性能

黄铜的切削性能很好,能经受校正、打磨、修饰等操作,采用常规的首饰车磨打方法可以将饰品抛得很光亮。

图 2-7 黄铜加工的龙虾扣

图 2-8 黄铜制作的手镯

二、白铜

传统白铜是以镍为主要添加元素的铜基合金,呈银白色,有金属光泽,故名白铜。

(一)白铜的类别

白铜可分为普通白铜、复杂白铜和工业白铜三类。

1. 普通白铜

铜镍二元合金称普通白铜,一般以字母 B 来表示,后面的数字表示铜含量,如 B30 表示含 Ni30% 的铜镍合金。型号有 B0.6、B19、B25、B30 等。

2. 复杂白铜

加有锰、铁、锌、铝等元素的白铜合金称复杂白铜,以字母 B 和合金元素来表示,如 BMn3-12 表示含 Ni3%,含 Mn12% 的铜镍锰合金。复杂白铜有四个型号。

(1)铁白铜。型号有 BFe5-1.5(Fe)-0.5(Mn)、BFe10-1(Fe)-1(Mn)、BFe30-1(Fe)-1(Mn)。铁白铜中铁的加入量不超过 2% 以防腐蚀开裂,其特点是强度高,抗腐蚀特别是抗流动海水腐蚀的能力可明显提高。

(2)锰白铜。型号有 BMn3-12、BMn40-1.5、BMn43-0.5。锰白铜具有低的电阻温度系数,可在较宽的温度范围内使用,耐腐蚀性好,还具有良好的加工性。

(3)锌白铜。型号有 BZn18-18、BZn18-26、BZn18-18、BZn15-12(Zn)-1.8(Pb)、BZn15-24(Zn)-1.5(Pb)。锌白铜具有优良的综合机械性能,耐腐蚀性优异、冷热加工成型性好,易切削,可制成线材、棒材和板材,用于制造仪器、仪表、医疗器械、日用品和通讯等领域的精密零件。

(4)铝白铜。型号有 BAl13-3、BAl16-1.5。铅白铜是以铜镍合金为基加入铝形成的合金。合金性能与合金中镍量和铝量的比例有关,当 Ni:Al=10:1 时,合金性能最好。常用的铝白铜有 Cu6Ni1.5Al,Cu13Ni3Al 等,主要用于造船、电力、化工等工业部门中各种高强耐蚀件。

3. 工业白铜

工业用白铜分为结构白铜和精密电阻合金用白铜(电工白铜)两大类。

(1)结构白铜。结构白铜的特点是机械性能和耐蚀性好,色泽美观。结构白铜中,最常用的是 B30、B10 和锌白铜。另外,铝白铜、铁白铜和铌白铜等复杂白铜也属于结构白铜。B30 在白铜中耐蚀性最强,但价格较贵。锌白铜于 15 世纪时就已在中国生产使用,被称为"中国银",所谓镍银或德银就属此类锌白铜。锌能大量固溶于铜镍之中,产生固溶强化作用,且抗腐蚀。锌白铜加铅以后能顺利地切削加工成各种精密零件,故广泛使用于仪器仪表及医疗器械中。这种合金具有高的强度和耐蚀性,弹性也较好,外表美观,价格低廉。铝白铜中的铝能显著提高合金的强度及耐蚀性,其析出物还可产生沉淀硬化作用。铝白铜的性能同 B30 接近,价格低廉,可作为 B30 的代用品。

(2)精密电阻合金用白铜(电工白铜)。精密电阻合金用白铜(电工白铜)具有良好的热电性能。BMn 3-12 锰铜、BMn 40-1.5 康铜、BMn 43-0.5 考铜以及以锰代镍的新康铜(又称无镍锰白铜,含锰 10.8%~12.5%、铝 2.5%~4.5%、铁 1.0%~1.6%)是含锰量不同的锰白铜。锰白铜具有高的电阻率和低的电阻率温度系数,适于制作标准电阻元件和精密电阻元件,是制造精密电工仪器、变阻器、仪表、精密电阻、应变片等采用的材料。

(二)白铜的历史简介

白铜的发明是我国古代冶金技术中的杰出成就,我国古代把白铜称为"鋈"。《旧唐书·舆服志》载:"自馀一品乘白铜饰犊车"。也就是说唐代时规定,只有为一品朝臣拉车的牛身上,才能用白铜作为装饰品,表明白铜在唐代相当贵重。云南人发明和生产白铜,不仅在我国,而且在世界上也是最早的,这为国内外学术界所公认。古时云南所产的白铜也最有名,称为"云白铜"。

我国古代制造的白铜器件,不仅销于国内各地,还远销国外。据考证,早在秦汉时期,在新疆西边的大夏国,便有白铜铸造的货币,含镍达 20%,而从其形状、成分及当时历史条件等分析,很可能是从我国运去的。唐宋时,中国镍白铜已远销阿拉伯一带,当时波斯人称白铜为"中国石"。大约 16 世纪以后,中国白铜运销到世界各地,博得了广泛的赞扬,它经广州出口,由英国东印度公司贩往欧洲销售。英文"Paktong"或"Petong"一词就是粤语"白铜"的音译,其含义是来自中国的白铜,也就是指产自云南的铜镍合金。

17~18 世纪,镍白铜大量传入欧洲,并被视为珍品。称作"中国银"或"中国白铜",对西方近代化学工业曾起过巨大影响。16 世纪以后,欧洲的一些化学家、冶金学家开始研究和仿造中国白铜。

1823 年,德国的海宁格尔兄弟仿制云南白铜成功。随即西方开始了大规模工业化生产,并将这种合金改名为"德国银"或"镍银",而名副其实的云南白铜,反而被湮没无闻了。当西方国家仿制云南白铜成功后,我国白铜的出口数量大大减少。至 19 世纪后期,德银已取代中国白铜占据了国际市场,中国的白铜矿冶业随之衰落。

(三)白铜在饰品上的应用

以镍为主要合金元素的白铜中,铜镍之间彼此可无限固溶,从而形成连续固溶体,即不论彼此的比例多少,而恒为 α-单相合金(图 2-9)。

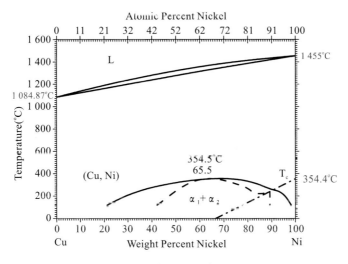

图 2-9 铜镍二元合金相图(梁基谢夫,2009)

当把镍熔入紫铜里,含量超过 16% 以上时,产生的合金色泽就变得洁白如银,镍含量越高,颜色越白,而且纯铜加镍能显著提高强度、耐蚀性、硬度。因此白铜的机械性能、物理性能都比较好,色泽美观,耐腐蚀,富有深冲性能,是一个很好的饰品材料,常广泛用来制作仿银、仿白金的饰品,它的硬度及光泽都很接近银饰,但价格便宜很多。

在饰品用白铜材料中,用得较普遍的是锌白铜,其典型牌号及组成见表 2-11,锌白铜的性能见表 2-12。

白铜在液态时急剧吸气,熔炼时表面须覆盖木炭。先把铜和镍制作成 50% Cu+50%Ni 的中间合金,待铜镍中间合金和电解铜熔化后经脱氧再加入锌,熔化后再用磷铜进行二次脱氧,磷的加入量为 0.03%。白铜铸件凝固过程中容易开裂,浇注时易产生二次氧化,须特别注意。在白铜饰品表面一般进行电镀处理,与黄铜饰品相比,即使其表面的电镀层褪了,还是呈灰白色,像氧化了的银饰,而采用白铜制作的饰品款式繁多,丝毫不亚于银饰品。图 2-10 是用 BZn15-20 白铜制作的饰品示例。除生产饰品外,白铜广泛应用于工艺品制作。

表 2-11 国内锌白铜的化学成分

牌号	化学成分/%											
	Ni+Co	Fe	Mn	Zn	Pb	Si	P	S	C	Mg	Sn	Cu	杂质总和
BZn18-18	16.5~19.5	0.25	0.50	余量	0.05	—	—	—	—	—	—	63.5~66.5	—
BZn18-26	16.5~19.5	0.25	0.50	余量	0.05	—	—	—	—	—	—	53.5~56.5	—
BZn15-20	13.5~16.5	0.5	0.3	余量	0.02	0.15	0.005	0.01	0.03	0.05	0.002	62.0~65.0	0.9
BZn15-21-1.8	14.0~16.0	0.3	0.5	余量	1.5~2.0	0.15	—	—	—	—	—	60.0~63.0	0.9
BZn15-24-1.5	12.5~15.5	0.25	0.05~0.5	余量	1.4~1.7	—	0.02	0.005	—	—	—	58.0~60.0	0.75

(刘平,2007;王碧文,2007;田荣璋和王视堂,2002;全国有色金属标准化技术委员会,2012)

表 2-12 锌白铜的物理性能和力学性能

性能	合金	
	BZn15-20	BZn17-18-1.8
液相点/℃	1 081.5	1 121.5
固相点/℃	—	966
密度 ρ/g·cm^{-3}	8.70	8.82
热容 c/J·(g·℃)$^{-1}$	0.40	—
20~100℃的线胀系数 α/℃$^{-1}$	16.6×10^{-6}	—
热导率 λ/W·(m·℃)$^{-1}$	25~360	—
电阻率 ρ/μΩ·m	0.26	—
电阻温度系数 α_R/℃$^{-1}$	2×10^{-4}	—
弹性模量 E/GPa	126~140	127
抗拉强度 σ_b/MPa	380~450 软态,800 硬态	400 软态,650 硬态
伸长率 δ/%	35~45 软态,2~4 硬态	40 软态,2.0 硬态
屈服强度 $\sigma_{0.2}$/MPa	140	—
布氏硬度 HB	70 软态,160~175 硬态	—
切削加工性能(与 HPb63-3 相比)/%	—	50

(刘平,2007;王碧文,2007;田荣璋和王视堂,2002;全国有色金属标准化技术委员会,2012)

(四)白铜材料的发展

镍白铜用作饰品材料有很多优良的性能,但是也具有一些缺点,由于主要添加元素镍属于稀缺材料,因此白铜价格较贵,另外,由于世界各国对 Ni 有害影响的普遍关注,用来制作与人体皮肤接触的拉链、眼睛架、硬币、餐具、首饰等产品时,可能引起皮肤过敏反应,因此近年来镍白铜材料正面临挑战,开发新型无镍白色铜合金显得尤为重要。

迄今为止无镍白铜的研究大都集中在 Cu-Mn-Zn 系合金,各合金元素的主要作用如下。

图 2-10 白铜铸造吊坠

1. 锰

锰是无镍白铜合金的主加元素,它能使铜表面色中的黄色、红色成分减少,起漂白或褪色作用,使合金的颜色从有彩色向无彩色变化。锰可通过固溶强化改善合金的机械性能,加锰部分取代锌,可以改善时效裂纹情况,锰可抑制熔炼时锌的蒸发,并降低材料成本。但是,锰含量如超过 15% 时,合金将出现 α+β 复相组织,加工性能变差。锰对合金的铸造性能不利,在熔炼时锰易氧化生成高熔点氧化锰夹杂,密度大,难以从金属液中上浮,铸件容易出现夹杂缺陷。另外,锰还使合金的收缩率增大,降低合金的流动性,含锰量高时会恶化合金的加工性能,因此从工艺性能的角度看,锰含量不宜太高。

2. 锌

锌可以通过固溶强化作用提高合金的强度、硬度,降低合金熔点,改善成型性能,并降低合金的成本。锌含量过低时强化效果不好,提高锌含量可以改善强化效果,但是锌在铜中会显著降低其耐蚀性,特别是当锌超过 22% 时,合金变成 α+β 复相组织,加工性能变差,容易出现残余应力诱发的时效裂纹问题。当锌含量小于约 30% 时,增加锌含量,Cu-Mn-Zn 合金颜色中的红色成分减少,黄色成分和明度值增加。锌对于合金的色泽稳定性也有重要的影响,含锌量增加,合金在人工汗液中的抗变色性能下降。

3. 铝

铝是仿金合金中最重要的调色元素之一,铝含量增加,Cu-Zn-Al 三元合金的明度值和黄色成分增加,而红色成分减少。铝的锌当量系数很高,每加入

1%的铝相当于加入6%的锌,因此加铝后α相区显著缩小。铝会在合金表面形成致密的氧化膜,可改善合金的时效裂纹和脱锌腐蚀问题,也会产生固溶强化作用,有利于提高合金的机械性能。铝含量太少时强化作用不足,也不足以抵抗时效裂纹。但如其含量超过4%后,合金熔炼时金属液净化较困难,且出现α+β复相组织,冷加工性能恶化。

4. 锡

锡的锌当量系数为2,故少量锡的加入对组织影响不大,合金仍保持单相。锡有一定的固溶强化作用,但是如果其含量超过一定程度后,易在晶界形成低熔点相,对机械性能不利。少量锡对Cu-Mn-Zn合金的颜色影响也不大,其主要作用是能在合金表面形成SnO_2保护膜,可大大提高合金的抗变色能力。锡能增加合金的流动性,改善铸造性能,但是使合金成本增加。

5. 稀土

微量的稀土元素铈可细化晶粒尺寸,提高合金的抗拉强度、伸长率,改善合金的冷加工性能。

通过综合运用这些元素,国内外研究人员已开发出了多元无镍白色Cu-Mn-Zn合金系列,如Cu-12Mn-8Zn-1Al-0.04%Ce、Cu-15Mn-15Zn-1Al、Cu-20Mn-20Zn-0.3Al-0.2Sn-0.05Mg等。

三、青铜

除黄铜和白铜外,其余的铜合金都称为青铜。青铜一般指红铜与锡、铅等其他化学元素的合金,因颜色呈青灰色而得名。青铜分锡青铜和无锡青铜,锡青铜是历史上最悠久的一种艺术铸造合金。无锡青铜是近代发展起来的新型青铜,它采用硅、铝等元素代替价格较高的锡,同时使锡青铜的一些性能得到进一步改善。青铜的最大优点是具有很好的耐磨性能,并且在蒸汽、海水及碱溶液中具有很高的耐腐蚀性能,这也是古代青铜艺术品能完美保存至今的重要原因。其次,青铜的熔点较低,铸造性能较好,并具有较好的机械性能。

用于艺术铸件的青铜,通常有锡青铜、硅青铜、铝青铜等。

(一)锡青铜

锡青铜是古老的铸造艺术品用铜合金,已有5 000多年历史。中华民族古老的铸造艺术瑰宝,大都是用锡青铜铸造而成的,例如商代的司母戊鼎、春秋战国时期的尊盘、编钟等。

1. 锡青铜的组织和性能特点

锡青铜是以铜-锡合金为基础的,图2-11为Cu-Sn二元相图,存在α、β、γ、δ

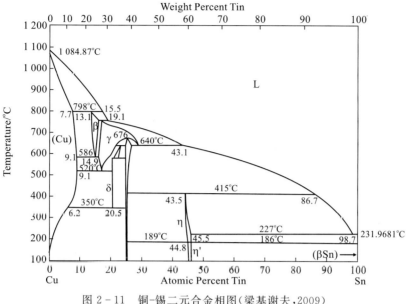

图 2-11 铜-锡二元合金相图(梁基谢夫,2009)

几个相,其中 α 相是锡溶于纯铜中的置换型固溶体,面心立方晶格,故保留纯铜的良好塑性。β 相是以电子化合物 Cu_5Sn 为基的固溶体,体心立方晶格,高温时存在,降温过程中被分解。γ 相是以 CuSn 为基的固溶体,性能和 β 相相近。δ 相是以电子化合物 $Cu_{31}Sn_8$ 为基的固溶体,复杂立方晶格,常温下存在,硬而脆。

铸态锡青铜为 α 固溶体和(α+δ)共析体。在锡青铜中 δ 相以硬质点镶嵌在软的 α 基体中,使锡青铜具有良好的耐磨性能。另外,用于锡青铜组织中的 α 相和 δ 相具有相近的电极电位,并且锡青铜在大气中,表面会形成一层致密的 SnO_2 薄膜,覆盖在青铜器表面,从而使锡青铜具有良好的耐腐蚀性能。含锡量越高,SnO_2 薄膜越厚、越致密,锡青铜的耐腐蚀性也就越好。合金的颜色随着含锡量的增加由红逐渐变青黄,当含锡量超过 20% 以上时,则偏白色,古代用于制作铜镜。锡对青铜机械性能的影响见图 2-12。

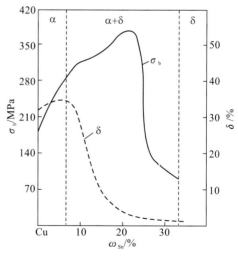

图 2-12 含锡量对锡青铜机械性能的影响
(王碧文,2007)

当含锡量小于5%~7%时,处于单相区;随着含锡量的增加,合金的强度和延伸率都增加;当含锡量超过5%~7%时,由于组织中出现了(α+δ)共析体,使延伸率下降,强度继续上升。当含锡量达到18%左右时,强度和硬度最高,塑性降至最低点。含锡量5%左右的单一α相锡青铜容易着色。

2. 锡青铜中合金元素的作用

(1)锌。锡青铜中加入锌可缩小锡青铜的结晶温度范围,提高合金的流动性,减少产生缩松的倾向。且熔炼时锌的蒸汽压较高,所形成的锌蒸汽可防止铜和锡元素氧化,净化合金,降低产生气孔的倾向。锌对锡青铜的组织和性能的影响与锡相似,加2%锌只相当于1%锡的作用。但锌的价格远低于锡,因此可用锌代锡降低成本。锌含量超过5%,易使纹饰不清晰,易受腐蚀,难以生成文雅的绿色外膜。

(2)铅。铅的硬度很低,在锡青铜中以质点状分布,提高合金的耐磨性能,也给青铜的加工带来方便。同时铅的熔点低,提高了锡青铜的流动性。凝固时铅富集在枝晶间的空隙中,减少缩松,防止渗漏,一般含铅量在5%左右防渗漏效果最好。青铜中铅的比重较大,过量的铅会引起重力偏析,所以含铅锡青铜浇注前须注意搅拌,采用水冷或金属型来加快冷却,防止偏析。

(3)镍。青铜中镍无限地溶于固溶体内,促使α树枝晶发达,因而加入微量的镍可以减轻锡铅的偏析。加入1%~2%的镍,便能使晶粒细化,提高机械性能、耐腐蚀性能和热稳定性,改善青铜的铸造性能。较多的镍会使青铜颜色变白。

(4)铁。铁的主要作用与镍相似,可以细化晶粒,提高强度,改善着色性能。但含量必须控制在5%以下,否则会使青铜发脆,同时降低耐腐蚀性能。

(5)铝。在锡青铜中铝是有害杂质,它使着色困难。只要含铝0.5%,表面便从暗红色转为金黄色,进而成银白色。但在无锡青铜中,铝能提高强度、耐腐蚀性能和铸造性能。

(6)磷。在锡青铜中必须加0.03%~0.06%的磷来脱氧,以改善铸造性能,过量易产生脆性相Cu_3P,且降低着色效果。

(7)硅。青铜中加入硅,便会使其机械性能及铸造性能恶化,但能增加耐腐蚀性能,硅使表面呈暗赤色到茶色,有时呈葡萄色,因表面覆盖有一层很致密的SiO_2膜,使着色困难。

锡青铜具有的美丽外观和优良的加工性能,自古至今被广泛用于铸造工艺品。表2-13列举了一些常用的艺术铸件用锡青铜材料。

表 2-13 艺术铸件用的锡青铜

名称、牌号	主要化学成分/%					杂质/% ≯			总和	备注
	Sn	Zn	Pb	Al	Cu	Sb	Fe	Al		
ZCuSn2Zn3	1.8~2.2	2.5~3.5			余量					中国标准
ZCuSn3Al2	2.5~3.5			1.5~3.5	余量					中国标准
ZCuSn12Mn1	10~15	0.15~0.25	0.2~0.3	Mn1.0~1.25	余量					中国标准
ZCuSn5Zn5Pb5	4.0~6.0	4.0~6.0	4.0~6.0		余量					中国标准
ZCuSn10Zn2	9.0~11.0	1.0~2.0			余量					中国标准
BC1	2.0~4.0	8.0~12.0	3.0~7.0		79.0~88.0				2.0	日本标准
BC6	4.0~6.0	4.0~6.0	4.0~6.0		82.0~87.0				2.0	日本标准
BC7	5.0~7.0	3.0~5.0	1.0~3.0		86.0~90.0				1.5	日本标准
G-CuSn5ZnPb	4.0~6.0	4.0~6.0	4.0~6.0		84.0~86.0	0.3	0.3	P0.05	S0.10	德国标准
C90300	7.5~9.0	3.0~7.0			86.0~89.0	0.2	0.15	0.005	Si0.005 1.76	美国标准

(田荣璋和王祝堂,2002)

锡青铜用于铸造艺术品,能经受高温、高湿度及含有城市废气(主要是 CO_2、SO_2、NO 气体),甚至酸雨的侵袭,在普通大气中,锡青铜的腐蚀速率为 0.001mm/a;在海滨大气中为 0.002mm/a;在工业大气中为 0.002~0.006mm/a。

露天的大型铸造艺术品,由于日照、温差和焊接所形成的应力,在有腐蚀性的大气中,就有可能使铸件产生应力腐蚀而开裂。锡青铜应力开裂倾向小,可有效减少这种风险。例如,香港天坛大佛用含8%Sn、4%Zn、其余为铜的锡青铜,铸造、拼焊而成,于1989年竣工,至今安然矗立在香港大屿山木鱼峰上。

(二)青铜在工艺饰品上的应用

由于青铜具有的美丽外观和优良的加工性能,自古至今被广泛用作工艺饰品材料。

在古时候，除广泛用作器物外，也用于精巧纤细的饰品，如汉代的青铜手镯饰品、辽代的青铜戒指。如今，青铜在工艺品和首饰品方面的应用发展潜力极大，特别是随着经济水平的提高，铸造青铜器发展迅速，市场需求大，产品品种多，复制、仿制、创作各种方式都有，广泛作为城市雕塑、庙宇祭器、佛像、装饰画，以及收藏品等。在首饰品方面，青铜也被用来制作各种饰品及配件，例如，著名的希腊时尚品牌 Folli Follie 是专门设计、制造及分销首饰、腕表及时尚配饰的公司，该公司就曾推出珍贵青铜(Precious Bronze)系列，独特地将青铜与银组合在一起，项链、手镯、耳坠呈不规则圆形，带给人洒满金色阳光的大地般的缅怀情感。不同材质的混合与银的清爽一起构成优美的曲线，这些奢侈的珍宝带有 Folli Follie 的绚烂特征，散发出真正时尚人士拥有的高雅与美丽。

香港天坛大佛（锡青铜）

汉代的青铜手镯

辽代青铜戒指

Folli Follie 公司推出的
珍贵青铜首饰（青铜＋银）

第四节 铜饰品的制作工艺

铜合金饰品的制作方法有多种,其中常用的有熔模铸造工艺、冲压工艺、油压工艺、电铸工艺、雕刻工艺、蚀刻工艺等。

一、铜饰品的熔模铸造工艺

石膏型铸造已成为首饰制作的主要方法,铜饰品熔模铸造典型的工艺流程如下:

原版→制作橡胶模(压胶模、硫化、开胶模)→制作蜡模(唧蜡、修蜡)→种蜡树→铸型制作(混制铸粉浆料、抽真空、灌注浆料、抽真空、脱蜡、焙烧)→熔炼浇注(合金预处理、熔炼、浇注)→铸件清理(去除铸粉、浸酸、预抛光)→后处理(执模、镶嵌、抛光、电镀)

(一)原版

根据工件的复杂程度、规格、客户的质量要求等,确定适宜的原版制作方法。首饰原版制作方法分为手雕蜡版、电脑起版、手造银版三类。以手雕蜡版为例,其主要工艺流程包括以下方面:看单开料→粗坯→细坯→捞底→开镶口→修理。

1. 看单开料

根据订单了解客户要求,例如尺寸、石的大小、限蜡重等方面。据此选取一块适宜做该工件的蜡料,然后在蜡料上划线,再用锯条或卓弓按划线位锯开。

2. 粗坯

在所开的料上画出主要线条,包括内外轮廓,用粗卓条按划线锯下多余的部分,将车针安装在吊机上进行初步加工,先将其制成粗轮廓。再换上牙针,将卓条、车针工具加工后的深痕、披锋等扫浅(图2-13)。然后用锉将闪过牙针留下的痕锉除,使表面平整。

3. 细坯

细坯是在粗坯的基础上,进一步加工,使整个蜡样更精细、更美观。首先在该蜡样版上用圆规取出各部分尺寸,并画上一些辅助线,根据辅助线条,然后用车针除去余蜡,再用牙针将前面工序所留下的粗痕扫平,用大小平铲将蜡样上有角位或凸出部分铲平,并用手术刀加以修整,用大、小滑锉分别对蜡样整体进行平滑处理。

4. 捞底

捞底的目的是减轻工件重量。将球针、轮针安装在吊机上，在花头底部或戒指牌的内圈用球针，车去多余的蜡料(图2-14)。一般情况下，起钉镶留底厚1.1mm；光金与窝镶留底厚0.7mm；包镶与迫镶留底厚1.6mm。然后用牙针、钻针、手术刀等，对蜡样底部边框进行修整。在捞底过程中，要时常用内卡对花头处的光金位、起钉位、迫镶位等进行尺寸测量，防止出现偏差。

图2-13 粗坯加工　　　　　　　　　图2-14 掏底

5. 开镶口

根据石的大小和镶法开石位，对迫镶、包镶，选用合适的钻针，在指定的石位钻孔，然后利用牙针、小滑锉、手术刀等进行修整，也可用牙针直接开石位。

6. 修理

修理是对一些细节问题进行调整，使修理后的工件更符合订单要求。修理时要注意根据订单对产品重量、尺寸的要求，调整和协调蜡重和尺寸的关系。

7. 修光

用尼龙布擦拭蜡版表面，使之光滑细腻。

8. 复制银版

手雕蜡版完成后，需将其铸造成银版，才能复制胶模。对铸造出来的银版进行表面修整(图2-15)，使表面光洁度较好，避免银版表面上的任何缺陷复制到铸件上。检查银版的外形、各部位的尺寸及重量，使之满足订单要求。并补充一些手雕蜡版不能完成的工序，如：种爪、制作扣箱和按掣、摔线耳环等。

9. 焊水线

焊水线是为了在铸造过程中，预留下金属液流动的通道。在首饰铸造中，由于没有设置冒口对工件进行补缩,因而水线既成了金属液充型的通道,又需承担型内金属液凝固收缩的补缩任务,水线的正确设置是保证铸造质量的基本条件,很多的熔模铸造缺陷都直接或间接由水线的设置不合理引起,如充填不足、缩松、气孔等常见缺陷。

图 2-15　执银版　　　　　　　　　图 2-16　填胶

(二)橡胶模制作

1. 填压生胶

用油性笔沿着版形边缘画出分型线,作为切开胶模的上下模分型位置,分型线位置的确定,以易于取模为原则。根据银版的外形尺寸准备胶片和胶粒,将银版安放在胶片的适当位置,采用塞、缠、补、填等方式将首版上的空隙位、凹位和镶石位等填满,做到硅胶片与首版之间没有缝隙(图 2-16)。再将剩余的胶片贴上,为了保证胶模的使用寿命,通常用 4 层以上硅胶片压制。胶模厚度在压入压模框后,略高于框体平面约 2mm。注意操作过程中必须保持硅胶片的清洁,不能用手直接接触硅胶片的表面,而应该将硅胶片粘上后再撕其表面的保护膜。

2. 硫化

将压模机先预热,再放入已装压好硅胶片的压模框,旋紧手柄使加热板压紧压模框,仔细检查加热板是否压紧(图 2-17)。通常使用的橡胶,其硫化温度范围是 143~173℃,最佳温度取决于橡胶类型。在开始加热前先压几分钟,然后逐渐加压。根据模型厚度选择硫化时间,如 12 mm 厚为 30 分钟,18mm 为 45 分钟,36mm 为 75 分钟。硫化时间到后,迅速取出胶模,待其自然冷却至室温后,就可以进行开胶模的操作。

图2-17 硫化

图2-18 开胶模

3. 开胶模

开胶模是将压制好的胶模割开,取出首版(图2-18),并按样版的形状复杂程度,将胶模分成若干部分,使胶模在注蜡后能顺利将蜡模取出。开胶模通常采用四脚定位法。

(三)蜡模制作

由于首饰品比较精细,制作蜡模时,需要借助注蜡机的压力将蜡液注入胶模型腔内。注蜡机的种类较多,有普通气压注蜡机、真空注蜡机和数码式自动注蜡机等。将蜡料放入蜡缸内,蜡料必须保持清洁,调整蜡缸和蜡嘴温度到要求温度。

注蜡之前,首先应该打开胶模,检查胶模的完好性和清洁性。在胶模比较细小复杂的位置喷洒脱模剂(也可撒上少量滑石粉),以利于取出蜡模。

注蜡时,开动真空泵,检查蜡的温度是否在70~75℃之间,根据胶模内蜡件复杂程度调好注蜡时间和气压,然后均匀夹紧胶模进行注蜡操作(图2-19)。

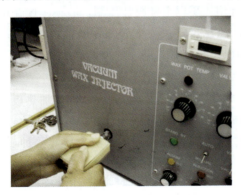
图2-19 注蜡

蜡件在胶模内冷却1分钟左右即可取出。取模时要注意手法,避免蜡件折断和变形。

蜡模取出后仔细检查,如果出现飞边、夹痕、花头不清晰、花头搭边等缺陷,需用手术刀片修光;对于砂眼、断爪可以用焊蜡器进行焊补;小孔不通的可以用焊针穿透;对于蜡模的变形可以在40~50℃的热水中进行校

第二章 铜合金饰品及生产工艺

正。最后用沾上酒精的棉花清除蜡模上的蜡屑。

(四)种蜡树

蜡模经过修整后,需要种蜡树,才能进行进一步的操作。种蜡树就是将制作好的蜡模按照一定的顺序,用焊蜡器沿圆周方向依次分层地焊接在一根蜡棒上,最终得到一棵形状酷似大树的蜡树(图2-20)。

图2-20 种蜡树

(五)石膏铸型制作

1. 开粉灌浆

在铸型制作过程中,会借助一些典型的机器设备,常用的设备有简易搅粉机、抽真空机和真空自动开粉机等,典型的石膏铸粉开粉灌浆过程如图2-21所示。

由于蜡树上产生静电时易吸附灰尘,在灌浆前可以将其浸入到表面活性剂或稀释的洗涤液中,再用蒸馏水洗静后干燥。在开粉灌浆的过程中,应注意适当控制石膏浆料凝结时间,凝结过快时气体来不及排除,过慢时粉料又容易在浆料中沉降,在局部改变了固液比,使首饰上下面粗糙度不一样。

铸型完成灌浆抽真空操作后,应静置1.5~2小时,使石膏型充分凝固硬化,然后将橡胶底座取走,去除钢盅周围的包裹材料及溅散的粉浆,并在铸型侧及铸型面上做好标记。

2. 铸型脱蜡

当浆料凝固后,可以用两种不同的方法除蜡:蒸汽脱蜡或在焙烧炉内干燥脱蜡。

蒸汽脱蜡时可以更有效地除蜡,也有利于环保。注意水的沸腾不能太剧烈,并要控制蒸汽脱蜡的时间,否则溅起的水会进入铸型中,损害铸型表面。另外在蜡镶铸造中,采用蒸汽脱蜡时,也可能会冲淡铸粉中的硼酸保护剂而导致宝石发朦变色等问题。

烘烤脱蜡是直接利用焙烧炉加热铸型,将蜡料融化流出铸型外的方法。由于蜡料的沸点较低,采用这种方法时,如果蜡液发生激烈的沸腾会损坏铸型表面,或者蜡液排出不畅时会渗入到铸型的表层,都会恶化铸件的表面质量,因此,要注意控制脱蜡阶段的加热温度和速度,并设置相应的保温平台。

3. 铸型焙烧

焙烧的目的是使石膏铸型的水分、残留蜡彻底排除,获得所需的高温强度和

图 2-21 石膏铸粉开粉灌浆过程示意图

铸型透气性能,并满足浇注时对铸型温度的要求。石膏铸型的最终性能在很大程度上受到焙烧制度、焙烧设备的影响。

首饰行业用的石膏焙烧炉一般都采用电阻炉,也有一些采用燃油炉,不管何种炉子,都要求炉内温度分布尽量均匀。普遍应用的是电阻焙烧炉,一般采用三面加热,也有一些采用四面加热,通常都带有控温装置,而且能实现分段控温,但是炉内温度分布不够均匀,焙烧时也不易调整炉内气氛。围绕使炉内温度分布均匀、消除蜡的残留物、自动化控制等目标,近年来不断出现了一些先进的焙烧炉。例如有一种炉型采用炉床回转方式,四面加热,热度均匀稳定,石膏型能均匀受热,特别适合蜡镶铸造工艺要求。

铸型焙烧时需制定合适的焙烧制度,在几个比较敏感的阶段应设置保温平台。铸型在最高温度焙烧3~4小时,将所有残留碳烧失后,需要将铸型温度降低到某个温度,以免铸型温度过高导致铸件产生缩松、气孔等缺陷;但是由于首饰件一般比较精细,成型不易,为保证完整充型,基本上不采用冷模浇注,否则铸件表面易产生粗糙、轮廓不清等问题。一般根据工件的结构和铸造量的多少,浇注时铸型温度为520~650℃之间。

(六)熔炼与浇注

1. 合金预处理

在饰品的铸造生产中,饰品铸件的效果与饰品合金状况有非常密切的关系,直接将纯金属和中间合金融合浇注时,容易产生成分不均匀、损耗严重、孔洞缺陷等问题。因此,一般要对饰品合金进行预处理,将各种纯金属、合金料先熔化浇注成珠粒,或铸成铸锭,再根据需要的重量进行配料。一般优先选择预制珠粒的方法,金属液流从坩埚出口流出,滴入冷却水中瞬间激冷而分裂成液滴,凝固后形成固体金属颗粒(图2-22~图2-24)。外形圆整、尺寸适中的合金颗粒有利于熔炼过程的成分均匀、温度控制,减少孔洞、砂眼、硬点等缺陷,对金属的损耗控制也有密切关系。

图2-22 黄铜粒

图 2-23　白铜粒　　　　　　　　图 2-24　青铜粒

2.合金熔炼

首饰合金常用的熔炼方式有火枪熔炼和感应熔炼两大类。

(1)火枪熔炼。采用火枪熔炼浇注饰品是比较传统的生产方法,使用的工具设备较简单,先利用火焰将金属熔化,再利用简易的浇注设备进行手工浇注。火枪熔炼采用的燃烧气体有煤气-氧气、天然气-氧气等,一般不使用氧气乙炔,因为其温度太高,金属损耗大,难控制。

火枪熔炼一般采用粘土坩锅,熔炼前,先仔细检查坩埚的质量,内壁要有光滑致密的釉质层,无残留的渣滓。准备造渣用的助熔剂,一般使用无水硼砂。先将坩埚预热后,将铜粒投入到坩埚内,调节火焰强度和性质至适合,铜料接近熔化时,在液面上撒少量硼砂,用玻璃棒将金属液轻轻搅拌均匀(图 2-25),温度达到要求浇温时,即可取出铸型进行浇注。

熔炼过程中,要注意控制温度和火焰气氛,否则会产生较严重的氧化作用,导致金属损耗,形成熔渣污染金属液,尤其是黄铜合金,容易出现大量锌氧化损耗。为减少金属损耗,一般熔炼温度都控制在980～1020℃内,避免长时间沸腾。

图 2-25　火枪熔炼铜合金

（2）感应熔炼。铜饰品铸造生产中,广泛采用感应熔炼方法来熔炼铜合金（图2-26）。熔炼时气氛控制对金属液质量影响很大,一般有真空熔炼、惰性气体保护熔炼、还原性火焰保护熔炼几种方式。真空熔炼有利于冶金质量,但是对铜合金,特别是含锌较高的黄铜合金而言,是不适合采用的,因为真空会加剧锌的挥发,金属损耗严重,成分波动大,而且熔炼烟气,容易导致真空系统损坏。因此,在感应熔炼铜合金时,要获得优良的冶金质量,一般采用氩气、氮气等惰性气体,或者采用还原性火焰,将金属液面隔离保护。

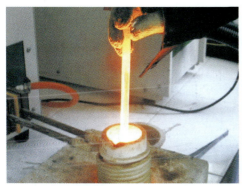 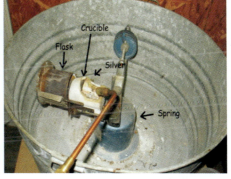

图2-26　感应熔炼铜合金　　　图2-27　简易离心浇注机手工浇注

3.浇注

由于首饰件都是比较精细的产品,浇注过程中很快发生凝固而丧失流动性,因此常规的重力浇注难于保证成型,必须引入一定的外力,促使金属液迅速充填型腔,获得形状完整、轮廓清晰的铸件。按照借助外力的方式,可分为离心浇注和静力浇注两大类;按照浇注的自动化程度,可分为手工浇注和铸造机自动浇注两类。

（1）手工浇注。手工浇注一般与火枪熔炼或感应熔炼配合进行,金属液熔炼造渣精炼完毕后,将温度调整到浇注温度范围,然后从焙烧炉中取出铸型准备浇注。根据使用的设备类型,手工浇注主要有离心浇注和负压吸铸两类。

图2-27是简单的机械传动式离心机,在一些小型首饰加工厂使用,它没有附带感应加热装置,利用煤气-氧气来熔化金属,或利用感应炉熔炼金属,然后将金属液倒入坩埚中,石膏铸型平放装入旋转臂的模座内,启动转臂,金属液在离心力的作用下进入铸型型腔,完成浇注过程。操作过程中影响质量的因素较多,适合浇注细小饰品,例如链节、耳钉等。

负压浇注是指铸型型腔的气压低于外界气压,利用压力差将金属液引入型腔的浇注方法。手工负压浇注是最简单的负压浇注方式,利用的设备是吸索机,这种机器的主要构件是真空系统,不带加热熔炼装置,因此需要与火枪或熔金炉配合使用,吸索机的外形如图2-28所示。金属液熔炼完毕,将铸型浇口窝向上竖立放在抽真空腔上,开启抽真空装置,将金属液浇注进去。它操作比较简单,生产效率较高,在中小厂得到了较广泛的应用。由于是在大气下浇注,金属液存在二次氧化吸气的问题,整个浇注过程是由操作者控制的,包括浇注温度、浇注速度、压头高度、液面熔渣的处理等,因此人为影响质量的因素较多。适合浇注大中件饰品,如男戒、吊坠、手镯等。

图2-28 吸索机手工浇注

图2-29 离心感应铸造机自动浇注

(2)铸造机自动浇注。随着首饰产品的质量要求日益提高,以及首饰行业的科技进步,自动铸造机成为首饰失蜡铸造中非常重要的设备,是保证产品质量的一个重要基础。根据所采用的外力形式,常用的首饰铸造机主要有离心铸造机和静力铸造机两大类。

针对传统的简易离心浇注机的缺点,现代离心铸造机集感应加热和离心浇注于一体,在驱动技术和编程方面取得了很大的进步,改进了编程能力和过程自动化控制。图2-29是典型的首饰离心铸造机的熔炼浇注室,可用于铜合金首饰铸造。

静力铸造机中比较先进、使用也比较广泛的是自动真空加压铸造机(图2-30)。这类机器的型号特别多,不同公司生产的铸造机也各有特点,但一般都是集感应加热、真空系统、控制系统等组成,在结构上一般采用直立式,上部为感应

第二章　铜合金饰品及生产工艺

熔炼室,下部为真空铸造室,采用底注式浇注方式,坩埚底部有孔,熔炼时用耐火柱塞杆塞住,浇注时提起塞杆,金属液就浇入型腔。一般在柱塞杆内安设了测温热电偶,它可以比较准确地反映金属液的温度。自动真空铸造机一般在真空状态下或惰性气氛中熔炼和铸造金属,因此有效减少了金属氧化吸气的可能,广泛采用电脑编程控制,自动化程度较高,铸造产品质量比较稳定,孔洞缺陷减少,成为众多厂家比较推崇的设备,该设备少量用于锌含量较低的铜饰品铸造,对于含锌较高的铜合金,为避免损害真空系统,一般较少采用。

图 2-30　真空加压铸造机自动浇注

(七)铸件清理

铸型浇注后,放置 15 分钟左右,然后将铸型淬入水中,进行炸石膏的操作,铸粉模余温遇到冷却水,使水瞬间汽化,产生爆粉现象,使铸造的工件与铸粉模脱离。

利用高压冲水机将工件表面残留的铸粉基本冲洗干净,冲洗后的工件一般呈黑色,把冲洗后的铸件放入氢氟酸、硫酸或盐酸的水溶液浸泡。通过浸酸将铸件各部位的残余铸粉、铸件表面的氧化夹杂彻底除去,使用氢氟酸溶液浸泡铜首饰时,其浓度约 5%,浸泡时间约 20 分钟。

清除铸粉后的工件仍处在树状形态,需在其水线处剪断、分类、分品种,为下道工序做好生产准备工作。先将除铸粉后的树状毛坯称重,计算铸造过程中的损耗量,然后进行剪水线操作。

(八)铸件后处理

首饰品要达到各种表面效果,镶嵌各类宝石,很大程度上在于铸件后处理。通常要经过机械抛光、执模、镶嵌、表面处理(如抛光、电镀、着色等)几个主要工序。下面对这几个主要工序作一简单的介绍。

1. 执模

执模是对首饰坯件进行整合、扣合、焊接、粗糙面加工的过程,通过执模使首饰坯件恢复到原版的造型。在首饰制作过程中,执模工序是一道重要的工序,首饰铸件执模不好将直接影响首饰的质量。根据首饰产品的类别及结构特点,可分为戒指、耳环、链类、手镯等几种典型货类,它们的执模工艺流程不尽相同,但是一般会经过如下工序。

(1)整形。使工件恢复原版造型,形状标准。

(2)锉水口。先用粗锉把水口及表面锉顺,再用滑锉修理工件各部位,使之滑顺(图2-31)。

(3)组装焊接或焊补砂孔。将配件焊接在工件的适当位置上,起装饰或组装固定工件的作用(图2-32)。工件上出现砂孔时,用焊料进行焊补。

图2-31 锉水口　　　　　　　图2-32 组装焊接

(4)煲矾水。工件焊接后会在表面形成黑灰色物质,经煲矾水后可将其基本除去,起到清洁工件表面杂质的作用(图2-33)。

(5)锉表面。用滑锉分别对戒指内圈、外圈及侧面进行锉磨,使表面平滑无刺,形状顺畅。

(6)省砂纸。用砂纸除去工件上的锉痕,使工件表面光滑(图2-34)。

2. 镶石

镶嵌工艺就是将不同色彩、形状、质地的宝玉石,通过大量运用镶、锉、錾、掐、焊等方法,组成不同的造型和款式,使其具有较高鉴赏价值工艺品和装饰品的一种工艺技术手段。

常见的镶嵌方法主要有倒钉镶、爪镶、包镶、窝镶、飞边镶、起钉镶、迫镶、无边镶等。镶石总体分三大步骤,即镶石前准备工作、镶嵌操作、镶石后表面修整。

(1)镶石前准备工作。主要分为两个步骤:配石和上火漆。

配石:是按订单检查各种规格宝石的质量、数量、重量是否与要求相符。然后筛选分类,按客户的来单产量配好宝石,交镶石部安排生产。

上火漆:是将工件固定在火漆柄上,使操作工人在镶石过程中便于把持和操

第二章　铜合金饰品及生产工艺

图 2-33　煲矾水

图 2-34　省砂纸

作。多用于耳环、吊坠等镶嵌工件，其他镶法视需加工货品的情况而定。

（2）镶嵌操作。镶嵌操作总体分为五个基本的步骤，包括度位、车位、入石、固石、修理。主要镶嵌方法有爪镶、钉镶、逼镶、窝镶、包镶、无边镶等。以爪镶为例，其操作步骤如图 2-35 所示。

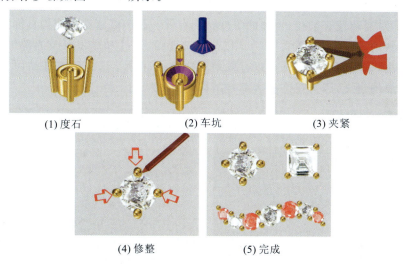

图 2-35　爪镶操作过程示意图

（3）表面修整。主要包括三个步骤：洗火漆、执边和铲边。

洗火漆：是将镶石后的工件，用火枪烘烤火漆，将工件取下，然后将其浸泡在天那水中，使火漆清洗干净。

执边：是利用锉、机针、砂纸等工具，将工件粗糙面执平，使镶石后的工件表面恢复到光滑、柔顺的状态。

铲边：是将经包镶、迫镶、窝镶后工件金边内侧的毛刺铲平，使其内边线条顺畅，表面光亮。

3. 表面处理

铜合金饰品的表面处理方法非常多，电镀是最常用表面处理方法之一，它一般包括前处理、电镀和后处理三个主要阶段。

(1) 前处理。抛光是使首饰达到最佳外观效果的关键工序，常用的设备有普通抛光机和飞碟抛光机，普通抛光机又有简易式和回收式两种。抛光轮高速旋转时饰品与抛光轮以及熔融的抛光蜡之间产生高温，使金属的塑性提高，表面细微不平处得以改善，提高饰品的光亮度（图2-36）。抛光的效果主要取决于被加工表面前的特性，即工件表面的磨光整平程度、在抛光过程中使用抛光材料的类型和特性。经过抛光的首饰应达到光洁无痕，造型对称，线条流畅，厚薄均匀，边角圆滑，没有断爪、掉石等问题。

经过抛光处理的首饰表面，几乎不可避免地要粘附蜡质或油污，在电镀前需要进行除油处理。常用的除油方法包括超声波除油和电化学除油等。超声波除油可进一步提高溶剂除油和化学除油的速度和效果，对基体腐蚀小，除油和净化效率高，对复杂及有细孔、盲孔的工件特别有效。超声波清洗机成为首饰制作中不可或缺的重要设备（图2-37）。以往清洗死角、盲孔和难以触及的部位，一直难以解决，采用超声波清洗可以有效地解决这个问题。这对于首饰品而言具有特别重要的意义，因为首饰品大都是结构复杂的精细工件。

图2-36 布轮抛光

图2-37 超声波除油

电化学除油是将饰品挂在碱性电解液的阴极或阳极上（图2-38），电解时从饰品表面逸出的气泡，对表面的油膜有强烈的撕裂作用，而气泡上升引起的搅动，不断将油污带出，进一步强化了除油作用。电解除油的速度超过化学除油，效果良好。

第二章　铜合金饰品及生产工艺

图 2-38　电解除油

图 2-39　镀前清洗

首饰在进入电镀槽之前要进行清洗和弱浸蚀。清洗的目的是除去饰品表面的附着液,促进镀种金属离子上镀,避免污染电镀液。铜饰品镀前清洗一般采用多级逆流清洗生产线,如图 2-39 所示。浸蚀的主要目的是中和工件表面可能残留的碱液,溶解工件表面的氧化薄膜,使表面活化,以保证镀层和基体金属的牢固结合。浸蚀溶液的浓度一般都较稀,1%～5%,不会破坏材料表面的光洁度,时间通常只有几秒至 1 分钟。

(2)电镀操作。铜饰品表面电镀一般有镀银、镀金、镀铑几种方式,镀金、镀铑时,一般先在首饰表面预镀一层镍。在生产过程中,要定期对镀槽内的电镀液和各项主要材料指标进行监测,防止各项指标不匹配,而造成产品质量问题。

(3)镀后处理。电镀后的工件先经过镀液回收杯中浸蘸,用水冲洗,然后在热纯水中浸洗,再利用蒸气冲洗机对工件进行冲刷清洗,最后用热风筒将工件烘干。

二、铜饰品的冲压工艺

冲压工艺在铜饰品制作中应用较广泛,特别是白铜饰品,大部分均采用冲压工艺,其工艺过程与不锈钢冲压饰品的工艺过程很相似,详细情况参见第 5 章的介绍。

三、铜饰品的电铸工艺

(一)电铸工艺简介

电铸是利用金属的电解沉积原理来精确复制某些复杂或特殊形状工件的特种加工方法,它是电镀的特殊应用。电铸原理如图 2-40 所示。

把预先按所需形状制成的原模作为阴极,用电铸材料作为阳极,一同放入与阳极材料相同的金属盐溶液中,通以直流电。在电解作用下,原模表面逐渐沉积

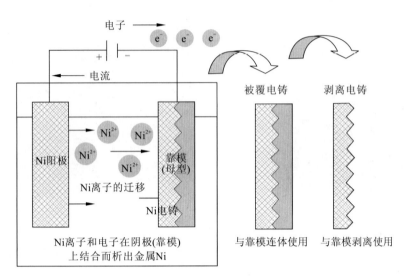

图 2-40 电铸原理图

出金属电铸层,达到所需的厚度后从溶液中取出,将电铸层与原模分离,便获得与原模形状相对应的金属复制件。

与熔模铸造工艺相比,电铸可以制作形体较大、壁非常薄的工件,特别适合制作工艺摆件。电铸的主要缺点是效率低,一般每小时电铸金属层的厚度为 0.02～0.05mm。采用高浓度电铸溶液,并适当提高溶液温度和加强搅拌等措施,可以提高电流密度,缩短电铸时间,从而可以提高电铸效率。

(二)铜饰品电铸工艺过程

典型铜饰品电铸工艺过程包括雕模、复模、注蜡模、执蜡模、涂油、电铸、执省、除蜡、打磨等生产工序。

1. 蜡模制作

蜡模制作是在蜡料上实现设计、雕模版、复模、注蜡模、执蜡模的实施过程。做大工件时,也采用泥雕模版,而后再复制成硅胶模、蜡模。

(1)雕模版。用高浮雕、薄浮雕、透雕、线刻等手法雕刻成蜡模版。首先进行初坯雕刻,它是按照设计意图和工艺条件,利用雕刻工具将蜡料雕琢出一定的造型,以确定其基本形体;在初坯工艺之后,进行细工雕刻和精细修饰,解决前面工序中存在的各种不足,并使蜡模表面平整、光洁。

(2)复模。将雕刻合格的蜡样板复制成胶模,以达到批量生产的目的。

对于小件的铜饰品,先将蜡样板固定在玻璃平面上,周围用砂纸围起来,样版与砂纸筒之间留有一定距离,将搅拌混合均匀的硅胶先抽真空,然后注入砂纸

第二章　铜合金饰品及生产工艺

筒(图2-41),再抽真空,依据实际情况注胶。注满硅胶后,再放入抽真空机抽真空,将最后抽真空的砂纸筒放置在适当、安稳的位置,使其自然干燥。

对于大件的铜饰品,一般采用在模版上先涂胶,然后再复石膏的方法进行复模。将模版固定在圆盘上,将调配好的硅胶用毛刷涂在模版上,第一层合格后,再重复刷两次,厚度达3~5mm。用油泥将较大的凹位、窿位填平。再用适量水调配好石膏浆,用平铲及手(戴胶手套)刮、抹石膏泥于模版上,厚度约20~30mm。刮、抹时要视模版的形状复杂程度分解为几部分制作,简单的分成两块,复杂的分成3~4块或若干块,以便于取出胶模和模版。整个复模工作结束后,放置自然晾干,用胶锤敲击石膏层即分解。

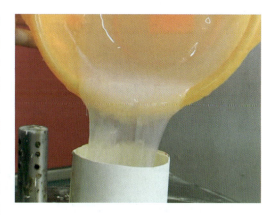

图2-41　复胶模

(3)割模。用手术刀在适当位置割开硅胶层,取出模版。割模时要选择易于修复的部位,使得注出的蜡模易于执(刮)版。如人物、动物的雕像割模时,应尽量不要通过五官部位。割模后检查胶模质量,看是否有气泡,胶模嵌合起来是否密合。对大件饰品,将割好的胶模合拢,用石膏分解模将胶模合拢、固定,再用胶线、胶纸将其绑牢。

(4)注蜡。用空气压缩机的气体吹净胶模内的杂质,将胶模放入电烤炉中预热5分钟左右,使胶模的温度达到60~65℃,除去水气。将胶模从烤炉中取出,合拢胶模并使接口完全密合,用橡筋绑好。用铁勺盛电加热缸内的蜡水,浇注入胶模(图2-42),再放入抽真空振动机内抽真空1~2分钟,取出补蜡,再抽真空1~2分钟。注蜡、补蜡、抽真空工作完成后,将胶模放置工作台上自然冷却,待其注蜡口处凝固后,将胶模立于盛有冷水塑料盆中,以加速蜡的凝固,凝固时间根据蜡的体积确定,一般在30分钟以上,有时要长达1天。待胶模内的蜡模完全固结成形后,松开橡筋、胶带纸,掰开胶模体取出蜡像。

(5)执蜡模。用刮蜡刀或手术刀将蜡模上的披锋、蜡痕、水口等刮掉(图2-43),并使整个蜡模表面美观、光滑。用电烙铁点蜡将蜡模上的小孔和其他缺陷补上,或将几个蜡配件连接在一起。用汽油擦洗蜡模表面,使之光洁、平滑。

2.电铸

空心电铸是在蜡模的基础上,经过涂银油、电铸工艺,完成对首饰摆件的空心电铸成型过程。做大件及有特殊要求的工件时,还要通过电镀工艺对其表面

图2-42 注蜡

图2-43 执蜡

加工处理。

(1)安插挂杆。为了便于落电铸缸电铸,需在蜡模上安插挂杆,从而达到固定和导电作用。

(2)涂银油(导电层)。因蜡模不是导电体,所以要在蜡模表面涂上均匀的银油,在银油自然晾干的过程中,溶剂中的丙酮挥发,蜡模表面即形成了一层很薄的导电层,从而为电铸工序作好准备(图2-44)。

(3)开预留孔。为了除蜡、除银油,保证摆件中金属的纯度,必须为后处理留预留孔,这样避免了成品开孔既增大金属损耗,又会增加成品报废的几率。开预留孔要遵循两点:一是不影响美观,要开在较隐蔽的位置;二是数量大小适宜。因此要和雕蜡、打字印、插杆和后处理等各工序相协调,不能各行其是。

(4)称重。将蜡模加铁挂杆放在电子磅上称重,以便了解和控制上铸重量。

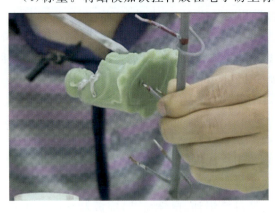
图2-44 涂银油

(5)落缸电铸。蜡模落缸前要用纯水清洗表面,以除去蜡模表面的灰尘,否则铸件可能会因灰尘而出现穿孔现象。蜡模凹位较多的位置,须朝向铸缸的金属网,这样可保证凹位处上铸的速度,且铸层较均匀。否则,凹位上铸速度缓慢,起缸后铸层薄,在打磨、除蜡后可能出现穿孔现象。

在预计的起缸时间,将铸件取出称重,重量达到要求范围,则可起缸,清洗后从铸件上取下挂杆,登记后交下道工序操作。

3. 表面处理

铜电铸件一般表面要进行镀金处理,绒沙货一般在电铸铜后马上入镀金缸电镀一层薄金,对丁水沙货,其镀金处理则是在对铜电铸件进行表面处理之后,典型的表面处理工作包括执省、钻孔、除蜡、打磨、镀金等工作。

(1)执省。将铸件表面作初步处理,去除毛刺。

(2)除蜡。除掉铸件体内的蜡,使铸件自成一个完整的金属体,即空心、多层首饰工艺品铸件。

首先将饰品放入调温 150～300℃ 的电焗炉内烘 20～30 分钟,将饰品中的蜡烤出。趁热取出,放入超声波除蜡机中去除余蜡,除完蜡之后取出饰品倒出里面的水,再把铸件放入超声波清洗机内清洗。用自来水清洗铸件表面,用汽枪吹掉铸件体内外的水珠,放在工作台上自然晾干。

(3)过焗炉。饰品表面清除干净后,放入 750℃ 左右的焗炉内烘 10～20 分钟,目的是将水分、砂窿内的杂质除去,防止红点出现,另外以此来消除内应力,改变饰件的脆性。

(4)打磨。对铸件的部分位置打磨光亮,使产品显得更加醒目、耀眼,更加高贵。

(5)镀金。主要目的是加强工件表面保护,防止工件表面变色。将工件放入化学除油、电解除油缸内清洗,除去工件表面油污,入纯水缸内清洗后进行镀金操作。

第三章　苗银藏饰泰银饰品及生产工艺

第一节　苗银饰品及生产工艺

一、苗银饰品简介

"苗银"一词是最近几年才出现的新词语,原本的意义是指"苗族银饰",人们为了方便使用,便简称为"苗银"。苗族人口众多,分布区域广阔,普遍喜戴银制品,男女皆然,而以青年妇女为最。明代郭子章的《黔记》卷五九和翟九思的《万历武功录》卷六,就有黔东和黔中苗族"以银环、银圈饰耳"的记载,但数量少。到清代,使用银饰盛极一时,不仅很普遍,而且数量多。如黔东苗族妇女,头戴银花,耳戴银环,项戴银圈,"以多为富"。湘西和黔东北苗族妇女也是"耳戴大环,项带银圈自一二围以至十余围"。贵州中部及云南、川南,用银饰也很普遍,但数量较少。进入民国,苗族使用银饰的仍然很多,制造工艺也更精致纤巧。清代时的"大耳环",很多地区已改为纤巧玲珑的珠式耳环,项圈、项链很考究制作,并出现精制的银冠、银衣等。

苗族的银饰,均为本民族男工匠所制,以黔东南和湘西的工艺最高。成品有粗细两类:粗件如黔东黄平、炉山、台江一带的扣环项链、实心项圈、实心手镯等,一般不要求精工制作,用银分量大,佩戴的目的是显示富有。但也有较为精工的泡项圈、泡手镯、空心钻花项圈和手镯等,制作虽较为费工,但用银较少。细件很精致,著名的如黔东清水江、舞阳河两岸的银花、围腰链、银羽、银泡、银雀、银索、银冠、银罗汉、银铃,湘西和黔东北的银链、银花、银耳环、钗牙签、银铃、银蝴蝶、银牌、银披肩以及祭祀用的银冠等。制作这类银饰费工极大,有的要经过多程序的加工,如制银索,要将银拉成细如头发的银丝,然后集数十根银丝编成每面都呈"人"字形的六棱银索。黔东的银冠,更是集银饰工艺之精华,在面积不大的冠架上,焊接的银花、银铃、银雀、银蝴蝶、银钟、银签等饰物,重约三四十两,有数十件甚至百件之多,件件都是精工之作,闪耀着苗族人民的智慧之光。

过去,苗族地区的生产力落后,但苗族人向来勤劳,起早贪黑的劳作,目的就

第三章 苗银藏饰泰银饰品及生产工艺

是想多积攒几个"箩箩银",做点好银饰,把自家的女孩子打扮得漂亮些。如果想制作完整的一套苗族银饰,那就得倾其一生的积蓄。正因为苗族人的勤劳,才给今天的我们留下了大量的、精美的、充满着生活气息的苗族银饰。

二、苗银材料

传统意义的苗银材料不是纯银,是苗族特有一种银金属,其成分比较复杂,有银、白铜、镍等。一般银含量在20%～60%不等,主要是取决于原材料。如果是用两角的银辅币来加工饰品,其含银就只有30%～40%;如果用银元来加工,就有89.1%的含银量。贵州历史上曾经大量地流通过"箩箩银",就是现在人说的"圆盘锭",苗族老银饰用"箩箩银"加工的也不少,含银量在95%左右,这些银饰中还含有少量的黄金成分(黄金成分是银矿中共生带来的)。

传统的苗银往往比925银(925S)贵,主要是苗银做工都非常精美,其价值主要体现在艺术上。但是,目前市场上很多不良商人都打着"苗银"的旗号,用白铜制作成品,然后在表面电镀上一层银来冒充苗银饰品。

三、苗银饰品类别

苗族银饰主要分布在几条大江大河流域,比如中部方言区的清水江流域、巴拉河流域、㵲阳河流域、都柳江流域、东部方言区的沅水流域、澧水流域等相对富庶的地区。而西部方言区的苗族多居住在陡峭的高山上,缺水少田,历史上难以解决温饱,银饰品就是珍稀之物了。每一个苗族支系的银饰都不尽相同,差别有大有小。细分起来,银饰因支系而异,甚至在支系内部也有差异,这是地域封闭所致。正因为如此,形成了纷繁璀璨的、百花争艳的苗族银饰。

从银饰的装饰部位来划分,可以分为头饰、颈饰、胸背饰、腰饰、手饰、脚饰。主要部位的饰品又按支系、片区分为不同的类型。

1. 头饰

有银冠、银簪、银梳、银围帕、银耳环和银童帽饰等。头饰是一种重要的饰品。用银光闪烁、花团锦簇的饰品环抱着姑娘的面庞,显得更加华美典雅,一眼给人留下最强烈的印象。头饰是银匠们精心雕琢、大显手艺之处。

(1)银冠。其结构一般以约3mm的铁丝作骨架,再将上百的银花簇缠满铁丝架之上为帽顶,帽的周围缠以钻花的薄银片,下缘缀上数十枚有银链系着的银坠,银坠覆讫眉、耳之上。银冠分有银角和无银角两大类。

(2)银围帕(也称银头箍)。常与银冠配套。一般是一块能将头围住的宽宽的银片,上面有武士骑马的图形,数量有7～14匹马不等,这是围帕的核心图样。围帕上下边沿坠有各种花、草、鱼、蝶、飞鸟和小坠饰。有的也很简洁,就是一块银围,中间是太阳图形,两边錾有鱼纹。

(3) 银簪和银梳。在苗族头饰中最为普遍,它既与盛装搭配,又是日常便装时用来固定发髻的实用品。银簪的式样造型特别丰富,有直有曲,有圆锥状、扁平状、钎状、钩状、垂悬状、花束状等,造型和纹样有花、鸟、蝶、鱼、龙和各种动植物,与各支系的服饰花纹相同。配盛装的银簪、银梳因其立体化造就了银花璀璨的效果。有的是多层,吊垂银花,配便装的银簪则简洁而典雅。银梳为月牙形或半圆形,一般为木梳外包银片,银片上有各种各样的纹样装饰。

(4) 银耳环。是苗族妇女的必备首饰,部分男子也有佩戴。为了戴耳环,施洞的女孩出生后1岁就要用针将一根红丝线穿耳朵,从6岁到13岁左右,要用糯米草一根根地往耳朵眼里插,一年加插一部分,将耳洞逐渐撑大,最多可以插上四五十根,以便能戴上4两左右一对的耳环。耳洞越大表明家庭越富裕,以至有的妇女耳洞被耳环坠豁。耳环的造型有蚕、叶片、圆轮、圆柱、悬吊、灯笼、银钩等,施洞、革一的妇女喜戴很大的圆柱形耳环,将两耳拉得很长,她们认为耳长也是一种美。施洞还有一种蝉纹耳环,一雄一雌,两只耳环的纹样不对称,这种不对称的耳环更加贴近自然。花溪的银丝灯笼耳环,分为三层,做工特别精致。

2. 颈饰和胸饰

这两种饰品在中部、东部方言区,几乎每一个支系都有。苗族的颈部多饰以项圈、项链。男女皆戴,以女性为主。

(1) 项圈。有圆圈、扁圈、盘圈、卷花圈、羊角圈、六方项圈、纽丝项圈、空心项圈等。若有几重项圈的,则由小到大排列成套圈状。施洞等地的链条项链由数十个圆形或椭圆形实心银环相扣,粗犷、厚重。剑河的一种百叶银项圈由三只从小到大的三角形枫叶图案组成,一圈覆盖着一圈,遮住了佩戴者的整个颈部和胸部。

(2) 胸饰。有压领、银链、银锁、银胸牌、银胸吊饰等。苗族女子的颈饰、胸饰配上苗族盛装,显得特别气宇不凡。胸牌在汉语称"压领",是悬于胸前的银牌。用一块银片,以模型压成花纹雏坯,细钻花纹。其下沿焊接许多银链,每根银链的下端焊接银铃、银喇叭等若干件。银牌上沿焊接一根较粗且长的银链,戴在脖子上。

3. 手饰

主要有手镯和戒指。

(1) 手镯。以女性佩戴为主,也有男性戴着。有的从小就有一只经过巫师举行仪式后佩戴的"保命镯",至为珍贵。手镯有柱形、圆珠形、纽丝形、龙头形、蚕形、螺旋形、长筒形等等,花样繁多,在制作方法上,有银线编织手镯、空花手镯、银片手镯等,银线编织手镯先将细银丝三或四根绞成银线,共若干根,以之编为

苗银银冠

带银角的银冠

苗银银簪

苗银项圈

苗银耳环

苗银银衣

苗银胸牌

苗银空花手镯

六棱手镯,纹呈正倒相叠的"人"字形,中空。空花手镯是以银丝纤作小花瓣,焊接若干花瓣合在一起成团花,再以若干团花焊接在一起成为花簇,另用薄银片制成手指大的小盅,盅的外底焊一小银珠如乳头状,将四根银签圈成手镯样,再将花簇、银盅覆于银签上,焊接成为手镯。银片手镯是一块银片制作的,约三寸宽,呈长筒状,上面有精致的纹饰,犹如古代武士的护腕。

(2)戒指。是以宽为美,盛装、便装都可佩戴。一般喜好戴上多枚戒指。贵阳附近的苗族双手戴8枚戒指,只有拇指不戴。

4.衣饰

衣饰主要有银衣片、银泡、围腰链、银扣等。

(1)银衣片。是黔东南苗族特有的装饰,全身披挂起来,犹如武士的铠甲,有些地方的衣裳甚至要用数百个银菩萨和几十颗银泡装饰,上面还有响铃,一件衣裳几乎全被缀满。衣角衣摆银片的下沿,还配有银坠、银泡,带银坠的小块蝴蝶银片钉在衣袖口。穿戴起来,有先声夺人的效果。银衣片平时叠放在箱子里,到节日要穿的时候,每次都须不厌其烦地钉、拆,这是为了保护盛装不被银片坠坏。

(2)银泡。是银衣的主要饰件,形式有大有小,大银泡将有杯口大的圆银片放入模型中压成有盘龙等的花纹,钻明花纹、镂空,小银泡压如钱形,两者的边缘都锥有银眼,钉于衣上。银铃为球形,如樱桃粒大,由两开薄银片制成半圆再镶接而成,内置一粒小铁沙,铃下开有衔口,上焊接小银链。银铃可单独缀于衣上,或作其他大银饰的附件。

(3)围腰链和银扣。是围腰和上衣的配件,银扣的制作小巧玲珑,有实用价值。

四、苗银生产工艺

1.苗银制作工艺流程

苗族银饰的加工,全是以家庭作坊内的手工操作完成。佩戴手工打制的银制品,在苗族妇女生活中占有举足轻重的地位。苗族银饰工艺流程很复杂,一件银饰多的要经过二十道工序才能完成。银匠先把熔炼过的白银制成薄片、银条或银丝,然后经锤、敲、压、剪、刻、镂、缠、磨、雕、焊等技艺打制出精美纹样,然后再焊接或编织成型。

(1)制作银型材。先将碎银料熔化,然后根据需要制作成条、片、丝等型材。多数的作坊中均有专门的木炭炉,火力较猛,加之是用风箱送氧,坩埚中的银料得以很快熔化,而后将其倒入石槽铸造成条状,冷却后再加工;而走方的匠人在熔化银料时,先将碎银子放在小坩埚内,再放入少量的硼砂粉搁在架子上,下置一油灯,匠人将油灯点燃后,手持一根铜吹管,用力吹火,直到坩埚中的银子熔化成液状。将银液倒入一铁槽内,一会儿即凝结成银条。等银条完全冷却后,便可将钳子夹着银条在铁砧上打成片状或拉成条状待用(图3-1)。

图3-1 打制银片

(2)零配件加工。当银片或银条准备到一定数量时,匠人便可根据客户所要求的花样,对银片和银条作进一步的加工,使之具备银饰零件的基本形。一种方法是将花样稿用墨画在银片上,接着使用不同形状的錾子凿出花纹,或是将银片或银条放在铁制模具中,用锤子直接打制出有凹凸的花纹(图3-2),这样打制出来的银饰片花纹略粗。还有一种方法是将银片放在锡制阴阳模中锤出凹凸面,然后将银模片用松香粘贴在木板上,用大小不一的雕花錾按图案的纹理进行打击,可制作出较为精细的银饰片来。

银丝通常是由细银条拉制成的,细而匀称,也有打制的,多异型,作特殊用途。单丝多用作边缘线,复丝则用两根以上的银丝搓成麻花状。用银丝编织成所需的配件,再将各配件逐步组合到一起(图3-3),然后进行焊接,将配件放在硼酸水中浸泡,然后按饰品各部位要求的样式摆好放在耐火砖上,在焊接部位洒上焊药,点上喷枪,用吹管将火焰吹到焊接部位进行焊接(图3-4)。

(3)成型制作。所有零配件加工完成后,将它们编织成所需式样,在连接处通过焊接固定,得到整件银饰的外形。

(4)修饰。用锉刀对工件进行修整,若需在银饰上点翠、烧蓝的,是将釉药末洒在要点、烧的部位,同样也是用吹管吹火来烧化的。点、烧后的翠和蓝是否均

第三章 苗银藏饰泰银饰品及生产工艺

图 3-2 锤打图案

图 3-3 配件组合

图 3-4 配件焊接

图 3-5 饰品校形

匀,颜色是否漂亮,完全由匠人根据经验去掌握,也是检验匠人技术水准高低的标准之一。将整件饰品放入白矾水中煮白,再用布擦至发亮,最后对整件饰品进行校形(图 3-5)。

2.苗银制作特点

由于对银饰的大量需求,苗族银匠业极为兴旺发达。以贵州为例,在贵州境内以家庭为作坊的银匠户便成百上千,从事过银饰加工的更是多达数千人。苗族银匠一般是子承父业,世代相袭,手艺极少外传。银匠户分为定点型和游走型两类,以定点型为多数,他们在家承接加工银饰;游走型银匠同样以家庭为作坊,常常农忙封炉,农闲季节则挑担外出,招揽生意。

苗银饰品的加工全是以家庭作坊内的手工操作完成,制作工艺流程较复杂,而银饰造型本身对银匠的手工技术要求极高,非个中高手很难完成。这种工艺做出来的银饰古朴自然,充满怀旧的韵味。和那些机械化流水线、同一模具生产出来的饰品相比较,虽略显粗糙,却充满灵气,更因饰品上的一点点手工缺陷而显得魅力十足。

苗族银匠除了在制作技艺上是行家里手,在造型设计上也堪称高手。究其原因,一是苗族银匠善于从妇女的刺绣及蜡染纹样中汲取创作灵感;二是苗族有许多支系,为了在同行中获得竞争优势,苗族银匠根据本系的传统习惯、审美情趣,对细节或局部的刻画注重推陈出新,工艺上的精益求精,使苗银饰品日臻完美。当然,这一切都必须以不触动银饰的整体造型为前提。苗银饰品在造型上有其稳定性,一经祖先确定形制,即不可改动,往往形成一个支系的重要标志。

第二节 藏饰饰品及生产工艺

一、藏饰饰品简介

首饰的概念在汉文化中一般是作为人体和服装的"点缀",而在藏文化中,尤其对女性而言,用"浑身披挂"四字更为贴切。在这个佛教盛行的地域,首饰品已经不再是简单的装饰,而成为藏族人生活中的一部分。无论是在日常生活、节日中还是去朝拜,人们都会"浑身披挂"各种装饰品。头上戴的巴珠、簪子、发卡、骨环、玉磬;发辫的银币;各类耳环;项间戴的项链、珠饰、托架(远古金属圣物)、嘎乌等各类护身饰件;腰上系的图纹腰带、金属腰带,悬挂的火镰盒子、腰包、奶勾、藏刀、腰扣、鼻烟壶、海贝、小铃等一大批精美饰件;手上戴的各类戒指手镯;背后披挂的氆氇五彩饰带以及各类金银珠宝等应有尽有。

二、藏饰材料及饰品类别

藏饰以其古朴、粗犷、神秘为人们所喜爱。藏饰的取材非常广泛,牛骨、纯银、藏银、三色铜、玛瑙、松石、蜜蜡、珊瑚、贝壳、天珠等,都是藏饰的主要制作原料,此处简单介绍藏银、三色铜、牛骨、天珠,其他材料在宝玉石鉴定中有专门的详细介绍,不再赘述。

1. 藏银

传统上的藏银为30%银加上70%的铜,经常采用给白铜中掺入少量的银制成,是一种仿银饰品,这种饰品有着与银极为相似的质感,但比纯银更具有耐磨能力,因这种材料具有一定的延伸性,往往可以制作出精美的卡丝制品。传统的藏银在白铜中加入银,可以弯曲不易折断,扔于地上,声音响亮,具有穿透力。但是现在藏银已成为一种术语,随着藏饰的流行,越来越多的人将低廉的锡铝等合

第三章　苗银藏饰泰银饰品及生产工艺

金制品称作藏银,这种饰品不易弯曲且易于折断,要不色泽暗淡,表面粗糙,要不又白又光,扔于地上声音暗哑,另外就是广泛采用完全白铜替代。

在众多的饰品中,银饰是年轻人比较喜爱的,它冷艳的光芒和流畅的线条像一个美丽的梦,青春而又时尚,在民俗文化流行的今天,藏银饰品以它深厚的文化底蕴和粗犷的风格,吸引了众多人的目光,那份源于西藏文化的神秘和独特,几乎使每一件藏银饰品都是一幅独特的地域风情画。藏银饰与其他地区的银饰有着明显的区别,不仅在于藏文雕刻,而且银本身也有区别。藏银分为老银和新银。老银顾名思义如同老玉,时间越久越值钱,所以看上去也是有点脏,但其实就是这种银在西藏也已经很难找到。

藏银饰品的类别有多种,典型的饰品有以下几种。

(1)藏银手镯。藏银手镯有几种典型的款式,其中两种最为常见:一种是素金属的,上面刻有图案或梵语,如十相自在梵语手镯,十相自在是时轮之精髓,它是由七个梵文字母和三个图形联合组成。标志密乘本尊及其坛场和合为一体的一个时轮图形。另一种解释为佛经所说的在之权,有"命自在、心自在、资具自在、业自在、解自在、受生自在、自愿自在、神通自在、智自在、法自在"。如带有藏族特色的图案手镯,既古朴又有几分神秘气息。

另一种是镶嵌手镯,以红色、蓝色、黄色等为主,以玛瑙、松石或蜜蜡最为常见。藏族人自古珍爱奇石,认为越是稀有的石头越具有宗教的意义,几乎每一个藏族人都喜欢将玛瑙、珊瑚、绿松石、蜜蜡等作为护身符佩戴于胸前,借此阻止妖魔鬼怪的入侵。藏族对绿松石的喜好和广泛应用,不仅因其艳丽,据说还认为绿松石是神的化身,是权力和地位的象征,是最为流行的神圣装饰物,被用于第一个藏王的王冠,当作神坛供品。藏族人善爱佩带红玛瑙、珊瑚和蜜蜡,这与佛教的关系密切,藏佛教视红色珊瑚和蜜蜡是如来佛的化身,他们把珊瑚作为祭佛的吉祥物,多用来做佛珠,或用于装饰神像,是极受珍视的首饰宝石品种。

(2)藏银手链。典型的藏银手链采用藏银配件及绿松石、珊瑚、玛瑙等构成,藏族的护身符与藏佛教有很深的渊源,释为含有佛教咒语的神秘图案。有六字真言、嘎乌、法器、雷石和宝石等几类。在藏族传统看来,护身符的避邪作用高于装饰价值,他们相信佩戴护身符的地方都是人体的关键部位,如果戴上护身符,就可以防止邪恶进入。

(3)藏银戒指。藏银戒指有开口和不开口之分,与藏银手镯类似,素金属的藏银戒指多采用带地域特色的图案或梵语装饰,镶嵌戒指也多镶嵌绿松石、玛瑙、珊瑚等宝石。

(4)藏银项链、藏银耳环、藏银挂坠也都是典型的藏银饰品。

十相自在梵语藏银手镯

錾刻图案藏银手镯

镶嵌绿松石藏银手镯

镶嵌蜜蜡藏银手镯

素藏银戒指

镶嵌绿松石藏银戒指

藏银扩身符手链　　　　　　　　藏银绿松石手链

镶嵌红玛瑙藏银项链

镶嵌绿松石藏银项链

镶嵌绿松石藏银耳环

素藏银耳环

素藏银挂坠

镶嵌藏银挂坠

2. 三色铜

三色铜即指由白铜、黄铜、红铜三种不同颜色的铜精心打制而成,三色铜手镯、三色铜戒指是颇具特色的藏饰,很受藏族人民喜爱。

3. 牛骨

西藏是一片充满神奇色彩的佛土,万物都在这里吸取灵气,牦牛是藏民最好的朋友,被藏族人民誉为美好的神圣动物,以牦牛骨、牦牛角等纯天然材料雕琢成的独特装饰品,原始自然、粗犷豪放,具有辟邪化吉之寓意,也给佩戴者增添一种野性的魅力。牛骨藏饰种类繁多,常见的有挂坠、戒指、手链、项链、耳环等。

4. 天珠

天珠主要产地在西藏、不丹、锡金、拉答克等喜马拉雅山域,是一种稀有宝石,西藏人至今仍认为天珠是(天降石),又说"天眼珠"之历史可溯及5 000年前,当时西藏人发现此矿具有强大的磁场,乃开采此矿并研磨成杵、圆板等形状,由于当时的工程技术并不发达,故仅能取得颜色灰白、无明显纹路之浅层矿石,因此西藏人绘制各种吉祥图案于上(如宝瓶、莲花、虎纹、眼纹、线条等),经高温处理使颜料深入矿石内,若再经大修行者加持,更可拥有不可思议的神奇力量。

天珠为九眼石页岩,含有玉质及玛瑙成分,为藏密七宝之一,史书记载为"九眼石天珠"。天珠内部结构具有天然宇宙强烈的磁场能量,其中含有的"镱"元素的磁场相当强烈,目前全世界仅有西藏天珠有此一特殊元素,这也是唯独西藏的玛瑙才称为天珠,而巴西、波斯、俄罗斯、印尼、中国台湾的玛瑙,并不能称为天珠的原因。由于磁场能量高,因此天珠被视为具有避邪、血症、防止中风、增强内气等功效的神圣之物。

天珠的色泽大约可分为黑色、白色、红色、咖啡色及绿色等颜色,页岩颜色因所含化学物质而不同,如含氧化铁者呈红色,含氢氧化铁者呈微黄色,含炭质则呈灰黑色。天珠是天然石料经人工磨绘上图纹后烧制成形的。据说每种图案各有其义,根据天珠表面眼数多少,可分为不同等级,眼数(或称目数)越多越珍贵,各种眼数的天珠分别代表不同的意义。

天珠饰品的类别也是多种多样,常见的有手链、项链、挂坠,也采用天珠制作戒指、手镯、耳环或作镶嵌用。

三色铜镶嵌手镯

素三色铜编织手镯

素三色铜戒指

素牛骨挂坠

三色铜镶嵌戒指

镶嵌牛骨挂坠

牛骨项链

牛骨戒指

牛骨耳环

牛骨手链

天珠手链

天珠项链

天珠戒指

藏银镶嵌天珠戒指

天珠耳环

天珠挂坠

三、藏饰品的制作工艺

1. 藏银、三色铜饰品

藏银和三色铜饰品多采用手工制作而成,应用熔化、焊接、锻打、錾刻、镂雕、花丝等多种制作工艺,饰品一般经过做旧处理。藏饰在对金银珠宝的选料和制作颇有独到之处,在金银的加工处理和图纹镂刻等金属工艺很有特色。

2. 牛骨饰品

多采用牦牛骨、牦牛牙等兽骨为材料,通过打磨、抛光、包镶、雕刻、做旧、防潮等多道工序制作而成,雕刻工艺沿用古老民间传统手工艺,结合民族风格与藏族文化于一身,创造出独具一方的精品。

3. 天珠饰品

天然的天珠很稀贵,制作方法与其他宝玉石加工方法一致,主要靠切磨而成。

目前市场上流通的天珠,绝大部分是人工制作的,先用原料磨制出饰品的形状,然后进行表面的图案处理,图案是用含铅的涂料绘画上去,之后用高温烧制。不同的图案有不同的寓意。天珠的材料选自九眼页岩,也有用玉髓和玛瑙,还有用玻璃珠、塑料珠做原料的。另外,市场上的许多玛瑙宝珠,无论是否来自西藏原产地,一律声称是"西藏天珠"。经年受香火供奉的就叫老天珠,其余叫新天珠。也有叫型一、型二的说法。早期假天珠用瓷制作,现在的材质则包括玻璃、玛瑙、塑胶;中国台湾许多天珠业者,都偏爱用辽宁省的玛瑙来做,因为这种沉积岩经过球形切割,剖面会出现同心圆,业者就说这是"眼",表面纹路则用化学溶剂或镭射加工而成。

四、藏饰的特点

渗透着西藏文化精髓的各种饰品,随着人们对个性的崇尚而越来越为更多的人所钟爱。藏族饰品全都是由手工制作完成的,主题通常反映宗教神话故事、劳动生活场景以及作者的愿望和美好幻想。藏族十分看中以装饰为目的的藏饰品的艺术性与文化性,并十分善于将生活中的动物、植物以及理想中的吉祥物衍变为图纹在首饰中出现。随着社会的发展,有的图纹已成为社会各阶层与职业范围的标识。更为突出的是宗教文化给予图纹的强烈影响,以及藏族对首饰挂件所赋予的宗教观念。如宗教文化中"喷焰三宝""十项自在""双鹿""鹏鸟""水龙"和众多的宗教符号,均以各种形式给予采纳、应用。可以说,每一件饰品都有其独特的文化内涵,都表达着一种诚挚的祝福,尤其适合赠送亲朋和居家装饰。

概括来说,藏饰具有以下几个突出的特点。

(1)神秘。藏饰品大多蕴涵寓意丰富的宗教色彩,很多都是从法传佛教的法器中直接演化过来,它像青藏高原一样充满着藏传佛教的神秘色彩。

(2)奇特。构成藏饰品的材料丰富多彩,藏银、三色铜、蜜蜡、珊瑚、绿松石、牛骨、天珠等都是常用的藏饰材料。

(3)美丽。在时尚的设计下,又蕴涵着仿古的风格。具有独特的艺术魅力和感染力,是其他任何民族特色的饰品所不能代替的。

(4)陈旧。藏饰大都为纯手工制作,西藏人讲究将油涂抹于身上,代表健康,喇嘛也是同样,所以有些藏饰上有一圈圈的垢,带有古朴的气息。

第三节 泰银饰品及生产工艺

一、泰银

泰银最早源自于泰国,所以通常叫泰国银,又叫"乌银"。泰银是利用了银碰到硫而发黑的特性制成的。与白银的光洁银白形成鲜明对比,产生特殊的视觉效果。再经过特殊的防旧处理,泰银首饰不仅长期不变色,而且表面硬度也比普通银大大增强。泰银是一种做旧复古工艺,它别具一格的质感和色泽,让人感受到这类首饰的粗犷和古朴。

泰银的含银量有92.5%、99%、99.9%几种,目前以92.5%的纯度最常见。不过,现在市面上出现了不少假冒泰银的饰品,把一些合金饰品作旧处理也称作泰银欺骗消费者。

泰银镶嵌的宝石与藏银、尼泊尔银不同,泰银以晶莹的马克赛石、石榴子石为主,红色、黑色是泰银镶嵌宝石的主色调,在阳光下能闪出美丽的光芒。马克赛石又名钨钢石,是泰银中最常见的合成石,一般采用八面切割,因其具有永不褪色的独特光泽,而且易于搭配,多镶嵌在各类首饰上,装饰感较强。

二、泰银的做旧处理

与一般的银饰相比,泰银的制作工艺接近,只是增加了表面做旧处理工艺。简单的处理方法可自行配制硫化钾溶液,浓度为3～5g/L,温度为45～75℃,时间为1～3分钟,到银件表面呈现均匀灰黑色即止,这种方法形成的黑色不太稳定,粘附力不强。

第三章 苗银藏饰泰银饰品及生产工艺

泰银吊坠

泰银手链

目前市面上出现了各种商品化银发黑剂,这是专为银合金及镀银件仿古处理而开发的浸染着色银仿古处理剂。利用染色剂浓度及染色时间的调整与控制,具有操作方便、快速、消耗低等特点。染色干燥后,可视饰品大小、形状不同,选择擦、磨、砂、滚等不同方式来进行修饰处理。最后进行浸、喷透明漆或蜡封表面,即可得到较理想的仿古银色泽。处理工艺流程一般为:饰品除油脱脂→水洗干净→稀硫酸活化→水洗干净→银发黑剂→水洗→干燥→打磨或抛光→封闭或上漆→烘干。处理工艺参数视发黑剂的组成而定。

在做旧处理前先要将银饰表面的油污除尽,否则不可能得到均匀的颜色。要掌握好黑化时间,时间过长膜层过厚容易脱落(掉色)。银发黑过程中出现色泽不匀、花斑现象,可以加强前处理或轻微擦拭,重新发黑处理,黑化后可以通过轻轻擦拭,以提高装饰性能。总体来说,发黑处理的膜层耐摩擦性能有限,如要提高耐摩擦能力,可在表面上一薄层聚氨脂类清漆保护。

第四章 低熔点合金饰品及生产工艺

低熔点合金又称易熔合金,是由铅、锡、铋、镉等金属元素组成的二元、三元、四元合金,其特点是色泽呈青灰、银白等冷色调,熔点低,熔炼方便,铸造简便,合金质软,易雕刻,广泛用于制作纹饰精致的工艺饰品。

除易熔合金外,锌合金由于熔点也较低,因此也放在一起介绍。锌合金饰品是另一类重要的低熔点合金流行饰品材料,饰品用锌合金主要有锌铝合金、锌铝镁合金、锌铝铜合金等。

第一节 低熔点合金饰品

一、几种典型低熔点金属元素简介

1. 锡

锡是排列在铂金、黄金及银后面的第四种稀有金属。化学符号为 Sn,原子序号为 50,原子量为 119,密度为 $7.31g/cm^3$,熔点为 232℃。锡是一种银白色、延展性好的金属,摩擦系数小,很软,具有良好的塑性和延展性,17℃时铸态锡的伸长率为 45%～60%,抗拉强度为 25～40MPa,屈服强度为 12～25MPa。锡在空气中受到氧、水和二氧化碳作用,其表面会很快氧化生成保护薄膜。由于锡具有不变色、不氧化、无毒的特点,很适合和人体接触,针对金造价昂贵,而银易褪色这一弱点,使得锡制工艺饰品具有很多优势。在既显档次的同时,又有其较好的金属特性,是公认的金银以外的优良饰品材料之一。

商业纯锡中,总杂质含量不超过 0.25%,在 ASTMB－339 标准中,A 级锡锭要求锡的最低含量为 99.8%。锡的切削加工性能差,容易粘刀,因此锡产品不适合采用机械加工成形,适合采用压力成形和铸造成形。

我国锡资源丰富,目前探明的储量为 300 多万吨,约占世界总储量的 1/3。

2. 铅

铅是人类最早使用的金属之一,化学符号为 Pb,原子量为 207,原子序数为

82,是所有稳定的化学元素中原子序数最高的。密度为 $11.33g/cm^3$,熔点为 327℃。铅为带蓝色的银白色重金属,质地柔软,抗张强度小,是一种有延伸性的主族金属。铅在自然界中有 4 种稳定同位素:铅 204、铅 206、铅 207、铅 208,还有 20 多种放射性同位素。金属铅在空气中受到氧、水和二氧化碳作用,其表面会很快氧化生成保护薄膜;在加热下,铅能很快与氧、硫、卤素化合;铅与冷盐酸、冷硫酸几乎不起作用,能与热或浓盐酸、硫酸反应;铅与稀硝酸反应,但与浓硝酸不反应;铅能缓慢溶于强碱性溶液。铅及其化合物对人体有较大毒性,并可在人体内积累。

3. 锑

锑为质脆有光泽的银白色固体,化学符号为 Sb,原子序数为 51,原子量为 121.76,熔点为 631℃,密度为 $6.65g/cm^3$。锑在古代就已发现,它在地壳中的含量为 $1×10^{-6}$,主要以单质或辉锑矿、方锑矿的形式存在。锑有两种同素异形体;黄色变体仅在 -90℃ 才稳定;金属变体是锑的稳定形式。锑仅在赤热时与水反应放出氢气;高温时可与氧反应,生成三氧化二锑,为两性氧化物,难溶于水,但溶于酸和碱;可与浓硝酸反应。

4. 铋

铋为有银白色光泽的金属,质脆易粉碎,化学符号为 Bi,原子序数为 83,原子量为 209,熔点为 271℃,密度为 $9.81g/cm^3$。铋在地壳中的含量为 $20×10^{-6}$,在自然界中主要以单质或化合物的形式存在,有两种同素异形体,但自然界中只有一种稳定同位素。在红热时与空气作用;铋可直接与硫、卤素化合;不溶于非氧化性酸,溶于硝酸、热浓硫酸。铋的一个典型特性是由液态到固态时体积增大,即凝固时体积会膨胀。

5. 镉

镉是银白色或铅灰色有光泽的软质金属,具延展性,化学元素符号为 Cd,原子序数为 48,原子量为 112,密度为 $8.64g/cm^3$,熔点为 321℃。镉有 8 种天然的稳定同位素,还有 11 种不稳定的人工放射性同位素。在空气中迅速失去光泽,并覆上一层氧化物薄膜,可防止进一步氧化。不溶于水,溶于大多数酸中。

6. 锌

锌是一种蓝白色金属,密度为 $7.14g/cm^3$,熔点为 419.5℃。在室温下,性较脆;100~150℃时,变软;超过 200℃后,又变脆。

锌的化学性质活泼,在常温下的空气中,表面生成一层薄而致密的碱式碳酸锌膜,可阻止进一步氧化。由于锌在常温下表面易生成一层保护膜,所以锌最大的用途是用于镀锌工业。当温度达到 225℃后,锌氧化激烈。燃烧时,发出蓝绿色火焰。锌易溶于酸,也易从溶液中置换金、银、铜等。

锌具有强还原性,与水、酸类或碱金属氢氧化物接触能放出易燃的氢气,与氧化剂、硫磺反应会引起燃烧或爆炸。锌的粉末与空气能形成爆炸性混合物,易被明火点燃引起爆炸,潮湿粉尘在空气中易自行发热燃烧。

以上几种典型低熔点合金元素如表4-1所示。

表4-1 几种典型的低熔点合金元素

元素名称	元素符号	原子序数	原子量	密度/g·cm^{-3}	熔点/℃
锑	Sb	51	121.76	6.65	631
铋	Bi	83	209	9.81	271
镉	Cd	48	112	8.64	321
铅	Pb	82	207	11.33	327
锡	Sn	50	119	7.31	232
锌	Zn	30	65	7.14	419.5

二、典型的低熔点合金

(一)锡合金

锡有白锡、灰锡及脆锡三种同素异形体。常见的为白锡,银白色,但在低于13℃时即变为粉末状的灰锡,这种现象称为"锡疫"。为避免这种情况,在锡中加入锑、铋、铅、镉等合金元素,可以阻止"锡疫"的产生。另外,添加合金元素也可以改善锡的机械性能、铸造性能。

1.合金元素对锡合金性能的影响

(1)铅。锡与铅构成典型的二元共晶合金,其相图如图4-1所示,共晶温度为183℃,共晶点为38.1%Pb,降低熔点,改善锡合金的铸造性能,流动性好,减少气孔,细化晶粒,并使锡合金比热容和导热性降低。铅使锡硬度提高,合金的延展性依然保持。铅是有毒元素,铅含量高时会影响合金表面的光泽。

(2)锑。锑增加了锡合金的强度和硬度,降低了延展性,在凝固时会发生膨胀,有助于表面复制,有助于制作棱角尖锐清晰的字母,但也带来了表面电镀色斑的问题。锑在锡中的固溶度于246℃时达到最大,为10.4%,在常温时锑的固溶度约2%。锑含量在20%以内时合金有延展性,可加工,也不失美观的光泽。因此,合金中添加适量的锡可获得一定的硬度,可加工而不崩形。

第四章 低熔点合金饰品及生产工艺

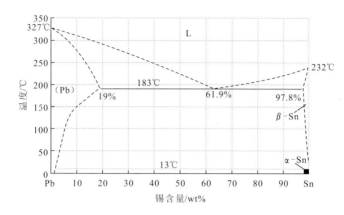

图 4-1　锡铅二元合金相图(梁基谢夫,2009)

(3)铋。它是一个脆性金属,呈淡红色,有高度亮泽,在凝固时发生膨胀,比其他金属的膨胀明显。铋有利于减少合金的凝固收缩,改善表面复制性能。但铋会增加合金的脆性,应控制含量。

(4)铜。铜使合金硬度提高,增加了抗拉强度,常用于锡铅锑合金。

(5)镉。镉是蓝白色、质软、延性好的金属,有毒。镉降低了合金的熔点,可以在更低的温度下铸造,镉也提高了延性,降低了凝固收缩,有利于铸造大平面件。

2. 锡合金类别

用于工艺饰品的锡合金主要有以下类别。

(1)白蜡。又称"白镴",是锡铅合金的俗称,具有悠久的历史,在罗马时代就广泛用于器皿和其他日用品,例如,锡台、高脚杯、盘子、烛台或服饰。传统白蜡含铅量较高,有毒并且影响表面光泽。当代白蜡是含大约6%锑和1%～2%铜的高锡合金。对于要拉丝的白蜡,锑含量通常限制到4%以下,但对于铸造白蜡,可以采用高达8%锑和2%铜。为了提高白蜡的硬化性能,必要时也可添加少量铋或银。

目前,在欧洲有专门针对白蜡的标准EN611-1996,此标准也包括用来将配件与白蜡制品接合的焊料标准(EN29453)。国际锡研究所已经出版了全世界白蜡制品指南一书。根据合金成分的不同,白蜡熔点为240～295℃,而且这些合金可以用各种技术进行铸造,其中包括重力压铸和离心铸造。尽管白蜡制品传统上是铸造的,但现代化的制造技术利用了锡的优异的冲压拉伸和旋压成型性能,以轧制板为原料制造。当代的白蜡制品生产厂家已经开始从传统的高脚杯、茶叶罐和咖啡壶制品转向现代生活的需要,目前已经有白蜡制成的香烟打火机、烟灰缸、灯和钟表。

(2)锡基压铸合金。锡基合金是压铸的首选材料,因为它们的熔点低及其独特的流动性有助于生产出结构或形状复杂的坚固铸件,对铸模没有什么特殊要求和损伤。通常,对大多数用途而言,锡基压铸合金具有良好的耐腐蚀性,如果需要,也可以进行电镀。

(3)锡基易熔合金。铋、锡、铅、镉和铟都是低熔点金属,当这些金属以不同比例化合时(二元、三元或四元合金),可以得到熔点更低的合金,这些合金通称为"易熔合金"。此外,这些合金还有一些有价值的特性,包括低蒸汽压、良好的导热性、易加工、适合铸模的高流动性、固化时尺寸可控性、铸造中细部再现性和可重复使用性。

(二)铅合金

铅合金是以铅为基加入其他元素组成的合金。铅合金表面在腐蚀过程中产生氧化物、硫化物或其他复盐化合物覆膜,有阻止氧化、硫化、溶解或挥发等作用,所以在空气、硫酸、淡水和海水中都有很好的耐蚀性。铅合金如含有不固溶于铅或形成第二相的铋、镁、锌等杂质,则耐蚀性会降低;加入碲、硒可消除杂质铋对耐蚀性的有害影响。在含铋的铅合金中加入锑和碲,可细化晶粒组织,增加强度,抑制铋的有害作用,改善耐蚀性。

铅合金的变形抗力小,铸锭不需加热即可用轧制、挤压等工艺制成板材、带材、管材、棒材和线材,且不需中间退火处理。铅合金的抗拉强度为 0.3～0.7MPa,比大多数其他金属合金低得多。锑是用于强化基体的重要元素之一,仅部分固溶于铅,既可用于固溶强化,又能用于时效强化;但如果含量过高,会使铅合金的韧性和耐蚀性变坏。

铅与锡、锑均可构成共晶合金,工艺饰品用的铅合金一般取共晶点附近的 Pb－Sn－Sb 三元合金,流动性良好,几乎没有凝固收缩,铸造表面美观。

(三)低熔点合金饰品材料的选用

低熔点合金用作饰品材料,主要有锡基材料和铅基材料,表 4－2 列出了主要的国产低熔点合金工艺饰品材料的成分,表 4－3 列出了国外锡合金工艺饰品材料的成分。

选择合金时,最重要的考虑因素是产品的类别,合金要满足生产者和客户双方的"成型、健康、功能"要求。一些企业在购进锡基合金时,认为含锡低一点的合金成本更低,因为含锡低的合金材料价格更低。其实应该看待合金的总体成本,高铅含量的合金有害作用更大,且需在高温下铸造,因而会降低模具的寿命。另外,锡的密度是 $7.31g/cm^3$,而铅的密度是 $11.33g/cm^3$,因此同样重量的锡要做出更多的饰品,选择合金时要考虑各方面的因素。

第四章 低熔点合金饰品及生产工艺

表 4－2　国产低熔点合金工艺饰品材料

品名	型号	品名元素含量成分/%				熔点/℃	主 要 用 途
		锡	其他	锑	铅		
巴士合金	0♯A	96	2	2	无	200	质轻、硬度适中、韧性好、低温结晶、无铅无毒。适用于制作高档首饰、炊具、饮具及光面较大的各种高档工艺品等
	0♯B	92	2	6	无	200	质轻、硬度强、致密性好、低温结晶、无铅无毒。适用于制作高档首饰、炊具、饮具及光面较大的各种高档工艺品等
	0♯C	88	4	8	无	200	质轻、硬度很强、致密性好、低温结晶、无铅无毒。适用于制作高档首饰、炊具、饮具及光面较大的各种高档工艺品（如风铃类）等
一号铅锡合金	1♯A	92	3	2	余量	200	适用于制作韧性强、密度小、光面较大的各种高档首饰及工艺品
	1♯B	90	4	3	余量	215	
	1♯C	85	5	4	余量	220	
二号铅锡合金	2♯A	72	5	3	余量	230	适用于制作韧性强、密度小、光面较窄的各种高档首饰及工艺品
	2♯B	63	5	4	余量	230	适用于制作韧性较好、密度较小、磨光面较窄或无需磨光且光面较大的中档首饰品和工艺品
	2♯C	50	4	4	余量	250	
三号铅锡合金	3♯A	35	4	4	余量	270	适用于制作韧性较好、密度较小、磨光面较大的各种中档首饰品及工艺品
	3♯B	30	3	3	余量	270	
	3♯C	25	1	2.8	余量	270	
四号铅锡合金	4♯A	15	1	3	余量	280	适用于制作韧性较好、密度较小、磨光面较窄或不需磨光的各种中档首饰品或工艺品
	4♯B	12	1	3	余量	280	
	4♯C	10	1	3	余量	280	
五号铅锡合金	5♯A	8	2	3	余量	286	适用于制作韧性较好、密度较小、磨光面较窄或不需磨光的各种中档首饰品或工艺品
	5♯B	6	2	3	余量	290	
六号铅锡合金	6♯A	5	1	3.5	余量	300	适用于制作各种普通首饰品和重身工艺品
	6♯B	3	1	3.5	余量	300	
	6♯C	2	1	3	余量	320	

（谭德睿和陈关怡，1996）

表 4－3　国外锡合金工艺饰品材料

序号	Sn	Sb	Cu	杂质 Pb	As	Fe	Zn	Cd	备注
1	91～93	6～8	0.25～2	0.05	0.05	0.015	0.005	—	美国标准 ASTMB5601 型,铸造合金
2	95～98	1.0～3.0	1.0～2.0	0.05	0.05	0.015	0.005	—	美国标准 ASTMB5603 专用合金
3	余量	5～7	1.0～2.5	0.5	—	—	—	0.05	英国标准 BS5140
4	余量	3～5	1.0～2.5	0.5	—	—	—	0.05	英国标准 BS5140
5	余量	1～3	1～2	0.5	—	—	—	—	德国标准 DIN17810
6	余量	3.1～7	1～2	0.5	—	—	—	—	德国标准 DIN17810
7	92	6	2	—	—	—	—	—	适用于铸造薄壁和纹饰精细制品
8	90	6	2	另加 Bi	—	—	—	—	抛光效果好
9	82	—	Pb18	—	—	—	—	—	法国白镴
10	80	—	Pb20	—	—	—	—	—	英格兰白镴
11	85	7	4	4(主成分)	—	—	—	—	英国白镴
12	83	7	2	3(主成分)	—	—	5(主成分)	—	女皇金属
13	89	11	—	—	—	—	—	—	意大利 CABE 公司专用于铸型为耐热硅橡胶的离心铸造合金。前者供铸造无铅首饰用,后者可作焊接首饰用
14	61	4	35(主成分)	—	—	—	—	—	

(谭德睿和陈关怡,1996)

目前,对于档次较高的工艺品,以纯锡或锡含量高的巴氏合金为主,对于一般的流行饰品,则一般采用 1♯铅锡合金～6♯铅锡合金,以 3♯铅锡合金最为常见,高档一点的饰品多采用锡含量高一些的合金,档次低、质量差一些的饰品以锡含量低的合金为主。

(四)工艺饰品用低熔点合金的特点

(1)性能稳定,熔点低,流动性好,收缩性小。

(2)晶粒细小,韧性良好,软硬适宜,表面光滑,砂洞、瑕疵、裂纹少,磨光及电镀效果好。

(3)离心铸造性能好,韧性强,可以铸造形状复杂、薄壁的精密件,铸件表面光滑。

(4)产品可进行表面处理:电镀、喷涂、喷漆。

(5)晶体结构致密,在原料方面确保铸件尺寸公差小,表面精美,后处理瑕疵少。

三、低熔点合金工艺饰品的类别及特点

铅锡低熔点合金工艺饰品是既有装饰性,又有实用性的一类合金制品,代表大量消耗锡金属的几种应用领域之一,具有丰富的创作题材和巨大的市场发展空间。

1. 锡工艺品

锡合金可以制作成带有浮雕图案的酒具、茶具、餐具、奖杯等各类器皿类产品,或工艺摆饰、合金相框、宗教徽志、微型雕塑、纪念品等工艺品。这类产品一般采用纯锡或者锡含量很高的巴氏合金制作,具有银器的外型特征,价格比银器低,兼具观赏性和实用性,可赋予不同的特色文化含义而广泛地用于集团礼品、各种活动的纪念品、旅游用纪念品和居家装饰用品,具有广阔的市场空间。

锡盘

锡壶锡杯

锡合金烟灰缸

锡合金摆件

2.人体装饰品

铅锡低熔点合金可以制作成各类精美的人体装饰品,这些饰品具有个性、时尚的特点,而且价格便宜,越来越受到时尚男女的青睐。合金首饰的外面大多有电镀层(18K镀白、18K镀金、925镀银),再镶嵌以锆石、水晶钻、珍珠或玉石等,其外观可以与价位很高的金银首饰相媲美。常见的有戒指、项链、手镯、耳环、胸针、纽扣、领带夹、发饰等,这类饰品的材料以3#铅锡合金为主。

铅锡合金粘水钻吊坠

铅锡合金粘水钻耳环

铅锡合金粘水钻头冠

铅锡合金粘水钻发夹

铅锡合金粘水钻戒指

铅锡合金钥匙扣

铅锡合金项链

铅锡合金胸花

四、低熔点合金饰品的保养

铅锡低熔点合金饰品经表面处理后,具有很好的仿真效果,但是如果保养或佩戴不当,饰品很快出现腐蚀变色甚至断裂等问题,为此需要正确合理地保养,具体保养如下:

(1)首饰常更换。同一件首饰,应避免长时间佩戴,尤其是在炎热的夏天,首饰镀层长期接触汗液,容易磨蚀,因此最好是预备多件饰品以用作经常替换。

(2)接触化学药品,饰品易受损。沐浴时的香气、游泳中的氯气、海水中的盐分,都会对首饰镀层造成蚀痕,所以洗澡或游泳前应将饰物全部卸除。

(3)碰撞易擦花,存放要小心。切勿将饰品重叠在一起,应存放于原来包装袋中或置于备有独立小格子的首饰盒内,避免相互碰撞而擦花表面。

(4)不定时清洁首饰,选用软细毛刷扫擦饰品表面,使饰品去除表面污渍。

五、低熔点合金饰品的安全性

金属元素对人体健康有极其重要的作用,不足或过量都会引起疾病。还有一些金属元素是对人体健康有害的,能诱发疾病甚至引起死亡。

1. 铅

铅是一种重金属,污染性较大的毒物。它能破坏血液,使红血球分解,同时通过血液扩散到全身器官和组织并进入骨骼,造成挠骨神经麻痹及手指震颤症,严重时会导致铅毒性脑病而死亡。古罗马人曾使用铅制器皿贮藏糖和酒,用金属铅铸造水管,导致食品和水中含铅量增高,引起慢性中毒。死亡后尸骨上留有硫化铅黑斑,就是例证。

在所有已知毒性物质中,书上记载最多的是铅。古书上就有记录认为用铅管输送饮用水有危险性。许多化学品在环境中滞留一段时间后可能降解为无害的最终化合物,但是铅无法再降解,一旦排入环境很长时间仍然保持其可用性。由于铅在环境中的长期持久性,又对许多生命组织有较强的潜在性毒性,所以铅一直被列为强污染物范围。

2. 镉

镉中毒可使肌肉萎缩,关节变形,骨胳疼痛难忍,不能入睡,发生病理性骨折,以致死亡。镉的主要来源是工厂排放的含镉废水进入河床,灌溉稻田,被植株吸收并在稻米中积累,若长期食用含镉的大米,或饮用被镉污染的水,容易造成"骨痛病"。

3. 锑

国际氧化锑工业协会早年运行的试验表明,老鼠若长时间暴露在含锑高浓

第四章 低熔点合金饰品及生产工艺

度空气中,肺部会产生炎症,进而染上肺癌。但实际上,人们不会在高浓度锑环境中长时间工作,至今尚未出现因吸入过量锑而染上肺癌的个案,但仍不排除其对人体的潜在危险。

除 Cd、Pb 有毒元素外,铸造工也要清楚其他合金元素对身体的有害作用,例如 Cu、Sn、Bi、Zn,因此,铸造时要注意有良好的通风,要遵守有关这些元素的正确使用与暴露限制的法律,美国"工业公害"中列出了一些典型金属元素对身体各部位的危害(表 4-4)。

研究表明,一些无 Pb、Cd 的合金可以通过改进橡胶的成分来提高其铸造性能,如果可行的话,则将不必再使用有毒的元素。

表 4-4 金属元素对身体器官的危害

受影响的器官	Bi	Cd	Cu	Pb	Sn	Zn
肾 脏	√	√		√		
神 经		√		√	√	
肝 脏	√					
肠 胃		√	√	√	√	√
呼吸器官		√				
造血组织			√	√		√
骨 骼		√				√
皮 肤	√		√			
心血管		√				

第二节 锌合金饰品

锌合金饰品是除低熔点合金之外的另一类重要流行饰品材料。饰品用锌合金主要有锌铝合金、锌铝镁合金、锌铝铜合金等。

一、锌合金

锌合金是以锌为基体加入铝、铜、镁等其他元素而构成的有色合金,呈蓝白色,有光泽,质硬脆。锌合金按加工工艺可分为形变锌合金与铸造锌合金两类,铸造锌合金流动性和耐腐蚀性较好,适用于铸造工艺饰品、仪表、汽车零件外壳等。

根据采用的铸造工艺方法,主要有硅橡胶离心铸造用锌合金和压铸用锌合金。

（一）硅橡胶离心铸造用锌合金

由于硅橡胶离心铸造是利用硅橡胶模直接浇注的,因此要求铸造温度尽可能低,以获得一定的胶膜寿命。一般选用低熔点锌合金,其成分范围如表4-5所示。

表4-5 低熔点锌合金成分表(根据美国 ASTMB240-01 标准)

元素	Zn	Al	Cu	Mg	Fe	Pb	Cd	Sn
含量/wt%	余量	3.9～4.3	0.75～1.25	0.03～0.06	<0.075	<0.005	<0.03	<0.002

该合金是一种不含铅、不含镉、不含镍的环保合金,比重轻、光面好、成型快,能有效地压抑晶界腐蚀,防止表面粗糙及沙眼的形成,适用于汽车、家电、机械、手表、电器、仪表、五金饰品、装饰礼品、玩具商标等各行业。

为增加饰品表面的亮泽,满足大光面饰品的铸造需要,开发了以镁作为主要合金元素的锌镁合金,广泛用于高硬度、大光面的五金饰品,如吊坠、耳环、发夹、服饰、手袋扣、皮带扣、鞋扣、标牌等。其典型化学成分如表4-6所示。

表4-6 饰品用典型锌镁合金成分

元素	Zn	Mg	Al	Cu	Bi	Ag	In	Pb	Ni	Cd
含量/wt%	余量	12.4	3.5	0.06	0.06	0.05	0.01	0.0003	0.0002	0.0019

锌镁合金熔点范围一般为320～330℃,铸造温度为380～400℃,晶粒细小均匀,生产出的产品表面光滑亮丽,无沙眼,白泽而有油感,流动性好,氧化夹渣少,易磨光,冷却快,适合于大光面产品的要求。合金无铅无镉无镍,属环保合金,成本只有0#铅锡合金料的1/3,光面比0#铅锡料更好。该合金比重轻,比铅锡合金3#料都轻50%左右,比锌合金轻20%左右。

此外,作为锌镁合金的对应材料,市面上也有以锌、铝为主要合金元素的镁基合金料,行话惯称镁锌合金,常用的饰用镁锌合金料主要有以下三类。

1. 镁锌合金A料

这种合金适用于大光面要求的饰品、工艺品的制作(5cm以上)。流动性、韧性、光面都较好,易抛光,易焊接,电镀不起泡,熔点为300℃左右。与铅锡合金1#料不分上下,但价格只是铅锡合金1#料的一半。

第四章　低熔点合金饰品及生产工艺

2. 镁锌合金 B 料

这种合金适用于有难度的中等光面（3cm 左右），流动性、韧性、光面都较好，易抛光、易焊接。比 A 料还轻 20％，适用于任何饰品、工艺品的制作，熔点为 320℃左右。

3. 镁锌合金 C 料

这种合金适用于强度硬度大的小光面产品的制作（2cm 以下），流动性和光面不错，易焊接、易抛光，比重较前两者轻，是铅锡合金 3♯料的 1/3，但韧性较前两者差，适宜于发夹、皮带头等硬强度产品的制作，但不适宜空心、通花等产品，熔点为 350～380℃。

镁锌合金的应用范围较广，它适用于制作各种精美工艺性铸件，如戒指、项链、手镯、耳环、胸针、纽扣、领带夹、帽饰、工艺摆饰、宗教徽志、微型塑像、纪念品、皮带扣等工艺饰品。这类材料具有以下特点：

（1）性能稳定，熔点低，流动性好，收缩性小。

（2）晶粒细小，韧性良好，软硬适宜，表面光滑，砂洞、瑕疵、裂纹少，磨光及电镀效果好。

（3）符合环保要求和卫生标准。

（4）熔点较低，适应硅胶模，故模具消耗成本低，特别适于制作交货快、批量少的铸件。

（二）压铸用锌合金

1. 压铸锌合金的特点

锌合金广泛应用于压铸工业，制作各种结构和用途的压铸件，这与该材料的特点有密切关系。锌的压铸合金熔点低，熔体流动性好，铸造过程可使铸模各细小部分充满，具有铸造速度快、温度低、能耗少、铸模寿命长等许多其他压铸合金所缺乏的优点，被很多饰品企业采用，且品种逐渐增多，用量不断扩大，已形成系列合金产品。这些合金的特点之一是可采用热压室压铸机加工，相比必须在冷压室压铸机中铸造的高铝锌合金和铝合金而言，生产速度要快得多，且易加工成较为经济的薄壁压铸件，其铸件的表面也易加工、喷漆和电镀。再者锌合金与青铜合金、铸铝合金、铸铁相比，具有加工能耗小、成本低、机械性能好的优点。

2. 压铸锌合金的种类

随着商品锌品位的提高，铸锌合金得到发展，至 20 世纪 30 年代初，成分基本定型，在这期间美国新泽西公司（现为美洲锌公司）开发了著名的 Zamak 系列合金并得到世界的公认，成了压铸合金的代名词。Zamak 系列合金根据不同的生产工艺特点和产品结构性能等的要求而开发，不同的锌合金有不同的物理性能和机械特性,这样为压铸件设计提供了选择的空间。

常见的压铸锌合金种类有:

(1)Zamak 3。良好的流动性和机械性能,应用于对机械强度要求不高的铸件,如玩具、灯具、装饰品、部分电器件。

(2)Zamak 5。良好的流动性和好的机械性能,应用于对机械强度有一定要求的铸件,如汽车配件、机电配件、机械零件、电器组件。

(3)Zamak 2。用于对机械性能有特殊要求、对硬度要求高、尺寸精度要求一般的机械零件。

(4)ZA8。良好的流动性和尺寸稳定性,但流动性较差,应用于压铸尺寸小、精度和机械强度要求很高的工件,如电器件。

(5)Superloy。流动性最佳,应用于压铸薄壁、大尺寸、精度高、形状复杂的工件,如电器组件及其盒体。

上述几种合金的成分要求如表4-7所示。

表4-7 锌合金标准合金成分

合金类别	Zamak 2	Zamak 3	Zamak 5	ZA8	Superloy	AcuZinc 5
铝	3.8~4.3	3.8~4.3	3.8~4.3	8.2~8.8	6.6~7.2	2.8~3.3
铜	2.7~3.3	<0.030	0.7~1.1	0.9~1.3	3.2~3.8	5.0~6.0
镁	0.035~0.06	0.035~0.06	0.035~0.06	0.02~0.035	<0.005	0.025~0.05
铁	<0.020	<0.020	<0.020	<0.035	<0.020	<0.075
铅	<0.003	<0.003	<0.003	<0.005	<0.003	<0.005
镉	<0.003	<0.003	<0.003	<0.005	<0.003	<0.004
锡	<0.001	<0.001	<0.001	<0.001	<0.001	<0.003
锌	余量	余量	余量	余量	余量	余量

(卢宏远,1997;吴春苗,2003)

3.合金元素对锌合金性能的影响

压铸锌合金成分中,有效合金元素如铝、铜、镁等;有害杂质元素如铅、镉、锡、铁。主要元素对合金性能的影响如下。

(1)铝。铝可以改善合金的铸造性能,增加合金的流动性,细化晶粒,引起固溶强化,提高机械性能;另外铝可以降低锌对铁的反应能力,减少对铁质材料,如鹅颈、模具、坩埚的侵蚀。

铝含量一般控制在3.8%～4.3%。主要考虑到所要求的强度及流动性,流动性好是获得形状完整、尺寸精确、表面光滑的铸件必需的条件。

(2)铜。铜在锌合金中的作用有:增加合金的硬度和强度;改善合金的抗磨损性能;减少晶间腐蚀。

但是,要控制锌合金中铜的含量,当含铜量超过1.25%时,会使压铸件尺寸和机械强度因时效而发生变化;另外会降低合金的延展性。

(3)镁。镁在锌合金中的作用有:减少晶间腐蚀;细化合金组织,从而增加合金的强度;改善合金的抗磨损性能。

镁是一个非常活泼的元素,易在合金熔融状态下氧化损耗。当含镁量>0.08%时,合金产生热脆、韧性下降、流动性下降。

(4)杂质元素:铅、镉、锡。上述几个杂质元素使锌合金的晶间腐蚀变得十分敏感,在温、湿环境中加速了本身的晶间腐蚀(图4-2),降低合金的抗冲击性能,降低合金的抗拉伸强度,从而降低机械性能,并引起铸件尺寸变化。镉、铅在合金中的含量不能超过0.003%,锡在锌合金锭中的含量不能超过0.001%,在大铸件中的含量不能超过0.002%。当锌合金中杂质元素铅、镉含量过高,工件刚压铸成型时,表面质量一切正常,但在室温下存放一段时间后(8周至几个月),表面出现鼓泡。

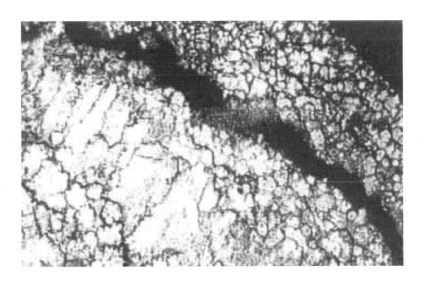

图4-2 铅、镉含量过高造成合金发生晶间腐蚀裂纹

(5)杂质元素：铁。铁元素可增加锌合金的硬度，但是锌合金中铁元素含量不能超过0.02%，否则会增加合金的脆性，铁与锌合金中的铝发生反应形成Al_5Fe_2金属间化合物，造成铝元素的损耗并形成浮渣；在压铸件中形成硬质点，影响后续加工和抛光，抛光时表面易出现划痕；增加合金的脆性。

(6)杂质元素：硅。硅在锌合金中的含量不能超过0.02%，否则将提高锌合金的脆性转变温度，降低锌合金的加工性能。

4.压铸锌合金的选择

压铸锌合金的类别较多，选择哪一种锌合金，主要从三个方面来考虑。

(1)压铸件本身的用途。需要满足的使用性能要求，包括：①力学性能。如抗拉强度、伸长率、硬度等，抗拉强度是材料断裂时的最大抗力；伸长率是材料脆性和塑性的衡量指标；硬度是材料表面对硬物压入或摩擦所引起的塑性变形的抗力。②工作环境状态。工作温度、湿度、工件接触的介质和气密性要求。③精度要求。能够达到的精度及尺寸稳定性。

(2)工艺性能好。它包括铸造工艺性能、机械加工工艺性以及表面处理工艺性。

(3)经济性好。原材料的成本与对生产装备的要求（包括熔炼设备、压铸机、模具等），以及生产成本。

二、锌合金饰品实例

采用锌合金铸造成型的一些饰品实例如下。

锌合金吊坠　　　　　　　　　　　　锌合金戒指

第三节 低熔点合金工艺饰品的制作工艺

低熔点合金饰品绝大部分采用硅橡胶模离心铸造工艺制作，少量采用压力铸造生产。而锌合金饰品则大量采用压铸工艺，少量采用硅橡胶模离心铸造工艺生产。

一、硅橡胶离心铸造工艺

(一)离心铸造工艺简介

离心铸造是将液态金属浇入旋转的铸型里，在离心力作用下充型并凝固成铸件的铸造方法。离心铸造方法一般可分为真离心铸造法、半离心铸造法及离心压力铸造法三大类。真离心铸造法，不用砂芯，亦不须设置冒口及横浇道，因此适于管状、筒状的铸件。半离心铸造法，浇注时系以铸件的对称轴为旋转轴，从中央的直浇道注入金属液，借着离心力的作用使金属液从中央部分向外推出而充满铸模。半离心铸造法适用于具有对称形状的铸件。离心压力铸造法是从中央的直浇道分设放射状的横浇道，以直浇道为旋转轴，金属液浇注进入直浇道后，在离心力的作用下，经横浇道而充满型腔。离心压力铸造法类似于半离心铸造法，两者的旋转轴选定不同，由于离心压力铸造不是围绕铸件的对称轴旋转，因此更能适用于各种形状复杂的铸件。

(二)硅橡胶离心铸造工艺特点

对于低熔点合金饰品，由于合金的熔点低，因此不需要像铸造金银铜合金一样先要制作石膏模，而是直接采用耐热硅橡胶制作的软模生产，这样就可以大大降低生产成本，提高生产效率。

离心铸造合金饰品都是采用离心压力铸造法，金属液浇入铸型后，随着铸模的旋转，金属液受到离心力的作用，产生了充型压力，迫使金属液顺利填充型腔。离心力 $F = m \cdot r \cdot \omega^2$，其中，$F$ 为离心力，m 为金属液的质量，r 为铸模的旋转半径，ω 为角速度。可以看出，旋转半径越大，转速越快，产生的离心力越大。由于金属液在离心力作用下充型和凝固，金属补缩效果好，铸件组织致密，机械性能好；铸造空心铸件不需冒口，金属利用率可大大提高。

但是，与负压铸造相比，离心铸造具有浇注时金属液紊流严重、容易出现气孔、金属液对型壁冲刷强烈、可铸造的最大金属量相对较少等缺点。另外离心铸造法铸件容易产生热裂缺陷，尤其在高转速时更易发生。

(三)硅橡胶离心铸造生产工艺过程

低熔点合金饰品主要采用硅橡胶离心铸造工艺,其工艺过程主要包括以下方面。

1. 饰品开发

饰品开发是饰品从无到有的第一步,对于以后的各个步骤起指导和参考的作用,也是饰品个性充分体现的重要环节。设计人员通过各方面的信息综合归类后形成自己初步的创意,然后表现在平面图纸上。图纸完成以后交由打版房,由打版师根据图纸的要求用合金料制成立体的母版,完成母版就完成饰品开发主要过程。

2. 压模

完成的母版转到压模房,由压模师傅制成用特种橡胶做成的模具,压模是单件饰品到批量生产的关键,压模质量的好坏会直接影响下一道工序的成品率。

(1)橡胶原材料类型。低熔点合金离心铸造生产中,广泛采用硅橡胶制作的模型,少量采用生橡胶和硅橡胶,两类橡胶模型材料对比如表4-8所示。

表4-8 生橡胶与硅橡胶的比较

参数	生橡胶					硅橡胶			
	1#黑色	2#黑色	3#黑色	白色	天然	60-D	70-D	58-D	65-D
相对硬度	60	65	70	66	42	60	70	58	65
密度/(g·cm^{-3})	1.24	1.26	1.17	1.55	1.07	1.6	1.73	1.44	1.56
抗撕裂强度/MPa	2.34	2.09	3.00	1.94	0.68	0.74	0.69	1.01	0.63
弯曲模量/MPa	2.20	2.17	3.58	2.41	1.72	1.86	2.41	1.31	2.27
拉伸强度/MPa	3.79	3.79	2.41	3.45	3.93	2.55	2.41	3.58	1.38

橡胶中一般含有充填剂、催化剂、活性剂、缓凝剂、抗氧化剂、可塑剂、增塑剂以及其他材料。未硫化的材料需储存在阴凉的地方,硫化好的模型应尽可能远离光线存放,因为臭氧会损坏材料。

生产时,一般优先选择稍软一点的橡胶材料,因为它便于取模,且允许做活块。用于饰品的橡胶硫化后的硬度一般在60~80,实际生产中,约70%的橡胶型相对硬度为60,25%的硬度为65,还有5%的硬度为70的范围。

橡胶模型的硬度越低,收缩越厉害,因此铸造工和模型制作工要一起协作,以采取措施补偿其收缩值。收缩值与铸造时工件的放置方式有关,同样的产品,采用不同的放置方式,收缩值会有较大差别。生产一些特殊工件时,取决于生产者的操作经验。

(2)制作橡胶片。将新橡胶和回用橡胶混和,新旧橡胶的比例为50/50。橡胶在压模机内加热,压制成厚度为1.3~1.5mm的胶片,此即为胶模的一个选片。在一个鼓形圆桶内将材料卷拢,将材料切割成要求尺寸的小块。将材料叠放在垫板上,放入冷却室内(冷却室温度约6℃),时间3~4天,使橡胶收缩到最终尺寸,整个工艺过程中材料总收缩可能达到11%,如果材料的最后形状呈蛋形,则可能是没有充分冷却的缘故。将材料从冷却室中取出,将其切成所需直径的圆片状,通常是8″~18″。图4-3中A胶用作模型的面层,具有耐高温、收缩率小、抗撕裂性强、经久耐用的特点,B胶用作橡胶模型的加固层,主要起到支撑和加固作用。

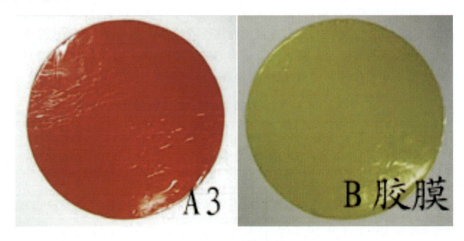

图4-3 硅橡胶片
A胶片用作面层,B胶片用作加固层

(3)压制橡胶模。橡胶模的质量直接决定了铸件的质量,一个优质的橡胶模要求做到原版分布合理,水线开设有利于充型和排气,铸件方便取出,不易变形和断裂等。以下是制作橡胶模的基本步骤。

第一步,准备工作。准备压模所需的各种工具和辅助材料(图4-4)。

将模框放入压模机内预热到150℃,或者按照橡胶供应商的推荐温度,通常是146~157℃;将模座的顶部和底部分开,撒上脱模剂,防止两半粘接在一起,或者与模框粘接在一起;将原版表面的灰尘清理干净,喷上硅酮,使之与硅橡胶模容易分离,防止粘模。在钢板下方垫上报纸,并将硅胶圆盘放入钢圈内(图4-5)。

第四章 低熔点合金饰品及生产工艺

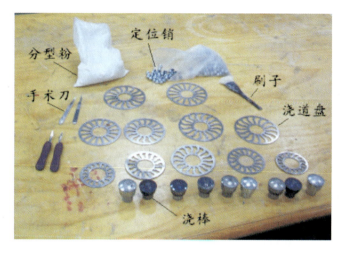

图 4-4　压模所需工具及辅助材料

图 4-5　硅胶盘放入钢圈内

第二步,将上半胶膜圆盘中心挖洞,并将浇棒和浇道盘放置于中央(图 4-6)。

第三步,按合理的顺序和要求的距离,将母版和定位销绕着浇道盘依次布置在下半模表面(图 4-7),如果原版很大,需要将底模的部分橡胶挖掉。

在橡胶型离心铸造中,模型、浇道、定位销之间需遵守一定的尺寸原则(图 4-8)中,A 表示模型与浇口杯之间的距离,一般取 12.5mm;B 表示模型之间的距离,一般取 10mm;C 表示模型与模型周边的距离,一般取 10mm;D 表示模型与定位销之间的距离,一般取 3mm;E 表示定位销之间的距离,一般取 12.5mm;F 表示定位销与模型周边的距离,一般取 1.5mm;G 表示模型距顶面(底面)的厚度,一般取 3mm。

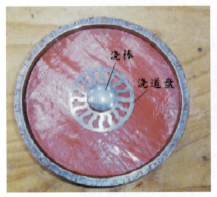 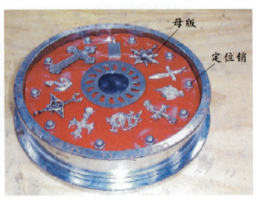

图4-6 安放浇道盘　　　　图4-7 将母版和定位销放置在下半模

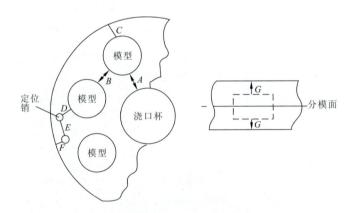

图4-8 橡胶模离心铸造的基本尺寸原则

试验表明,饰品从外周到中心浇口的距离对铸件质量有较大影响,工件愈接近中心浇口,愈须增大浇道断面,才能保证成型率和凝固组织的致密性。另外,同一胶膜内的原版最好是类似的形状,这样不仅可以提高铸件的完成率,且铸出的成品成分较均匀;如果形状差异太大,在浇铸旋转时可能会失去平衡而振动。

第四步,在胶膜分型面上均匀洒上分型粉,并用刷子将模型上的分型粉清掉(图4-9)。

第五步,将上半胶模放入模框,仔细定位,将上压板放入模框,保证两者垂直(图4-10)。

第六步,将模框放入压模机,注意模框要直,放在压模机中央,将台板和模框顶起与上台板接合,观察配合状况(图4-11)。轻轻加压顶起台板,将压力释放,再重复刚才的操作,每次都少量加压,一般的压模机要凭感觉,自动压模机则安装了压力表,重复本环节8~15分钟,直到橡胶很软,台板完全密封为止。

第七步,设置硫化时间,一般每英寸厚度至少1小时。当硫化时间到,将压力释放掉,将模框取出。

图4-9 分型面撒分型粉　　　　　　　图4-10 模框合模

图4-11 胶膜在压模机内压模

3.割模

(1)用扳手或螺丝刀将模框打开,从模框中取出胶模,用手术刀或锯条将两半胶模割开,在胶模边缘做好合型记号,去除多余的飞边(图4-12和图4-13)。

图4-12 割模

图4-13 对开的胶膜

(2)将原版从胶模中取出,割水线和透气线。

水线和透气线的开设对离心铸造的质量有极大的影响。在低熔点合金饰品的离心铸造中,金属液通过浇口杯、横浇道和水线进入型腔,开水线基本原则与贵金属铸造中相似,水线必须足够大以保证补缩良好,须开设透气线使气体顺利排出,割模时做到光滑顺畅,减少金属液流动时形成紊流,水线开设在铸件最厚的部位。

1)浇注系统。采用浇口杯模型,在胶模底形成浇口杯。

横浇道由一系列的通道构成,使金属液从浇口杯进入内浇道,首先从浇口杯向外辐射连接到浇道圈,再从浇道圈连接到内浇道(图4-14),这种浇注系统有利于充填,并阻止渣滓和杂质进入型腔。

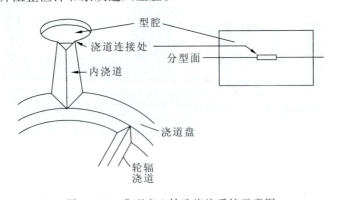

图4-14 典型离心铸造浇注系统示意图

第四章 低熔点合金饰品及生产工艺

内浇道将金属液供给型腔,是金属液从横浇道流入型腔的通道,内浇道必须足够大,能连续补缩型腔内金属液凝固时的收缩,内浇道需开设在最厚的部位。在与工件的连接部位,一般做成缩颈以便内浇道与工件分离,除非有必要,才做成与工件厚度一样。

2)浇道类型。正注式浇道:通常仅用于简单的工件,这种浇道会引起很大的紊流,其优点是提高每种类型的工件数量。

反注式浇道:浇道先经过工件,再从靠近胶模周边的工件背部连接型腔,其优点是铸件质量好,杂质和渣滓不会进入型腔,减少了充型的紊流。

侧注式浇道:它从工件的侧边进入,与反注式一样,占据了模型的空间,但是工件质量较好,这种浇道可以有各种性质。

横浇道:它指浇道圈和轮辐浇注系统中的通道,其作用是使充型平稳,避免金属液直接充型,从而有利于获得干净的工件。

顶注式浇道:它与底注式浇道相反,是从工件顶部进入型腔。一般情况下浇道开设在下半模型,但是如果充填时遇到问题,可以在上半胶模开设浇道,对于面大壁薄的工件,开设这种浇道有利。

浇道除将金属液引入型腔外,还具有其他作用。例如,除正注式浇道外,其他浇道都可以做一个集渣包,将金属液中的渣滓和杂质收集起来,防止进入型腔;也可以允许气体排出型腔。但是,由于离心浇注速度较快,仅靠浇道是不足以将所有气体排出的,因此还需要开设透气线。图4-15是不同类型的浇注系统示意图。

3)割胶模水线。胶模开设水线是胶模制作中最有技巧的工作,基本步骤如下:

硫化后的胶模,用手摸起来有温温的感觉时最好割模,割模的第一步就是要确定水线和浇道的位置,没有使用定型浇口杯时,要先割出浇口杯。可以用圆规和其他划线工具将浇道布局画出来,包括从浇口杯到浇道圈的浇道和轮辐、横浇道、从浇道圈到工件的通道。布局时最好避免金属液直接充入型腔,金属液需先流经横浇道和

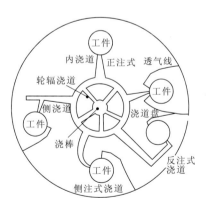

图4-15 不同类型浇注系统的开设方式

浇注系统,使其既保证充型,又有利于阻止杂质和渣滓进入型腔。

割模刀与画好的线呈45°角,先割出浇道圈(图4-16),约12.5mm宽,中心

6mm深。沿着画好的浇道圈的内侧和外侧连续切割,保证顺畅,然后将割除的胶料拿走,得到形似"V"形的浇道圈(图4-17)。

图4-16　割模手法　　　　　　　　图4-17　V形水线

以切割浇道圈的方式将浇道和轮辐浇道割出,应开设足够数量的浇道,保证金属液充填良好,一般情况下,从浇口杯到浇道圈有4~5个轮辐浇道就足够了。

切割从浇道圈到工件的内浇道,内浇道是浇道与工件连接的部位,它们不应是横浇道的延续,而应该是横浇道的补偿,以获得最佳效率。内浇道对工件进行补缩,清理时要将它从铸件上打下来,内浇道要足够大,但不应引起清理困难。最好在工件处按照如下方式开始割出内浇道:在工件处缩颈,割出很狭窄的通道,厚度约5mm;向着浇道圈的方向割出通道,深度和宽度逐渐增加,在浇道圈处宽度12.5mm,深度6mm(约等于两个内浇道交接处的浇道圈宽度)。

如果需要采用顶注式浇道,采用与上述相同的方法进行切割。但应借助滑石粉来完成浇道布置,滑石粉将下半胶模中工件的位置印到上半胶模对应的位置,根据这些印迹就可以进行切割了。

4)开设透气线。胶模的透气线要保证型腔内的气体在铸造过程中顺利排出,获得优质铸件。这里的透气线与熔模铸造中注蜡时胶模的透气线非常相似。正如注蜡时在胶模上拍滑石粉一样,离心铸造低熔点合金时也在胶模上拍滑石粉,使气体顺利排出胶模外。

有两种形式的透气线最常用,其尺寸取决于铸件尺寸以及需要排出的气体量。一种是锥形透气线,与内浇道很相似,但是尺寸小多了,从工件向外逐渐变细。另一种最常用的是内浇道透气线,它与锥形透气线相似,但是尺寸更多,可以允许更多的气体排出。开设透气线时,要让工件处的开口尽可能小,以免金属液流入,但是其尺寸也要足以使气体快速排出。

由于工件是从型腔外壁向中心充填的,内浇道要设置在最后充填的部位,如

第四章　低熔点合金饰品及生产工艺

果按照从浇口杯到工件中心的假想直线,此处应距离浇口杯最近,内浇道通常开设在工件最靠近浇口杯那边的尾部,大部分透气线的切割类似内浇道,但是尺寸很小,是从工件的关键点向着型腔的周边开设。有时也将透气线穿过胶模底,然后再在背部开设透气线引到胶模边缘,有些厂家还在铸造时抽真空,以帮助排气,实际上是真空离心铸造工艺。透气线的形式如下:

浇道透气线:常与正注式内浇道一起使用,按照 $45°$ 角连到工件,然后从工件的一边或两边一直开到胶模的边缘。

钻孔透气线:用于胶模空间不够的情况,在型腔内设置一个集气点,在此处钻孔到胶模背部,然后在胶模背部从钻孔处引出透气线一直到胶模边缘。在制作大工件时,有时会钻多个透气孔,从靠近内浇道的工件部位处以 $45°$ 角向着胶模背部钻孔,然后在背部从这些向胶模边缘开透气线。

透气孔:这种透气方式是在工件的任何部位向胶模背部钻孔,然后在胶模背部开设透气线。开设这种透气孔的原因是型腔内的盲孔充型时气体易形成反压导致充填不顺,一般透气孔的直径为 1mm。

集气式透气线:它是由一系列的锥形透气线组成,钻孔到胶模背部,然后在背部开设透气线,通常用于工件难于充型完全的部位。

辅助透气线:它开设在顺着旋转方向的侧内浇道或反注式内浇道的边上,钻孔到胶模背部,其作用是帮助内浇道透气的能力。

图 4-18 是一些典型饰品的浇注系统开设方式。

5)用手术刀在圆盘侧边刻上记号,以便合模。

4. 熔炼

合金熔炼是铸造过程的一个重要环节,熔炼过程不仅是为了获得熔融的金属液,更重要的是得到化学成分符合规定,能使铸件得到良好的结晶组织以及气体、夹杂物都很小的金属液。

在熔炼过程中,金属与气体的相互作用和金属液与坩埚的相互作用使组分发生变化,产生夹杂物和吸气。所以制订正确的熔化工艺规程,并严格执行,是获得高质量铸件的重要保证。

(1)金属的氧化烧损。金属熔炼过程中难免发生氧化烧损,其程度受以下因素影响:

1)金属及氧化物的性质。金属与氧的亲和力以及氧化膜的性质对氧化烧损影响很大,与氧亲和力大且氧化膜呈疏松多孔状的元素,氧化烧损大,如镁、锂等金属会优先氧化;铝、铍等金属与氧亲和力大,但氧化膜的 $a>1$,可以形成致密的氧化膜而降低氧化烧损。表 4-9 是室温下一些氧化物的 a 值。

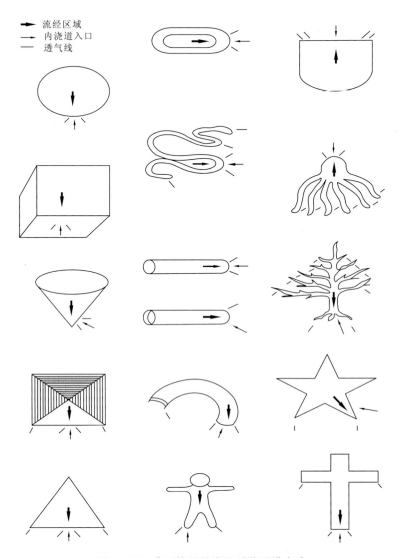

图 4-18 典型饰品的浇注系统开设方式

表 4-9 室温下某些氧化物的 a 近似值

Me	Mg	Cd	Al	Pb	Sn	Ti	Zn	Be	Ni	Cu	Cr	Fe
Me_xO_y	MgO	CdO	Al_2O_3	PbO	SnO_2	Ti_2O_3	ZnO	BeO	NiO	Cu_2O	Cr_2O_3	Fe_2O_3
a	0.78	1.21	1.28	1.27	1.33	1.46	1.57	1.68	1.60	1.74	2.04	2.16

(耿浩然等,2006)

2)熔炼温度。温度越高,金属氧化膜溶解而失去保护作用。但高温快速熔炼时也可减少氧化烧损。熔炼温度一般高于合金液相线温度以上 10～20℃。当前工业用铸造锌液相线温度为 387℃(含铝 3%)～493℃(含铝 27%)。铸温要低些,一般高于合金液相线温度以上 100～150℃。

3)炉气性质。在氧化性炉气中,氧化烧损是难以避免的。炉气的氧化性强,一般氧化烧损程度也大。

4)其他因素。炉料块度越小,表面积越大,其烧损也越严重。在其他条件一定时,熔炼时间越长,氧化烧损也越大。富氧鼓风缩短熔炼时间降低氧化烧损。搅拌和扒渣等操作方法不合理时,易把熔体表面的保护性氧化膜搅破而增加烧损。装炉时在炉料表面撒上一薄层熔剂覆盖,也可减少氧化烧损。

金属氧化烧损将恶化材料性能,影响产品表面质量。为此,要采取措施降低氧化烧损,一般有以下方面。

一是选择合理炉型。尽量使用熔池面积较小、加热速度快的熔炉。

二是采用合理的加料顺序和炉料处理工艺。易氧化烧损的炉料应加在炉料下层,或待其他炉料熔化后再加入到熔体,也可以中间合金形式加入。

三是采用覆盖剂。易氧化的金属和各种金属碎屑应在熔剂覆盖下熔化和精炼。

四是正确控制炉温。在保证金属熔体流动性及精炼工艺要求的条件下,应适当控制熔体温度。熔化前宜用高温快速加热和熔化;熔化后应调控炉温,勿使熔体过热。

五是合理的操作方法,避免频繁搅拌。

六是加入少量 $a>1$ 的活性元素改善熔体表面氧化膜的性质,有效降低烧损。

(2)挥发损失。挥发的金属蒸气及其氧化物污染环境,危害人身健康。金属的挥发损失首先取决于它的蒸气压。锌、镉较易挥发损失,防止或降低挥发损失的方法与降低氧化烧损的方法相同。

(3)吸气。在熔炼过程中,遇到的气体有氢(H_2)、氧(O_2)、水汽(H_2O)、氮(N_2)、CO_2、CO 等,这些气体或是溶于金属液中,或是与其发生化学作用。气体可以从炉气、炉衬、原材料、熔剂、工具等途径进入合金液中。

(4)熔炼温度控制。熔炼和浇注温度过高时,会使合金元素氧化烧损加剧,加快金属液与坩埚材料的反应速度,影响合金的力学性能。因此,要加强对熔炼和铸造过程中的金属液温度控制,现在的熔锅或熔炉都配备温度测控系统,日常工作中主要是定时检查以保证测温仪器的准确性,定期用便携式测温器(温度表)实测熔炉实际温度,予以校正。

有经验的铸工会用肉眼观察熔液,若刮渣后觉得熔液不太黏稠,也较清亮,起渣不是很快,说明温度合适;熔液过于黏稠,则说明温度偏低;刮渣后液面很快泛出一层白霜,起渣过快,说明温度偏高,应及时调整。

要保持铸造温度的稳定,可以采用中央熔炼炉,并将一次加入整条合金锭改为多次加入小块合金锭,减少因加料引起的温度变化幅度。

(5)废料重熔。水口料、废料、报废工件等,不宜直接放入熔锅内重熔。原因是这些废料表面在铸造过程中发生氧化,其氧化物的含量远远超过原始合金锭,当这些废料直接重熔时,金属液表面产生大量熔渣,撇除这些熔渣时将会带走大量的合金成分。

对于电镀过的废料,应同无电镀废料分开熔炼,因为电镀废料中含铜、镍、铬等金属是不溶于锌的,留在锌合金中会以坚硬的颗粒物存在,带来抛光和机加工的困难。

电镀废料重熔中注意将镀层物质与合金分开,先将电镀废料放入到装有合金熔体的坩埚中,这时不要搅动熔体,也不要加入熔剂,因为镀层物质熔点高,镀层不会熔入合金中,而会在最初一段时间内浮在熔液表面,当全部熔化后,让坩埚静置15~20分钟,看表面是否还会有浮渣出现,把浮渣刮干净。经过这一道工序后,再看是否有必要加精炼剂。

(6)熔炼操作中注意事项。

1)坩埚使用前必须进行清理,去除表面的油污、铁锈、熔渣和氧化物等。为防止铸铁坩埚中铁元素溶解于合金中,坩埚应预热到150~200℃,在工作表面上喷一层涂料,再加热到200~300℃,彻底去除涂料中的水分。

2)熔炼工具在使用前应清除表面脏物,与金属接触的部分,必须预热并刷上涂料。工具不能沾有水分,否则引起熔液飞溅及爆炸。

3)控制合金成分从采购合金锭开始,合金锭必须是有严格的成分标准。优质的合金原料是生产优质铸件的保证。

4)采购回来的合金锭要保证有清洁、干燥的堆放区,以避免长时间暴露在潮湿环境中而出现白锈,或被工厂脏物污染而增加渣的产生,也增加金属损耗。

5)熔炼前要清理干净并预热,去除表面吸附的水分。新料与水口等回炉料配比,回炉料不要超过50%,一般新料:旧料=70:30。连续的重熔合金中有些合金元素逐渐减少。

6)控制熔炼温度不能超过上限。

7)及时清理锌锅中液面上的浮渣,用扒渣耙平静地搅动,使熔液上面的浮渣集聚以便取出。

5. 铸造

铸造环节涉及的典型设备有离心铸造机和电熔炉,设备外形分别如图4-19和图4-20所示。

图4-19 离心铸造机外形图

图4-20 电熔炉外形图

(1)根据要求将合金料加入电熔炉中,通电使之熔化,在要求温度下保温。

(2)准备橡胶模,在胶模上拍滑石粉,两面都拍,然后敲打两半胶模,除去多余的滑石粉。

(3)预热胶模,可以将金属液倒入胶模内,保持一段时间,使胶模预热到足够温度。也可以开始铸造,几次后胶模温度将升高。

(4)按照胶模上的旋转方向、

图4-21 离心铸造胶模组装图

压力设置等标记,将胶模安装在离心机上,设置好参数,保证气压合适,在反方向锁紧胶模(图4-21)所示。

一般情况下,模型越大,需要的压力越高,如表4-10所示。

(5)将离心机盖子盖好,检查转速设置是否正确。机器盖子盖上时,铸造周期开始自动计时,选用合适的浇勺,用浇勺背面将金属液表面的渣滓推开,从熔炉内舀取适量的金属液。

(6)将金属液平稳浇注到铸型内(图4-22)。浇注方式取决于工件的类型和铸造工的技术。注意金属液的量要合适,金属液过多时会从胶模中甩出到铸造室,而金属液过少时又造成充型不完全。

表4-10 不同类型的工件需要的铸造压力

工件尺寸	压力/MPa	转速/(r·min^{-1})	金属温度	旋转时间/min
大件(3 100g以上)	3.92	250	最冷端	4~5
中等件(620~1 240g)	3.92	400~475	工件越纤细,温度越高	2~3
小件(155~620g)	1.96	475~550	最热端	1~2

图4-22 离心浇注

(7)将浇勺内剩余的金属液再倒回熔炉内,将浇勺放在熔炉边缘,等待离心机旋转结束。

(8)旋转停止后,打开离心机盖,移开胶模上盖,再将胶模取出,将工件从胶模上取下来,趁热取会比较容易,将浇注系统打掉。

在离心铸造中,有几个重要的注意事项。

(1)熔炼操作中,一般会使用回用料,将其返入熔炉,新旧料比例为50∶50,必要时用助熔剂集渣,材料为高锡合金时,很少需要助熔剂,因为锡含量高时不会形成很多渣。

大多数铸造工按50%新料与50%回用料的比例配料,含锡高的合金,不需要采用助熔剂,但建议用助熔剂定期清理熔锅(当使用了熔锅内25%的液体,在加入水口和新料之前清理)。熔剂助熔会产生金属氧化物,形成熔渣从金属液中分离出来,在金属液表面形成渣面。可以将液面上的渣用工具撇掉。助熔剂一般采用氯化铵,按照25%熔锅加入1匙的比例,将助熔剂装在钟罩内,压入到熔锅底部,助熔剂将从底部分散到金属液的各个部位。

(2)铸造过程中,要注意控制一些主要的参数,如胶模温度、金属液温度、旋转速度等。

1)保持熔炉内金属液的浇注温度,适合的浇温应在保证充型的前提下尽可能低。实践经验表明,采用液相点以上10℃的浇温可以获得好的铸造效果。

2)保证胶模的温度维持在一个最佳值,有经验的铸造工会按照一定的节奏将胶模预热到足够温度,获得良好的铸造效果,但是不会让胶模温度太低或太高。胶膜温度太高时,胶模的寿命缩短。

第四章 低熔点合金饰品及生产工艺

3) 铸件的完整性与离心转速关系很大,保证铸造时转速与工件对应,当橡胶模直径一定时,提高转速,可以使金属液快速进入型腔,但是转速如过高,容易引起铸件飞边,或旋转时出现震颤;反之,如浇铸转速过低,则金属液未完全充填型腔前,在浇道中就可能已凝固,导致铸件形状不完全(图 4-23)。老式离心机没有仪表显示转速,新的离心机一般都设置了转速显示表,但是要定期校准,不同的机器,即使设置同样的转速,实际值也会有很大不同。

图 4-23 转速低导致铸件形状不完全

图 4-24 修锉铸件

(3)设置合适的空气压力,压力太高会使工件变形,压力太低会使工件产生飞边,在必要时才采用高压力。

(4)铸造前在胶模上拍适量的滑石粉,滑石粉要很细小,拍滑石粉的作用是可以防止工件粘模,促使气体排出型腔,有助金属液的流动充填。

6. 修边装配

铸造后,铸件与浇注系统连接在一起,铸造出来的粗坯有各种毛刺,必须通过去水口、修边等工序将铸件进行清理。在这一工序中使用的工具较简单,一般有剪刀、刀片、锉刀、砂纸、吊机等工具(图 4-24)。

对链子、发夹等类的饰品,在饰品坯件处理好后,需要将弹簧、转轴等配件装配并焊接固定,这也是把饰品装饰性和功能性结合的重要环节。

7. 抛光

经过修边和焊接的饰品坯件,虽然把大的毛刺等已经清理完毕,但是还达不到饰品表面光亮的工艺要求,必须经过抛光振动把坯件表面的砂眼等去掉。抛光的方法有很多,有手工抛光,也有机械抛光,根据工件特点和设备条件进行选择。低熔点合金都比较软,而且熔点低,因此在抛光时要特别注意不能过热。手工打磨电机的转速应可调,单个电机的转速一般不超过 1750r/pm,而且要避免过久停留在一个地方抛光。

(1)抛光设备。大批量生产时,可以采用机械抛光,批量抛光的方式应根据工件的材质以及表面质量的要求来定。对低熔点合金工件,记住抛光时间很短,严格控制操作过程,防止抛光过度。抛光工要了解饰品金属材质的特点,锡含量越高,金属越硬,一般更容易抛光。另外也要清楚工件的质量要求,是要表面电镀还是保留本来的金属色。

实际生产过程中有几种典型的批量抛光设备,其特点如下:

1)振动抛光机。可采用多种材质的磨料进行湿磨或干抛,可用于电镀前的抛光处理。湿磨时一般采用陶瓷、塑料等磨料,不同磨料的磨削性能有区别。干抛时一般采用木质磨料,如木片、玉米粒、锯末等,视情况确定添加抛光液与否。操作时要注意避免升温,工件抵抗温度的能力与含铅量成反比,铅含量越高,工件耐热性越差。

2)离心转盘抛光机。此类设备的抛光效率高,对于粗糙铸件,可以使用磨削力度大的磨料,以及合适的抛光液,抛光时采用镀前抛光介质,并用大量的肥皂水冲洗,可以使工件表面更光亮。有时可以添加更多的肥皂水,采用较慢的水流,可以使抛光介质和化合物的效果进一步改善,可以优先选择。

3)离心震桶抛光机。此设备很少用在低熔点合金上,因为抛光过程中容易发热。可以采用湿抛,但是由于抛光的能力很大,很容易发生抛光过度。另外要综合考虑装货取货时间与处理时间的关系。

采用上述抛光机械时,最好设备上配置调速装置,使设备可以根据金属的硬度而相应调整速度。

(2)抛光介质。有很多抛光介质可用来抛光低熔点合金。介质的形状可以是管状、柱状、锥形或不规则四边形等,取决于哪些部位需要的工作量最大,哪些地方基本不需要处理。常用的抛光介质主要有:木糠、木片、木珠、玉米粒、核桃壳等木质类介质,这类介质在抛光时有时要添加少量的抛光液配合使用;用于锡含量低或硬度较低的合金时采用的合成介质;用于锡含量高的塑质介质。在使用时可调整介质的级别和处理时间,金属越硬(即锡含量越高),介质的磨损速度越快。

大批量抛光产生悬浮颗粒,需要加强过滤,要注意工业废水的监测和排放,由于低熔点合金含有铅、镉及其他有害元素,要对抛光废液进行检测和处理,保证符合当地的排放标准。

图4-25和图4-26分别是经机械抛光后的锡合金饰品坯件和铅合金饰品坯件。

第四章 低熔点合金饰品及生产工艺

图4-25 机械抛光后的锡合金饰品坯件　　图4-26 机械抛光后的铅合金饰品坯件

8. 电镀

铅锡合金是一种灰色的材料,我们看到的光彩夺目的仿真饰品都是经过电镀处理的。电镀按工艺方法有挂镀和滚镀之分;从电镀的效果上有镀金、镀银、镀铜、镀镍、镀白钢,还有其他一些特殊的电镀效果。

与首饰行业中其他材料的首饰电镀一样,金属的类型和表面状况对电镀效果影响很大。由于低熔点合金饰品铸造后表面质量相对低些,因此往往先进行预镀铜、预镀镍后再电镀金、银等贵金属,也可以采用转换涂层的工艺进行仿古处理。工序过程如下:

工件在氰化铜溶液中脉冲镀,通常35~40秒,时间随电压改变而改变,要防止在工件尖端烧坏→在肥皂水中浸泡后再两次漂洗工件→超声波清洗工件→两次漂洗工件→工件浸酸或盐的溶液→两次漂洗→镀镍时间依据工件结构,通常15~30分钟,需要光亮时采用添加光亮剂的镀液→两次漂洗。

经过上述处理后,工件可以进行最后的电镀处理了,例如镀24K金、镀青铜或镀银。如果是青铜电镀,可在商业青铜镀液(聚硫酸铵)中电镀15分钟。大件采用低电压,适当延长电镀时间,然后采用阳极氧化技术使表面转变成褐色,经过漂洗、干燥,达到要求的光亮度。金属仿古处理通常是将金属处理成褐色,再氧化成黑色。如果镀银,一般先脉冲镀银,然后再在氰化银溶液中电镀。当工件需要发黑处理时,应该镀厚银。镀银后的发黑处理一般采用硫化法,彻底漂洗。

9. 效果制作

电镀好的饰品,有的就已经可以直接包装入库了,但是还有一些饰品根据设计要求需在上面做各种各样的效果,比如画油(烤薄涂)、喷漆、磨砂、滴油、葱沙等(图4-27);完成这些效果制作后,如果产品不需要点钻,那么就可以入库了。

图 4-27　经表面喷漆的合金饰品　　图 4-28　点钻饰品

10. 点钻

这是工艺上最后的一步,水钻是用一种特殊的粘合剂粘上去的,可以根据设计要求搭配成各种效果的彩色水钻(图 4-28)。

11. 包装入库

通过品检合格后的产品,就可以包装入库上市了。

二、冷挤压成形工艺

冷挤压技术是一种高精度、高效、优质、低耗的先进生产工艺,适用于中小型零件规模化生产。与常规工艺相比,可节省材料 30%～50%,节约能源 40%～80%,而且产品质量高,尺寸精度好,且可加工形状复杂、难以切削加工的零件。

过去锡制工艺品多以手工成形和铸造成形为主,这些成形方式都具有它的局限性。例如,开发周期长、制造时间长、表面质量欠佳等。锡具有良好的延展性和塑性,其材料性能仅次于金、银,比黑色金属和其他有色金属延展性和塑性高,这些特点使其可以采用冷挤压成形工艺。

冷挤压成形工艺路线如下:熔锡→铸料→下料→预成形→润滑处理→挤压成形→去余料→抛光。预成形时,可以挤压成形,也可以按要求机加工成形。一般用冷挤压成形快,并能保证挤压尺寸到位。

三、压铸工艺

压力铸造是指金属液在其他外力(不含重力)作用下注入铸型的工艺。广义的压力铸造包括压铸机的压力铸造和真空铸造、低压铸造、离心铸造等;狭义的

第四章　低熔点合金饰品及生产工艺

压力铸造专指压铸机的金属型压力铸造,简称压铸。

压铸的实质是在高压作用下,使液态或半液态金属以较高的速度充填压铸型型腔,并在压力下成型和凝固而获得铸件的方法。压铸是最先进的金属成型方法之一,是实现少切屑,无切屑的有效途径,应用很广,发展很快。压铸已成为锌合金饰品的的重要生产工艺之一。

(一)压铸特点

高压和高速充填压铸型是压铸的两大特点。它常用的压射比压是从几千至几万 kPa,甚至高达 2×10^5 kPa。充填速度约在 10～50m/s,有些时候甚至可达 100m/s 以上。充填时间很短,一般在 0.01～0.2 秒范围内。

1. 优点

与其他铸造方法相比,压铸有以下三方面优点。

(1) 产品质量好。铸件尺寸精度高,一般相当于 6～7 级,甚至可达 4 级;表面光洁度好,一般相当于 5～8 级;强度和硬度较高,强度一般比砂型铸造提高 25％～30％,但延伸率降低约 70％;尺寸稳定,互换性好;可压铸薄壁复杂的铸件。例如,当前锌合金压铸件最小壁厚可达 0.3mm;铝合金铸件可达 0.5mm;最小铸出孔径为 0.7mm。

(2)生产效率高。机器生产率高,例如一般卧式冷空压铸机平均八小时可压铸 600～700 次,小型热室压铸机平均每八小时可压铸 3 000～7 000 次;压铸型寿命长,压铸熔点较低的合金时,一付压铸型寿命可达几十万次,甚至上百万次;易实现机械化和自动化。

(3)经济效益好。由于压铸件尺寸精确、表面光洁等优点,打磨修整工作量少,所以既提高了金属利用率,又减少了大量的加工设备和工时。

2. 缺点

压铸虽然有许多优点,但也有一些缺点尚待解决。

(1)压铸时由于液态金属充填型腔速度高,流态不稳定,不可避免地把型腔中的空气夹裹在铸件内部,故采用一般压铸法,铸件易产生气孔,不能进行热处理,不宜进行表面喷塑;否则,铸件内部气孔在作上述处理加热时,将遇热膨胀而致使铸件变形或鼓泡。

(2)对内凹复杂的铸件,压铸较为困难。

(3)高熔点合金(如铜,黑色金属),压铸型寿命较低。

(4)不宜小批量生产,其主要原因是压铸型制造成本高,压铸机生产效率高,小批量生产不经济。

(二)压铸机的类别

压铸是在压铸机上进行的金属型压力铸造,是目前生产效率最高的铸造工艺。压铸机分为热室压铸机和冷室压铸机两类。

1. 热室压铸机

热压室压铸机(简称热室压铸机)压室浸在保温熔化坩埚的液态金属中,压射部件不直接与机座连接,而是装在坩埚上面,其原理如图4-29所示。这种压铸机的优点是生产工序简单,效率高;金属消耗少,工艺稳定。但压室、压射冲头长期浸在液体金属中,影响使用寿命。并易增加合金的含铁量。热室压铸机自动化程度高,材料损耗少,生产效率比冷室压铸机更高,但受机件耐热能力的制约,目前还只能用于锌合金、镁合金等低熔点材料的铸件生产。

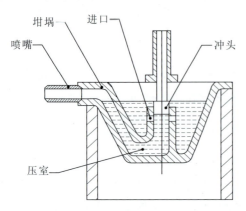

图4-29 热室压铸机工作原理图

2. 冷室压铸机

冷室压铸机的压室与保温炉是分开的。压铸时从保温炉中取出液体金属浇入压室后进行压铸(图4-30)。当今广泛使用的铝合金压铸件,由于熔点较高,只能在冷室压铸机上生产。冷室压铸机按其压室结构和布置方式分为卧式压铸机和立式压铸机(包括全立式压铸机)两种。

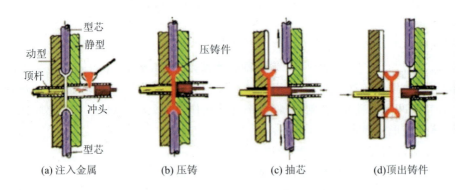

图4-30 卧式冷室压铸机工作示意图

（三）压铸机的选择

实际生产中并不是每台压铸机都能满足压铸各种产品的需要，而必须根据具体情况进行选用，一般应从下述两方面进行考虑。

1. 按不同品种及批量选择

在组织多品种、小批量生产时，一般要选用液压系统简单、适应性强、能快速进行调整的压铸机，在组织少品种大量生产时，要选用配备各种机械化和自动化控制机构的高效率压铸机；对单一品种大量生产的铸件可选用专用压铸机。

2. 按产品结构及工艺参数选择

产品外形尺寸、重量、壁厚等参数对选用压铸机有重要影响。铸件重量（包括浇注系统和溢流槽）不应超过压铸机压定的额定容量，但也不能过小，以免造成压铸机功串的浪费。

对饰品而言，一般尺寸都较小，采用 10～25t 的压铸机足以满足生产需要。

（四）压铸工艺

1. 压铸基本过程

以振力热室压铸机为例，其工艺过程如下。

（1）在开始压铸前，先检查油箱内机油量，将电炉通电加热，插上热电偶测温；加热保温套；按工艺要求预热压铸模；压射支架通冷却水，其他各部位的冷却水按需要逐点供应；开启贮压缸阀及空气截止阀；打开压力表开关，启动油泵，升至要求的压力；当合金熔化以后，把压射活塞浸入合金加热，随后装上压射活塞；试验开模和合模，确认机构正常后，方可进行生产。

（2）压铸工作时要注意安全，操作者必须穿戴好劳保用品，不得站在正对压铸分型面及喷咀的部位进行工作，以防金属液溅出酿成事故；开始压铸时，先用"手动"操作一次，确认正常后，才用"半自动"或"自动"工作；经常观察各种仪表读数是否符合工艺要求，设备的运动是否正常，发现异常现象，应按"急停"铵钮进行检查，排除故障后才能继续工作；按工艺要求，适当调节保温套温度，防止喷咀结塞和金属液过热喷溅；经常注意液压油的温升，油温最高不得超过 55℃，视油温升高的程度，可适当调节冷却器水量；设备停歇半小时以上时，必须将压射活塞拆下，放在坩埚旁边保温，如停歇 1 小时以上时，必须关泵停车，切断电源，关闭贮压缸阀，防止产生误动作和消耗贮压缸压力；金属液面应经常浸没压射活塞，液面最高限度应在坩埚上边缘之下 20mm；向坩埚内补加金属块时，块度不能过大，以免金属温度显著降低，并且块料应按工艺预热，不允许加潮湿的金属块料，以免发生爆炸事故。

（3）压铸工作后，使坩埚内留下 2/3 的金属液，热电偶可留在坩埚中；关闭液泵,切断电源;关闭给水阀;拆掉压射活塞;将设备的运动部分(如缸杆、导杆、滑轨等)涂上一层薄机械油。

2.压铸工艺参数

(1)压力和速度的选择。压射比压的选择,应根据不同合金和铸件结构特性确定,对锌合金饰品而言,铸件壁厚<3mm 时,采用的压射比压为 30～40MPa,铸件壁厚>3mm 时,采用的压射比压为 50～60MPa。对充填速度的选择,一般对于厚壁或内部质量要求较高的铸件,应选择较低的充填速度和高的增压压力;对于薄壁或表面质量要求高的铸件以及复杂的铸件,应选择较高的比压和高的充填速度。

(2)浇注温度。浇注温度是指从压头进入型腔时液态金属的平均温度,由于对压室内的液态金属温度测量不方便,一般用保温炉内的温度表示。

浇注温度过高、收缩大,使铸件容易产生裂纹、晶粒粒大,还能造成粘型;浇注温度过低,易产生冷隔、表面花纹和浇注不足等缺陷。因此浇注温度应与压力、压铸型温度及充填速度同时考虑。

压铸用的锌合金熔点为 382～386℃,合适的温度控制是锌合金成分控制的一个重要因素。为保证合金液良好的流动性充填型腔,压铸机锌锅内金属液温度为 415～430℃,薄壁件、复杂件压铸温度可取上限;厚壁件、简单件可取下限。中央熔炼炉内金属液温度为 430～450℃。进入鹅颈管的金属液温度与锌锅内的温度基本一样。通过控制锌锅金属液温度就能对浇注温度进行准确的控制,并做到金属液为不含氧化物的干净液体;浇注温度不波动。

(3)压铸型的温度。压铸型在使用前要预热到一定温度,一般多用煤气、喷灯、电器或感应加热。

在连续生产中,压铸型温度往往升高,尤其是压铸高熔点合金,升高很快。温度过高除使液态金属产生粘型外,还使铸件冷却缓慢,导致晶粒粗大。因此在压铸型温度过高时,应采取一定的冷却措施。通常用压缩空气、水或化学介质进行冷却。

(4)充填、持压和开型时间。

1)充填时间。自液态金属开始进入型腔起到充满型腔止,所需的时间称为充填时间。充填时间长短取决于铸件体积的大小和复杂程度。对大而简单的铸件,充填时间要相对长些,对复杂和薄壁铸件充填时间要短些。充填时间与内浇口的截面积大小或内浇口的宽度和厚度有密切关系,必须正确确定。

2)持压和开型时间。从液态金属充填型腔到内浇口完全凝固时,继续在压射冲头作用下的持续时间,称为持压时间。持压时间的长短取决于铸件的材质和壁厚。

持压后应开型取出铸件。从压射终了到压铸打开的时间,称为开型时间。开型时间应控制准确,开型时间过短,由于合金强度尚低,可能在铸件顶出和自压铸型落下时引起变形;但开型时间太长,则铸件温度过低,收缩大,对抽芯和顶出铸件的阻力亦大。一般开型时间按铸件壁厚1mm需3秒钟计算,然后经试验后进行相应的调整。

3.压铸用涂料

压铸过程中,为了避免铸件与压铸型焊合,减少铸件顶出的摩擦阻力和避免压铸型过分受热而采用涂料。对涂料的要求如下。

(1)在高温时,具有良好的润滑性。

(2)挥发点低,在100~150℃时,稀释剂能很快挥发。

(3)对压铸型及压铸件没有腐蚀作用。

(4)性能稳定,在空气中稀释剂不应挥发过快而变稠。

(5)在高温时不会析出有害气体。

(6)不会在压铸型腔表面产生积垢。

(五)铸件清理

它包括利用切割机、冲床等设备切除浇口及飞边,以及采用抛光设备对铸件进行清理。

(六)后处理

与前面介绍的硅橡胶离心铸造饰品的处理方法一样,不再赘述。

第五章　不锈钢与钛合金饰品及生产工艺

不锈钢开始是运用在劳力士及各知名时尚品牌的手表和名贵钢笔上，该材料质地坚韧，耐腐蚀性能优良，在常温下始终保持本身的色调，不会像银饰容易变黑，也不会像合金饰品因含铅而有毒性，因此越来越多地应用于饰品行业，成为流行时尚饰品的常用材料。不锈钢饰品具有粗犷、简约、沉稳、含蓄的风格和冷冽金属表现，赢得了许多时尚人士的认可和钟爱。

钛的耐腐蚀性、稳定性高，特有的银灰色调不论是高抛光、丝光、亚光都有很好的表现，是除贵金属以外最合适的饰品金属之一，在国外现代饰品设计中经常使用。钛金属具有未来性的特质，既能彰显气质，同时历久弥新、质地轻盈却格外坚固，是国际上流行的饰品用材，备受年轻白领的推崇。

第一节　不锈钢饰品及生产工艺

一、不锈钢简介

(一)不锈钢的定义

不锈钢是指在大气、水、酸、碱和盐等溶液，或其他腐蚀介质中具有一定化学稳定性的钢的总称。一般来讲，耐大气、蒸汽和水等弱介质腐蚀的钢称为不锈钢。而将其中耐酸、碱和盐等侵蚀性的介质腐蚀的钢称为耐蚀钢或耐酸钢。不锈钢具有不锈性，但不一定耐蚀，而耐蚀钢则一般都具有较好的不锈性。

不锈钢的耐腐蚀性能，一般认为是由于在腐蚀介质的作用下其表面形成"钝化膜"的结果，而耐腐蚀的能力则取决于"钝化膜"的稳定性。这除了与不锈钢的化学成分有关外，还与腐蚀介质的种类、浓度、温度、压力、流动速度，以及其他因素有关。

不锈钢具有良好的耐腐蚀性能，是由于在铁碳合金中加入了铬所致。尽管其他元素，如铜、铝以及硅、镍、钼等也能提高钢的耐腐蚀性能，但没有铬的存在，这些元素的作用就受到了限制。因此，铬是不锈钢中最重要的元素。具有良好耐腐蚀性能的不锈钢所需的最低铬含量取决于腐蚀介质。美国钢铁协会

(AISI)以4%铬作为划分不锈钢与其他钢的界限。日本工业标准 JIS G 0203 中规定,所谓不锈钢即是以提高耐腐蚀性能为目的而含有铬或铬镍的合金钢,一般铬含量约大于11%。德国 DIN 标准和欧洲标准 EN10020 规定不锈钢的铬含量不小于10.5%。碳含量不大于1.2%。我国一般将不锈钢的铬含量定为不小于12%。

(二)不锈钢的常用合金元素

不锈钢的性能和组织主要是由各种元素决定的。目前,已知的化学元素有100余种,对不锈钢的性能与组织影响最大的元素有:碳、铬、镍、锰、氮、钛、铌、钼、铜、铝、硅、钒、钨、硼等十多种。由于这些元素的加入,导致钢的内部组织发生变化,从而使钢具有特殊的性能。为了加深对不锈钢的理解,我们有必要先了解一下各种元素对不锈钢的性能和组织的影响。

1. 铬

铬是决定不锈钢耐腐蚀性能的最基本元素。在氧化性介质中,铬能使钢的表面很快形成一层实际为腐蚀介质不能透过和不溶解的富铬的氧化膜,这层氧化膜很致密,并与金属基本结合得很牢固,保护钢免受外界介质进一步氧化浸蚀;铬还能有效地提高钢的电极电位。当含铬量不低于12.5%原子时,可使钢的电极电位发生突变,由负电位升到正的电极电位。因而可显著提高钢的耐蚀性。铬的含量越高,钢的耐蚀性能越好。当含铬量达到25%、37.5%原子时,会发生第二次、第三次的突变,使钢具有更高的耐腐蚀性能。

2. 镍

镍对不锈钢耐腐蚀的影响,只有它与铬配合时才能充分显示出来。因为低碳镍钢要获得纯奥氏体组织(奥氏体,是 γ-Fe 中固溶少量碳的无磁性固溶体,其晶体结构为面心立方),含镍量需达24%;要使钢在某些介质中的耐腐蚀性能显著改变,含镍量需在27%以上。所以,镍不能单独构成不锈钢。而在含铬18%的钢中加入9%的镍,就能使钢在常温下获得单一奥氏体组织,并可以提高钢对非氧化性介质(如稀硫酸、盐酸、磷酸等)的耐蚀性,并能改善钢的焊接和冷弯等的工艺性能。

3. 锰和氮——可代替铬镍不锈钢中的镍

锰和氮在不锈钢中有镍相仿的作用。锰的稳定奥氏体作用为镍的1/2,而氮的作用比镍大很多,约为镍的40倍左右。因而锰和氮可代替镍获得单一的奥氏体组织。但锰的加入会使含铬低的不锈钢耐蚀性降低。同时,高锰奥氏体钢不易加工。因此,在不锈钢中不单独使用锰,只用部分代替镍。

4. 碳

碳在不锈钢中的含量及其分布的形式,在很大程度上左右着不锈钢的性能和组织:一方面碳是稳定奥氏体元素,作用的程度很大,约为镍的30倍,含碳量高的马氏体不锈钢(马氏体,是碳溶于 $\alpha-Fe$ 的过饱和的固溶体,是奥氏体通过无扩散型相变转变成的亚稳定相),完全可以接受淬火强化,从而在机械性能方面可大大提高它的强度;另一方面由于碳和铬的亲和力很大,在不锈钢中要占用17倍碳量的铬与它结合成碳化铬。随着钢中含碳量的增加,则与碳形成碳化物的铬越多,从而显著降低钢的耐蚀性。因此,从强度与耐腐蚀性能两方面来看,碳在不锈钢中的作用是互相矛盾的。在实际应用中,为了达到耐腐蚀的目的,不锈钢的含碳量一般较低,大多在0.1%左右,为了进一步提高钢的耐腐蚀能力,特别是抗晶间腐蚀的能力,常采用超低碳的不锈钢,含碳量在0.03%甚至更低;但用于制造滚动轴承、弹簧、工具等不锈钢,由于要求有高的硬度和耐磨性,因而含碳量较高,一般均在0.85%~1.00%之间,如9Cr18钢等。

5. 钛和铌

不锈钢加热到450~800℃时,常常由于在晶界析出铬的碳化物而使晶界附近的含铬量下降形成贫铬区,导致晶界附近的电极电位下降,从而引起电化学腐蚀,这种腐蚀叫做晶间腐蚀。常见的如在焊缝附近的热影响区内发生的晶间腐蚀。而钛和铌是强碳化物形成元素,它与碳的亲和力比铬大得多,钢中加入钛或铌,就能使钢中的碳首先与钛或铌形成碳化物,而不与铬形成碳化物,从而保证晶界附近不致因贫铬而产生晶间腐蚀。因此,钛和铌常用来固定钢中的碳,提高不锈钢抗晶间腐蚀的能力,并改善钢的焊接性能。

钛或铌的加入量要根据含碳量而定,一般钛的加入量为含碳量的5倍,铌为碳的8倍。

6. 钼和铜

钼和铜能提高不锈钢对硫酸、醋酸等腐蚀介质的耐蚀能力。钼还能显著提高对含氯离子的介质(如盐酸)以及有机酸中的耐蚀能力。但含钼的不锈钢不宜在硝酸中应用,含钼的不锈钢在沸腾的65%硝酸中的腐蚀速度比不含钼的增加一倍;铜加入铬锰氮不锈钢中,会加速不锈钢的晶间腐蚀。

钼对钢获得单一奥氏体组织有不利影响,因此在含钼钢中,为了使钢在热处理后具有单一的奥氏体组织,镍和锰等元素的含量要相应的提高。

7. 硅和铝

硅对提高铬钢抗氧化能力的作用很显著,含5%铬及1%硅的钢,抗氧化的能力可与12%铬钢相等。如使钢在1 000℃能抵抗氧化,含0.5%硅时需要

22%的铬,如加入 2.5%～3%的硅以后,只需要 12%的铬就可以了。有资料介绍,向 Cr15Ni20 的铬镍钢中加 2.5%的硅,抗氧化性能可相当 Cr15Ni60 的铬镍合金。

向高铬钢中加铝也能使抗氧化性能显著提高,它的作用与加硅的功能相仿。

向高铬钢中加硅和铝的目的:一是为了进一步提高钢的抗氧化性能;二是为了节约用铬。

硅和铝对提高铬钢抗氧化性能的作用虽然很大,但也有很多缺点。最主要的是它使钢的晶粒粗化和脆性倾向增大。

8. 钨和钒

钨和钒加入钢中,其主要作用是提高钢的热强性。

9. 硼

高铬铁素体不锈钢(Cr17Mo2Ti)中加 0.005%的硼(铁素体,是碳溶于 α-Fe 中的间隙固溶体,具有体心立方晶格),可使钢在沸腾的 65%醋酸中的耐腐蚀性能提高;奥氏体不锈钢中加入微量(0.006‰～0.007‰)的硼,可使钢的热态塑性改善;硼对提高钢的热强性有良好的作用,可使不锈钢的热强性显著提高;含硼的铬镍奥氏体不锈钢在原子能工业中有着特殊的用途。但不锈钢中含硼会使钢的塑性和冲击韧性降低。

除以上元素外,有些不锈钢中还分别加入稀有金属元素和稀土元素以改善钢的性能。在工业上实际应用的不锈钢,很多钢中同时存在着几种至十几种合金元素,当几种元素共存于不锈钢这一统一体中时,决定不锈钢组织的是各种元素影响的总和。

各种元素对不锈钢组织的影响,根据其共同性,概括起来基本上分属于两大类:一类是形成或稳定奥氏体的元素,它们是碳、镍、锰、氮、铜,以碳和氮的作用程度最大;另一类是形成铁素体的元素,它们是铬、钨、钼、铌、硅、钛、钒、铝等,这一类元素形成铁素体的作用,如以铬为基准来加以比较,其他元素的作用都比铬大。

这两类元素共存于不锈钢中时,不锈钢的组织就取决于它们互相影响的结果。如果稳定奥氏体的元素的作用居于主要方面的话,不锈钢的组织就以奥氏体为主,很少至没有铁素体;如果他们的作用程度还不能使钢的奥氏体保持至室温的话,这种不稳定的奥氏体在冷却时即发生马氏体转变,钢的组织则为马氏体;如果形成铁素体的元素的作用成为主要方面的话,钢的组织则以铁素体为主。

不锈钢的性能除工艺因素外,主要取决于其内部组织的构成,而构成不锈钢组织的是各种合金元素在钢中的总和。因此,不锈钢的性能归根到底主要是由合金元素决定的。

(三)不锈钢的分类

不锈钢是一个范围很大的特殊钢系列,我国生产的不锈钢钢号就有 100 多种型号。就其主要合金成分、金相组织和工业上的主要用途,大体可作如下分类。

1. 根据不锈钢的合金成分分类

根据不锈钢的主要合金成分,通常可将不锈钢分为以下三类。

(1)铬不锈钢类。这类不锈钢除铁基外,主要合金元素是铬。有的还分别含有硅、铝、钨、钼、镍、钛、钒等一种或几种元素,这些元素在钢中的含量分别为 $1\%\sim3\%$。

(2)铬镍不锈钢类。这类不锈钢除铁基外,主要合金元素是铬和镍。有的还分别含有钛、硅、钼、钨、钒、硼等一种或几种元素,这些元素在钢中的含量在 4% 以下至微量。

(3)铬锰氮不锈钢类。这类不锈钢除铁基外,主要合金元素是铬和锰,大多数钢中还含有 0.5% 以下的氮,有的还分别含有镍、硅、铜等一种或几种元素。这些元素在钢中的含量分别只有 5% 以下。

2. 根据不锈钢的结构分类

不锈钢根据其结构(金相组织),通常分以下三类。

(1)铁素体型。即含铬不含镍的不锈钢。这类钢冷加工能使之硬化到某种程度,热处理则不能。这类钢总是有磁性的。

(2)马氏体型。这类不锈钢除个别的钢号含有少量的镍外,大多数钢号只含有铬,其优点是热处理能使之硬化。这类钢总是带有磁性。

(3)奥氏体型。即含有铬镍或铬镍锰或铬锰氮等元素的不锈钢。这类钢只能冷加工使之硬化;热处理只能使之软化。在退火状态中是无磁性的。在冷加工后,有的会带有磁性。

以上三种分类仅是按钢的基体组织分的,由于钢中稳定奥氏体及形成铁素体的元素的作用不能互相平衡,因此工业中实际用的不锈钢的组织还有:马氏体-铁素体、奥氏体-铁素体、奥氏体-马氏体等过渡型的复相不锈钢,以及马氏体-碳化物组织的不锈钢。

二、饰品用不锈钢

(一)不锈钢饰品对材质的要求

1. 力学性能

塑性加工工艺在不锈钢饰品生产中得到了广泛应用,除利用拉拔、轧压类机械制作片材、线材、管材等型材外,也经常用于饰品的成型加工,如利用机床车

第五章　不锈钢与钛合金饰品及生产工艺

制、利用冲压机冲压、利用油压机油压等。要保证塑性加工产品的质量，除正确制定和严格遵守操作工艺规范外，对材料的力学性能有明确要求，材料的力学性能主要用抗拉强度、屈服强度、硬度、延伸率、韧性等指标体现。要求不锈钢材料具有较好的塑性加工性能，特别是进行拉拔、轧压、冲压、油压等操作时，要求材料的硬度不宜过高，材料的加工硬化速度要慢一些，以便于操作；要求材料具有良好的延展性，否则容易产生裂纹。

2. 抛光性能

饰品对表面质量具有明确的要求，绝大部分饰品都要经过抛光，以达到表面光亮似镜的程度，这就要求除正确执行抛光操作工艺外，材料本身的性质也有重要影响。如要求工件组织致密，晶粒细小均匀，无气孔、夹杂等缺陷，如果工件的晶粒粗大，存在缩松、气孔缺陷，则容易出现桔皮、抛光凹陷、彗星尾现象，如果存在硬的夹杂物，同样容易出现划痕、彗尾尾缺陷。

影响不锈钢饰品抛光性能的因素，主要有以下几点：

(1) 原料表面缺陷。如划伤、麻点、过酸洗等。

(2) 原料材质问题。硬度太低，抛光时就不易抛亮，而且硬度太低，在深拉伸时表面易出现桔皮现象，从而影响抛光性。硬度高的抛光性相对就好。

(3) 经过深拉伸的制品，变形量极大的区域表面也会出现小的黑点，从而影响抛光性。

3. 耐腐蚀性

耐腐蚀性能对于饰品而言十分重要，材料抗蚀性随成分变化，316 的耐腐蚀性能就比 304 要好，但成分不是抗晦暗的唯一因素，晦暗变色是化学成分、环境因素、组织结构和表面状态的综合结果。

为确定饰品的耐腐蚀性能，一般要进行加速腐蚀试验，常用的有盐雾试验、浸泡试验等。

4. 铸造性能

合金的铸造性能对铸造饰品表面质量影响非常大，衡量合金铸造性能的好坏可以从金属液的流动性、缩孔缩松倾向及变形热裂倾向几方面考虑，要求用于铸造的不锈钢具有较小的结晶间隔、吸气氧化的倾向小，流动性和充填性能良好，不易形成分散缩松和产生变形裂纹，有利于获得形状完整、轮廓清晰、结晶致密、结构健全的饰品铸件。

5. 回用性能

对铸造饰品工艺而言，铸造工艺出品率一般仅 50% 左右甚至更低，每铸造一次都会带来大量的浇注系统、废品等回用料，饰品企业基于生产成本和效率，总是希望能尽可能多地采用回用料。由于合金在熔炼过程中,不可避免地会发生挥发、氧化、吸气等问题,因此每铸造一次,合金的成分都会发生一定的变化,影响合金的冶金质量和铸造性能。

合金重复使用过程中的性能恶化问题,不仅与操作工艺有关,而且与合金本身的回用性能有密切关系,它主要取决于合金的吸气氧化倾向及与坩埚、铸型材料的反应活性,吸气氧化倾向越小,与坩埚及铸型材料的反应性越小,则回用性能越好。

6. 安全性

饰品长时间与人体直接接触,其安全性是饰品材料必须考虑的重要因素,材料中应避免使用对人体有危害的元素,如镉、铅及放射性元素等,另外,也要注意避免饰品与皮肤接触产生的过敏反应以及带菌问题。

镍是一个典型的致敏元素,它对人体皮肤存在潜在的过敏及危害。含镍饰品在佩戴过程中释放出致敏性镍离子,引起变应性接触性皮炎。依据反应程度呈现不同的症状,症状较轻的患者仅表现在首饰与皮肤接触的部位,如耳部、颈部、手腕、手指等处,有皮肤瘙痒、红斑、疹、水疱、糜烂、渗液、结痂和脱屑等病变,皮损境界清楚,常出现与首饰相仿的特殊形态。而症状较重的患者则会出现全身过敏反应,先是皮肤红肿,接着开始起小丘疹、水疱。并且有引起癌变、致畸等风险。针对镍过敏问题的普遍性及危害性,欧盟在20世纪90年代就制定了镍指令94/27/EC和镍释放测试标准EN1811:1998,随后根据镍致敏率仍然处于较高水平的状况,对标准进行了加严修正,相继颁布了镍指令2004/96/EC和镍释放测试标准EN1811:1998+A1:2008,2011年又推出了更为严格的镍释放测试标准EN1811:2011,取消了镍释放率的调整值。由于传统铬镍不锈钢大量使用镍作为合金化元素,在选择某种材料用作饰品材料前,应考核其能否满足镍释放标准的要求。

研究表明,首饰容易寄宿细菌,尤其是夏天出汗多,被首饰覆盖的皮肤不容易透气,使细菌大量繁殖,可能会引起皮肤疾病和感染,尤其是穿刺饰品出现带菌感染的问题,比体表接触的首饰严重得多,因为穿刺本身是一种外科创伤,穿刺造成了组织内一个没有上皮包被的隧道,这个隧道被随后植入的饰品支撑,周边的组织无法接触粘连愈合,其整个愈合过程就是双侧表面的上皮组织沿着隧道内面逐渐贴面形成瘘管的过程,最后形成了一个上皮管道。在创口愈合过程中如遇到外界细菌很容易导致感染。例如,耳垂穿刺耳环时,该部位皮肤薄、皮肤下组织少、血管细而表浅、血液流动缓慢,穿刺后真皮组织受到一定损伤。由于穿刺受损的局部组织和饰品不断摩擦接触,很容易受到灰尘、霉菌、细菌等污染而引起感染,使耳垂孔周围产生瘙痒,严重者引起红肿、丘疹、水泡、化脓、糜烂,甚至引起感染性心内膜炎。鉴于首饰带菌问题的严重后果,世界卫生组织建议医护人员在医院护理时不带戒指或其他饰品。而对于饰品本身而言,如果其材质具有很好的抗菌性能,对于减轻或消除首饰带菌无疑具有重要意义。由于不锈钢广泛用作首饰材料,尤其是穿刺孔愈合过程中大部分采用不锈钢杆扩展穿刺口,防止穿刺孔壁粘连在一起。传统的不锈钢是不具有抗菌性能的,因此对其进行抗菌改性处理,对首饰的使用安全性有重要意义。

7.经济性

不锈钢饰品材料的价格是影响生产成本的因素之一,在材料的选择上,应本着材料来源广、价格便宜的原则,尽量不用或少用价格高昂的稀贵金属,以降低材料成本。

(二)饰品用不锈钢的主要材质

1.传统铬镍奥氏体不锈钢

传统上用于饰品的不锈钢主要为铬镍奥氏体型不锈钢,包括303、304、304L和316、316L等几种典型的钢种,它们的化学成分范围如表5-1。

表5-1 几种饰用奥氏体不锈钢的化学成分范围

钢种	碳(C)	硅(Si)	锰(Mn)	磷(P)	硫(S)	镍(Ni)	铬(Cr)	钼(Mo)
303	≤0.15	≤1.00	≤2.00	≤0.20	≥0.15	8.00~10.00	17.00~19.00	≤0.6
304	≤0.08	≤1.00	≤2.00	≤0.045	≤0.030	8.00~10.50	18.00~20.00	—
304L	≤0.03	≤1.00	≤2.00	≤0.045	≤0.030	9.00~13.50	18.00~20.00	—
316	≤0.08	≤1.00	≤2.00	≤0.045	≤0.030	10.00~14.50	10.00~18.00	2.00~3.00
316L	≤0.03	≤1.00	≤2.00	≤0.045	≤0.030	12.00~15.00	16.00~18.00	2.00~3.00

(朱中平,2004;顾纪清,2008)

(1)303奥氏体不锈钢。303型奥氏体不锈钢具有非常良好的切削性能,且切削后的工件表面光洁度高,对饰品的装饰性能有利,因此该材料有时也被选作饰品材料。但是303不锈钢中有大量的硫化物,它们在腐蚀环境中会成为点蚀源,进而被优先腐蚀形成点蚀坑,加速其周围区域的金属阳极溶解,使得镍释放率升高。但是实测值却大大超过了该阈值,按照EN1811:2011标准,303不锈钢无论是用于与皮肤长时间直接接触的饰品,还是穿刺饰品,其镍释放都是不合格的,存在镍致敏的风险,应避免选择该材料制作与皮肤长时间直接接触的饰品,尤其是穿刺饰品。303不锈钢通常在固溶状态下使用,固溶处理规范为1010~1150℃保温相应时间后淬水。303型及其他型号不锈钢的力学性能如表5-2。

表 5-2 饰用不锈钢在固溶态下的力学性能

钢种	抗拉强度 σ_b/MPa	屈服强度 $\sigma_{0.2}$/MPa	伸长率 δ/%	断面收缩率 ψ/%	硬度 HB
303	≥520	≥205	≥40	≥50	≤187
304	≥520	≥205	≥40	≥60	≤187
304L	≥480	≥175	≥40	≥60	≤187
316	≥520	≥205	≥40	≥55	≤187
316L	≥480	≥175	≥40	≥60	≤187

(朱中平,2004;顾纪清,2008)

(2)304 和 304L 奥氏体不锈钢。304 是一种通用性的不锈钢,市场上常见的标示方法中有 06Cr19Ni10、S30408、SUS304 三种,其中 06Cr19Ni10 一般表示国标标准生产,S30408 一般表示 ASTM 标准生产,SUS 304 表示日标标准生产。为了保持不锈钢所固有的耐腐蚀性,钢必须含有 17% 以上的铬,8% 以上的镍含量。

304 不锈钢具有优良的不锈耐腐蚀性能和较好的抗晶间腐蚀性能,具有优良的冷热加工和成型性能,可以加工生产板、管、丝、带、型各种产品,适用于制造冷镦、深冲、深拉伸成型的工件。低温性能较好,在 -180℃ 条件下,强度、伸长率、断面收缩率都很好。具有良好的焊接性能,可采用通常的焊接方法焊接。但是 304 不锈钢也存在一些不足的地方,例如焊接后对晶间腐蚀敏感,在含氯离子水中(包括湿态大气)对应力腐蚀非常敏感,力学强度偏低,切削性能较差等。

304L 型不锈钢是碳含量较低的 304 不锈钢的变种,用于需要焊接的场合。较低的碳含量使得在靠近焊缝的热影响区中所析出的碳化物减至最少,而碳化物的析出,可能导致不锈钢在某些环境中产生晶间腐蚀(焊接侵蚀)。

(3)316 和 316L 不锈钢。316 不锈钢含有一定量的钼,而且镍含量也比 304 不锈钢高,故其耐蚀性、耐大气腐蚀性和高温强度更优良,可在更严格的条件下使用,尤其是抗点腐蚀能力大大优于 304 不锈钢,其临界点蚀温度明显高于 304 不锈钢,具有更好的点蚀温度抗力。研究表明,316 不锈钢的临界点蚀温度对 NaCl 溶液浓度从 0.1% 到 0.5% 的变化表现出明显的敏感性,在此区间,材料的临界点蚀温度从接近 90℃ 急剧下降到 50℃。而 304 不锈钢临界点蚀温度则对 NaCl 溶液浓度从 0.01% 到 0.05% 的变化就表现出明显的敏感性,在此区间,材料的临界点蚀温度从接近90℃急剧下降到55℃附近,从对氯离子敏感性的角度也能看出316不锈钢,在耐点蚀性能方面相对优于304不锈钢。

316L不锈钢是316不锈钢的变种,其碳含量不超过0.03%,耐碳化物析出的性能比316不锈钢更好,可用于焊接后不能进行退火和需要最大耐腐蚀性的用途中。

作为饰品用材料,为保证其良好的耐蚀性,优先选用316L不锈钢。钟表行业的高级手表表链、表壳等也主要选择该钢种。

2. 新型无镍/少镍奥氏体不锈钢

(1) 无镍/少镍奥氏体不锈钢的替代元素。传统铬镍奥氏体不锈钢是通过镍扩大奥氏体相区、延滞其转变而获得单相组织的。由于镍是一个致敏原,含镍不锈钢在与人体皮肤或组织长时间接触时,可能带来过敏风险。因此,研究开发对人体友好型无镍奥氏体不锈钢,成为当前金属生物材料、钟表材料、首饰材料研发领域的一个热点。

无镍不锈钢要获得单一的奥氏体组织,必须寻求能代替镍的奥氏体稳定化元素。合金元素对不锈钢组织的影响可折算为相应的铬当量Cr_{eq}和镍当量Ni_{eq},要获得单一奥氏体,避免出现δ铁素体,应合理选择各合金元素的成分配比,保证镍当量落在倾斜的阴影区以上的单相奥氏体区内。为此必须满足:

$$Ni_{eq} \geqslant Cr_{eq} - 8$$

其中Cr_{eq}、Ni_{eq}的计算公式为:

$$Cr_{eq} = Cr + 1.5Mo + 1.5W + 0.48Si + 2.3V + 1.75Nb + 2.5Al$$
$$Ni_{eq} = Ni + Co + 0.1Mn - 0.01Mn^2 + 18N + 30C$$

由此可知,在稳定奥氏体方面,比较经济的替代元素有碳、钴、锰和氮。碳扩大奥氏体相区的作用最强,但是它会使不锈钢敏化;钴稳定奥氏体的能力与镍一样,但它同样存在过敏的风险,因此它们都不适合作为主要的代镍元素。锰在一定范围内有稳定奥氏体的效果,但是当铬含量超过13%时,单独加锰不能获得单一奥氏体,而且当锰含量超过10%后,锰变成了铁素体稳定剂。氮是强烈的奥氏体稳定化元素,不锈钢中加入氮会抑制钢中铁素体相的形成,显著降低铁素体的含量,使奥氏体相更加稳定,甚至在剧烈冷加工硬化条件下避免发生应力诱发马氏体转变,因此氮是非常合适的代镍元素。但是Fe-Cr-N系的热动力学表明,铬含量为12%时,氮在一个狭窄范围内可获得奥氏体,超过此范围,会形成Cr_2N和CrN,铬含量高时,会形成铁素体、奥氏体和Cr_2N,合金在低温时效时也很容易出现Cr_2N,不能抑制马氏体转变。因此,需要在Fe-Cr-N中添加锰,利用氮和锰的协同作用,有利于获得稳定的奥氏体组织。

(2)高氮无镍/少镍奥氏体不锈钢的材质。德国、保加利亚、瑞士、奥地利、日本等国家对高氮不锈钢的研究开发非常重视,先后开发了一些新型高氮无镍不锈钢材料,如美国的 Carpenter Technology Corp 开发的 BioDur 108 alloy、德国 VSG 公司 P2000、奥地利 Bolher 公司开发的 P548、日本大同特殊钢公司开发的 NFS 等钢种(表5-3)。它们之中有部分已经进行商业化生产,应用于生物医学、钟表、首饰等产品上。但是,在生产细小精密器件时难以达到非常精确的加工程度,而且成本昂贵。

表5-3 几种高氮无镍不锈钢的化学成分

国家	牌号	化学成分/wt%				
		C	Cr	Mn	Mo	N
瑞士	PANACEA	≤0.15	16.5~17.5	10~12	3.0~3.5	0.8~1.0
奥地利	P548	0.15	16.0	10.0	2.0	0.5
保加利亚	CrMnN18-11	≤0.08	17~19	10~12	—	0.4~1.2
德国	P900	0.05	18.0	18.0	—	0.6~0.8
德国	P2000	≤0.05	16.0	14.0	3.0	0.75~1.0
日本	NFS	0.02	16.0	18.0	—	0.43
美国	BioDur 108 alloy		19~23	21~24	0.5~1.5	0.9

(袁军平,2012)

(3)高氮无镍/少镍奥氏体不锈钢的力学性能。传统含镍奥氏体不锈钢在固溶处理条件下属于低强度材料,常常通过冷加工来强化。在大程度变形期间,这些钢的一部分通过形变诱发马氏体转变,使材料具有了磁性。而高氮不锈钢的强度、塑性等力学性能与晶粒尺寸、氮含量有密切关系,抗拉强度和屈服强度均随着氮含量的增加而显著提高。表5-4列出了一些新型高氮奥氏体不锈钢的室温固溶态和加工态的力学性能,可以看出加工态的强度比固溶态显著提高,同时韧塑性仍保持在较高水平,不易形成铁素体和发生形变诱发马氏体转变。

氮提高不锈钢强度的途径主要有:固溶强化、晶粒尺寸强化和形变硬化。氮与碳一样占据了奥氏体面心立方晶格的八面体间隙,由于其原子半径比碳小,它具有更强的晶格膨胀作用。氮原子与位错交互作用,起到了更大的位错钉扎作用,对奥氏体晶界也能起到最大的强化作用。此外,细晶强化也是一个重要的强化途径,与304不锈钢相比,高氮奥氏体不锈钢的细晶强化效果显著得多。氮对奥氏体不锈钢的形变硬化作用也很显著,氮的增加导致滑移平面和形变孪晶增加,而活跃的滑移面和孪晶层则有效地阻止了位错运动和孪晶扩展,从而强烈地增大了奥氏体钢的形变硬化率。

表 5-4 典型高氮奥氏体不锈钢的室温力学性能

合金牌号	状态	抗拉强度/MPa	屈服强度/MPa	延伸率/%	断面收缩率/%	硬度
15-15HS®	固溶态	828	490	56	79	HRB95
Cromanite	固溶态	850	550	50		HB250
URANUS® B46	固溶态	650	420	40		
URANUS® B66	固溶态	750	420	50		
AL4565TM	固溶态	903	469	47		HRB90
Datalloy 2TM	固溶态	827	760	18	45	HRC33
P2000	固溶态	930	615	56.2	77.5	
NMS 140	加工态	1010~1117	876~1020	30~22	68~60	HB311-341
P550	加工态	1034	965	20	50	HB300-400
P580	加工态	1034	965	20	50	HB350-450
Amagnit 600	加工态	1034	965	20	50	HB300

(袁军平,2012)

(4)耐蚀性能。在含氯离子的环境中,氮能显著提高奥氏体不锈钢耐点腐蚀和缝隙腐蚀性能。为描述合金元素数量与腐蚀性能之间的关系,普遍应用点蚀当量来表示:

$$PRE = \%Cr + 3.3\%Mo + x\%N$$

其中 x 最常用的值为 16~30。因此,氮对于不锈钢的抗点蚀性能有良好的作用。但是关于氮的作用机理,目前还不是十分清楚,一般推测主要有如下机理。

1)酸消耗理论。氮在溶解时形成 NH_4^+,在形成过程中消耗 H^+,从而抑制 pH 值的降低,减缓溶液局部酸化和阳极溶解,抑制点蚀的自催化过程,更有利于钝化反应进行。

2)界面氮的富集。由于氮的活性大,氮在钝化膜金属界面靠近金属一侧富集,影响再钝化动力学,可迅速再钝化,从而抑制点蚀的稳定生长。

3)氮与其他元素的协同作用。氮的加入使钝化膜次表层进一步富铬,提高了膜的稳定性和致密性。氮强化铬、钼等元素在奥氏体不锈钢中的耐蚀作用,抑制铬、钼等的过钝化溶解,可在局部腐蚀过程中形成更有抗力的表层。

(5)生物相容性。高氮无镍奥氏体不锈钢具有良好的抗腐蚀能力,特别是抗点蚀和晶间腐蚀的能力好,而且具有较高的耐磨性。钢中没有镍元素的存在,从而可避免镍元素在人体内及体表析出造成的致敏性及其他组织反应,表现出良好的生物相容性。

三、不锈钢饰品的特点

不锈钢饰品具有许多优点:

(1)不锈钢的金属光泽与铂金的光泽很接近,既高贵典雅,又具有现代感。

(2)不锈钢具有良好的耐蚀性、耐热性,可以抵抗灰尘的腐蚀,很容易清洁,只需要一块干布,不需要抛光布或者清洁剂。

(3)不锈钢的硬度高于白银,不容易变形,不像银或者别的金属那样容易氧化,长期佩戴都能够保持光泽平滑及吸引人的外观,适合加工更加简约的款式而不会有变形的困扰。

(4)不锈钢可以通过不同的方式呈现给大家不同的款式,通常会是很光滑或者是磨沙的表面。

(5)不锈钢饰品的价格是大众容易接受的。银的价格在过去几年里已经大幅上升。而不锈钢仍然保持可接受的水平。

(6)不锈钢具有优良的着色性能,可以通过化学氧化着色法、电化学氧化着色法、离子沉积氧化物着色法、高温氧化着色法、气相裂解着色法等多种工艺方法进行着色,大大丰富了饰品的表面装饰效果。

四、不锈钢饰品的类别

不锈钢饰品的范围极广,常见的类别有戒指、手链、手镯、耳环、吊坠、袖扣以及穿刺饰品等。

不锈钢戒指

不锈钢手镯

不锈钢手链

不锈钢耳环

不锈钢吊坠

不锈钢袖扣

不锈钢脐环

第二节　钛合金饰品

一、钛合金简介

1. 钛的发现

钛是英国化学家格雷戈尔（Gregor R W，1762—1817），在 1791 年研究钛铁矿和金红石时发现的。四年后，1795 年德国化学家克拉普罗特（Klaproth M H，1743—1817），在分析匈牙利产的红色金红石时也发现了这种元素。他主张采取为铀（1789 年由克拉普罗特发现的）命名的方法，引用希腊神话中太旦神族"Titans"的名字，给这种新元素起名叫"Titanium"。中文按其译音定名为钛。

格雷戈尔和克拉普罗特当时所发现的钛是粉末状的二氧化钛，而不是金属钛。因为钛的氧化物极其稳定，而且金属钛能与氧、氮、氢、碳等直接激烈地化合，所以单质钛很难制取。直到 1910 年才被美国化学家亨特（Hunter M A）第一次制得纯度达 99.9% 的金属钛。

2. 钛的性质

纯净的钛具有银白色的金属光泽，有延展性。密度 $4.51g/cm^3$，熔点 1668℃，沸点 3287℃。化合价 +2、+3 和 +4。钛的主要特点是密度小，机械强度大。钛的塑性主要依赖于纯度。钛越纯，塑性越大。有良好的抗腐蚀性能，不受大气和海水的影响。在常温下，钛在空气中稳定，不会被稀盐酸、稀硫酸、硝酸或稀碱溶液所腐蚀；只有氢氟酸、热的浓盐酸、浓硫酸等才可对它作用。由于钛具有密度小、比强度高、耐高温、耐腐蚀等优良的特性，钛合金是制做火箭发动机的壳体及人造卫星、宇宙飞船的好材料。钛有"太空金属"之称。由于钛有这些优点，所以 20 世纪 50 年代以来，一跃成为突出的稀有金属。

由于钛的耐腐蚀性、稳定性高，使它在和人长期接触以后也不影响其本质，不会造成人的过敏，它是唯一对人类植物神经和味觉没有任何影响的金属。钛在医学上有着独特的用途，又被称为"亲生物金属"。

由于钛的熔点很高，需要在高温下进行冶炼钛，而在高温下钛的化学性质又变得很活泼，因此冶炼要在惰性气体保护下进行，还要避免使用含氧材料，这就对冶炼设备、工艺提出了很高的要求。

3. 钛合金的主要类别

根据合金的组成状况，钛分为工业纯钛和钛合金两类。工业纯钛有 TA1、TA2 和 TA3 三类，钛合金是以钛为基加入其他元素组成的合金，有 TA4～

TA8、TB1～TB2、TC1～TC10 等多种类别,其中工业上使用最广泛的钛合金是 TC4、TA7 和工业纯钛(TA1、TA2 和 TA3)。各种钛合金的主要化学成分如表 5-5 所示,允许杂质元素含量如表 5-6 所示,各种钛合金材料的机械性能如表 5-7 所示。

表 5-5 钛合金的主要化学成分

牌号	主 要 成 分(质量分数)(%)										
	Ti	Al	Cr	Mo	Sn	Mn	V	Fe	Cu	Si	Zr	B
TA0	基											
TA1	基											
TA2	基											
TA3	基											
TA4	基	2.0~3.3										
TA5	基	3.3~4.3										0.005
TA6	基	4.0~5.5										
TA7	基	4.0~5.5			2.0~3.0				2.5~3.2		1.0~1.5	
TA8	基	4.5~5.5			2.0~3.0							
TB1	基	3.0~4.0	10.0~11.5	7.0~8.0								
TB2	基	2.5~3.5	7.5~8.5	4.7~5.7			4.7~					
TC1	基	1.0~2.5				0.8~2.0						
TC2	基	2.0~3.5				0.8~2.0						
TC3	基	4.5~6.0					3.5~4.5					
TC4	基	5.5~6.8					3.5~4.5					
TC5	基	4.0~6.2	2.0~3.0									
TC6	基	4.5~6.2	1.0~2.5	1.0~2.8				0.5~1.5				
TC7	基	5.0~6.5	0.4~0.9					0.25~0.60	0.25~0.60			0.01
TC8	基	5.8~6.8		2.8~3.8						0.20~0.35		
TC9	基	5.8~6.8		2.8~3.8						0.20~0.40		
TC10	基	5.5~6.5			5.5~6.5			0.35~1.0	0.35~1.0			

(谢成木,2005;张喜燕等,2005)

表 5-6 钛合金的允许杂质元素含量

牌号	杂质不大于(质量分数)(%)					
	Fe	Si	C	N	H	O
TA0	0.03	0.3	0.03	0.01	0.015	0.05
TA1	0.15	0.1	0.05	0.03	0.015	0.1
TA2	0.3	0.15	0.1	0.05	0.015	0.15
TA3	0.3	0.15	0.1	0.05	0.015	0.15
TA4	0.3	0.05	0.1	0.05	0.015	0.15
TA5	0.3	0.15	0.1	0.04	0.015	0.15
TA6	0.3	0.15	0.1	0.05	0.015	0.15
TA7	0.3	0.15	0.1	0.05	0.015	0.2
TA8	0.3	0.15	0.1	0.05	0.015	0.15
TB1	0.3	0.15	0.1	0.04	0.015	0.15
TB2	0.3	0.05	0.05	0.04	0.015	0.15
TC1	0.4	0.15	0.1	0.05	0.015	0.15
TC2	0.4	0.15	0.1	0.05	0.015	0.15
TC3	0.3	0.15	0.1	0.05	0.015	0.15
TC4	0.3	0.15	0.1	0.05	0.015	0.15
TC5	0.5	0.4	0.1	0.05	0.015	0.2
TC6		0.4	0.1	0.05	0.015	0.2
TC7			0.1	0.05	0.025	0.3
TC8			0.1	0.05	0.015	0.15
TC9			0.1	0.05	0.015	0.15
TC10		0.15	0.1	0.04	0.015	0.2

(谢成木,2005;张喜燕等,2005)

表 5-7 钛合金的机械性能

牌号	状态	室温性能				高温性能			备注
		σ_b MPa	δ %	ψ %	a_k MJ/m²	T ℃	σ_b MPa	σ_{100} MPa	
TA0	退火								
TA1	退火	350	25	50	0.8				棒材
TA2	退火	450	20	45	0.7				棒材
TA3	退火	550	15	40	0.5				棒材
TA4	退火								棒材
TA5	退火	700	15	40	0.6				棒材
TA6	退火	700	10	27	0.3	350	430	400	棒材
TA7	退火	800	10	27	0.3	350	500	450	棒材
TA8	淬火时效	1 000	10	25	0.2~0.3	500	700	500	棒材
TB1	淬火时效	≤1 000	18	30	0.3				棒材
TB1	淬火时效	1 300	5	10	0.15				棒材
TB2	淬火时效	≤1 000	18	40	0.3				棒材
TB2	淬火时效	1 400	7	10	0.15				棒材
TC1	退火	600	15	30	0.45	350	350	300	棒材
TC2	退火	700	12	30	0.4	350	430	400	棒材
TC3	退火	900	10			400	600	550	板材(1.0~2.0)
TC4	退火	950	10	30	0.4	400	630	580	棒材
TC5	退火	950	10	23	0.3	400	600	560	棒材
TC6	退火	950	10	23	0.3	450	600	550	棒材
TC7	退火	1 000	10	23	0.35	550	600		棒材
TC8	退火	1 050	10	30	0.3	450	720	700	棒材
TC9	退火	1 140	10	25	0.3	500	650	620	棒材
TC10	退火	1 050	12	25					
TC10	退火	1 050	12	30					

(谢成木,2005;张喜燕等,2005)

4. 合金元素对钛合金性能的影响

钛有两种同质异晶体:882℃以下为密排六方结构α钛,882℃以上为体心立方的β钛。合金元素根据它们对相变温度的影响可分为三类。

(1)稳定α相:提高相转变温度的元素为α稳定元素,有铝、碳、氧和氮等。其中铝是钛合金主要合金元素,它对提高合金的常温和高温强度、降低比重、增加弹性模量有明显效果。

(2)稳定β相:降低相变温度的元素为β稳定元素,又可分同晶型和共析型两种。前者有钼、铌、钒等;后者有铬、锰、铜、铁、硅等。

(3)对相变温度影响不大的元素为中性元素,有锆、锡等。

(4)氧、氮、碳和氢是钛合金的主要杂质。氧和氮在α相中有较大的溶解度,对钛合金有显著强化效果,但却使塑性下降。通常规定钛中氧和氮的含量分别在 0.15%～0.2% 和 0.04%～0.05% 以下。氢在α相中溶解度很小,钛合金中溶解过多的氢会产生氢化物,使合金变脆。通常钛合金中氢含量控制在 0.015% 以下。氢在钛中的溶解是可逆的,可以用真空退火除去。

5. 钛合金的特点

(1)比强度高,抗拉强度可达 1 000～1 400MPa,而密度仅为钢的 60%。

(2)中温强度好,使用温度比铝合金高几百度,在中等温度下仍能保持所要求的强度,可在 450～500℃ 的温度下长期工作。

(3)耐蚀性好,在大气中钛表面立即形成一层均匀致密的氧化膜,有抵抗多种介质侵蚀的能力。通常钛在氧化性和中性介质中具有良好的耐蚀性,在海水、湿氯气和氯化物溶液中的耐蚀性能更为优异。

(4)低温性能好,即使在很低的温度下还能保持一定的塑性。

(5)弹性模量低,热导率小,无铁磁性。

二、饰用钛合金

用于饰品制作的钛合金一般为工业纯钛,工业纯钛与化学纯钛不同之处是:它含有较多的氧、氮、碳及多种其他杂质元素(如铁、硅等),它实质上是一种低合金含量的钛合金。与化学纯钛相比,由于含有较多的杂质元素使其强度大大提高,它的力学性能与化学性质与不锈钢相似(但和钛合金相比,强度仍然较低)。

工业纯钛的特点是:强度不高,但塑性好,具有一定的加工成型性能,可采用冲压、焊接、切割加工等工艺;在大气、海水、湿氯气及氧化性、中性、弱还原性介质中具有良好的耐蚀性,抗氧化性优于大多数奥氏体不锈钢,但耐热性较差,使用温度不太高。

工业纯钛按其杂质含量的不同,分为 TA1、TA2 和 TA3 三个牌号。这三种工业纯钛的间隙杂质元素是逐渐增加的,故其机械强度和硬度也随之逐级增加,但塑性、韧性相应下降。

饰品行业常用的工业纯钛是 TA2,因其耐蚀性能和综合力学性能适中,当对耐腐和强度要求较高时可采用 TA3,对成型性能要求较好时可采用 TA1。

目前国内有许多称为钛钢饰品,用的材料不是钛,而是不锈钢,为吸引人称为钛钢,有些甚至称为钛合金饰品,其实是不含钛的不锈钢饰品。钛钢与不锈钢是两种不同的材料,可以简单地区别出来:

(1)从重量区分,钛比钢轻,体积一样大小,钛只相当于钢的一半左右,钛密度是 $4.5g/cm^3$,钢是 $7.845g/cm^3$。

(2)从颜色上区分,钛比钢暗一点,而钢的颜色更白一些,两种颜色很明显可以看得出来。

三、钛合金饰品的特点

1. 本质特点

(1)轻。钛的比重是 4.5,约为不锈钢、钴、铬等合金的一半,比金、银更是轻了许多,在制作耳坠、项链等饰品时优势明显。

(2)钛具有良好的耐腐蚀性。钛是极活泼的元素,极易与氧反应,生成 TiO_2,但是钛表面生成的几个到几十纳米的氧化膜极其完整致密,具有局部破坏后在瞬间的自修复能力,并且在大多数环境中是稳定的,这就是钛的耐腐蚀性的理论基础。在饰品上它所体现的优势是不腐蚀、不变色、能长久保持良好的光泽,而且不怕水。

(3)钛能着色。钛金属有一个很有趣的特征,将钛置于电解液中通上一定电流,其表面就会被电解化上一层氧化膜,而氧化膜的厚薄可决定颜色的变化,而并无需外加元素。现在可做的颜色有金、黑、蓝、褐、花等各种颜色。它的这一特性,可使饰品设计更多彩、更时尚。

(4)钛不易变形,不用重新整形。钛硬度高,不易变形,不象普通金银饰品等佩戴一段时间后需要重新整形。

2. 时尚前卫特点

(1)新材料标志。钛制饰品的出现是新材料打破传统的、古老的金银饰品统治饰品行业的标志。饰品除了装饰以外,早已成为地位、身份的象征,作为第三种金属——钛,进入饰品行业,更为饰品增添了健康、雅致和时尚的魅力。

(2)女性精神标志。钛金属质地非常轻盈,却又十分坚韧,代表都市女性轻盈、唯美而又坚韧。

(3)男性精神标志。1795年德国科学家克拉普鲁斯在研究金红石时发现了钛,他用古希腊神话中的大地之子泰坦(titan)来命名,而"泰坦"精神与勇往直前是同一个意思,它的天然强度和质地有如泰坦一样的英雄气概,彰显都市男性有如大地之子的"泰坦"精神。

(4)爱情象征标志。钛极具耐腐蚀,它不像银会变黑,在常温下终身保持本身的色调。情侣饰品代表爱情的忠贞、永不背叛、始终如一的至尊品质。

3. 健康特点

钛金属对人体无任何损害。经医学实践证明:钛制器官可以长期植入于人体内部,可见其无害于人体的神奇。钛饰品在与人体长期接触后,既不会产生过敏,也不会对皮肤、神经与味觉产生不良影响,具有良好的生物相容性与稳定性。因此,钛金属也被称为亲生物金属。对人体无害,对于皮肤过敏的现代人来说可成其首选饰品。

4. 航空特点

钛又叫太空金属。在我国航天事业迅速发展的今天,国民必将对航空事业给予更大的关注,而钛作为航天器和首选材料,必将在航天热的带动下进入现代人的生活。在"神舟"飞船一次次的遨游太空中,钛可以做为普通人纪念我国航天事业的标志。

四、钛合金饰品的类别

由于钛特有的银灰色调,不论是高抛光、丝光、亚光都有很好的表现,是除贵金属铂、金以外最合适的饰品金属,在国外现代饰品设计中经常使用,是国际上流行的饰品用材,备受年轻白领的推崇。此外,钛工艺品是目前市场上的新一代高档礼品,它是传统工艺和现代科学技术生动结合的结晶,既有实用价值和贮存价值,又有观赏价值和艺术价值,是一种馈赠朋友、出国访问所必备的高档礼品。

目前钛饰品主要的产品系列有以下九种。

(1)钛戒指。这是其最主要的产品,包括刻字、镶石、镀色、镂空、雕花、简约、刻饰等系列。

(2)钛吊坠。

(3)钛链。包括手链、项链,而以手链为主。

(4)钛袖扣、领带夹等。

(5)耳环与人体穿刺饰品。人体穿刺饰品在国外相当流行,国内刚起步;钛金属对人体无任何损害而首先迎合了健康、长寿的追求。经医学实践证明:钛制器官可以长期植入于人体内部,可见其无害于人体的神奇。

(6)钛手表。

(7)钛与锗等其他金属相结合的健康产品。主要是钛系列的保健产品,目前该类产品主要靠进口,价格相当贵;钛饰品能促进血液循环,提高自然治愈能力,锗也可能代替氧的机能性能,在接触皮肤后从温度约上升0.5℃开始,可能使血液的流通变好并协助血中的废物(阳离子、质子)顺利排出。锗可以将体内电位恢复于正常平衡状态,对此现象的一种解释是,锗可能根据体温能源开始将电子移动至最外侧的轨道,使游离的电子能自由进出,使神经电路的电位平衡的混乱和异常电位能回归正常运作。这个半导体电子作用可能促使了神经细胞的活化,缓和身体的不适症状。

(8)生活用品系列,范围非常广。例如有钛眼镜架、钛文房四宝、钛拐杖、钛宝剑、钛烟缸、钛版画、钛酒具、钛餐具等。

(9)运动用品系列。如高尔夫球杆、网球拍、羽毛球拍等。

由此可以看出,钛饰品已经具备一定的产品系列,不是单一的,其产品有一定深度,可供选择的余地很大,这有利于其迅速流行起来。

五、钛饰品的市场状况

钛饰品是一项正在兴起,并逐渐为越来越多的人所认识和接受的新型饰品产品。因为钛金属拥有诸多的优良特性,非常适合成为饰品加工用材,随着加工技术的提高,钛饰品从2000年开始在国际上快速流行起来。事实上,现在已经有很多人接受钛作为一种生产饰品的金属,钛饰品的需求亦在每年递升。一些世界知名的珠宝品牌也开始推出钛饰品,可为钛金属产品凝聚注意力以及刺激需求。

由于钛的加工技术要求很高,用常规设备很难浇铸成形,用普通工具又很难将它焊接起来,所以形成生产规模有相当大的困难。而国内制作钛饰品工艺和相关知识不甚普及,因此钛饰品虽然在西方国家流行已久,但对中国人来说还是新事物,其在国内的生产能力不高,目前国内钛制品的消费才刚刚起步,与传统的金银饰品相比根本不在同一级别上,目前正处于市场拓展期,但这正是一个难得的机会。饰品材质多样化将是市场大势所趋,钛作为第三种金属,以其故有的特性必将打破传统的金银饰品一统天下的格局。

钛戒指

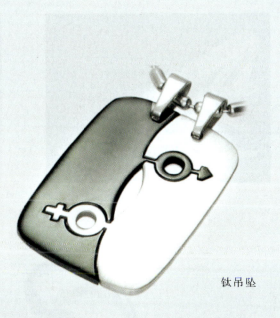

钛吊坠

钛手链

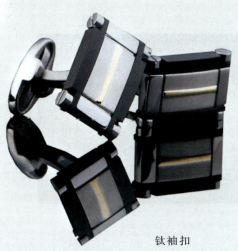

钛袖扣

钛领带夹

钛耳环

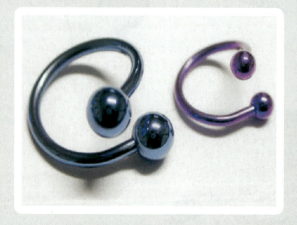
钛脐环

钛手表

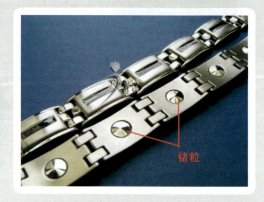
镶锗粒的钛保健手链

第三节 不锈钢和钛合金饰品的成型工艺

一、机械成型工艺

不锈钢和钛合金饰品广泛采用机械成型工艺,这与其材料特点有密切关系,不锈钢和钛合金的熔点很高,铸造成型难度大,而饰品用不锈钢和钛合金的硬度较低,具有一定的塑性加工性能,采用合适的机械加工工艺参数和加工设备,可以获得高质量的饰品。

(一)机械加工成型

在不锈钢和钛合金饰品生产中,对于一些结构较简单的饰品,可以直接加工成型,常用的方法有机床加工成型、电火花成型和蚀刻成型。

1.切削成型

利用车床将不锈钢或钛合金型材直接加工成饰品,在戒圈和手镯饰品中最为常见,占了极大比例。图5-1和图5-2分别是利用车床车削成型的不锈钢戒指和钛合金戒指。

图5-1 利用车床车削的不锈钢戒指　　图5-2 利用车床车削成型的钛合金戒指

由于不锈钢和钛合金各自的材料特点,车削时有一定的困难,需要根据材料的特性,选择和制定相应的加工参数,才能保证饰品的加工精度和表面质量。

(1)不锈钢戒圈的切削加工。在实际生产中,不锈钢的加工是比较困难的,如果掌握不了它的特性,在切削过程中不仅得不到理想的加工质量,而且还会大量损坏刀具。

不锈钢切削加工困难的原因,主要来自以下五个方面。

1)不锈钢的综合机械性能高。由于不锈钢中含有较高的铬、镍等合金元素,使材料的机械性能有了很大改变。从各项机械性能指标综合来看,不锈钢的机械性能具有区别于一般钢材的特点,其强度性能指标和塑性韧性指标同时偏高。这样,在一定程度上就形成了不锈钢难切削加工的特性。

2)切屑粘附性强,易产生刀瘤。不锈钢有较高的粘附性,车削时会使材料"粘结"在刀具上面,产生"刀瘤"。

3)导热率低,切削热不能及时传散。传入刀具的热量可达20%,刀具的切削刃易产生过热,失去切削能力。

4)切屑不易折断。在金属切削加工过程中,塑性材料(韧性材料)切屑的形成过程,是经历挤压、滑移、挤裂和切离四个阶段。由于不锈钢的延伸率、断面收缩率和冲击值一般都偏高,特别是饰品用304(L)和316(L)奥氏体铬镍不锈钢,延伸率和韧性都很好,切削过程中切屑不易卷曲和折断。特别是镗孔、钻孔、切断等工序的切削过程中,排屑困难,切屑易划伤已加工表面。

5)加工硬化倾向强,使刀具易于磨损。奥氏体不锈钢的加工倾向较强,加工硬化层的硬度较高,且具有一定的加工硬化深度,增加了加工难度和刀具磨损。

不锈钢切削中应采取的措施如下。

一是选择切削刀具的合理几何形状,使切削变形容易,切削力减小,切屑容易顺利形成和排出。不同的刀具,对切削部分的几何形状应有以下要求:

①前角。采用较大的前角,以降低切削力和切削热,减小切削时的振动,减弱加工硬化效应。根据刀具类型、刀具材料和切削条件,前角一般可以选择$12°$~$30°$;同时采用正的刃倾角,以加强刀尖强度;在主切削刃上磨出负倒棱,以加强刀刃。

②前面的形状。加工不锈钢时,由于材料比较韧软,切屑在形成和卷曲过程中和刀具的前面发生强烈的摩擦,并使刀具前面逐渐形成一个月牙窝。月牙窝的中心,就是切屑对刀具前面的压力中心。根据上述特点,预先在刀具的前面上刃磨出圆弧卷屑槽,以减缓刀刃的磨损,增强刀尖的强度。

③后角。后角对切削过程的影响,一般不如前角敏感。但是,由于不锈钢切削过程中金属变形大,如果刀具的后角小,易与工件表面发生严重的摩擦,使加工表面粗糙度增大,加工硬化、刀具磨损程度加剧。同时,使以后的切削加工条件恶化。当车刀的后角$α<6°$时,工件加工表面出现拉毛现象。特别是当进给量和背吃刀量都较小时,这种现象更为严重。因此,切削不锈钢时一般选用后角

稍大。但如后角过大,切削刃的强度会降低。

二是选用合适的刀具材料。由于不锈钢材料的本身特点,切削加工时要求刀具切削部分的材料具有较高的耐磨性、红硬性,注重选择其坚韧性往往比耐用磨性更重要。

三是切削用量选择要点。在选择切削用量时,应注意考虑以下因素:要根据不锈钢及各类毛料的硬度等来选择切削用量;要根据刀具材料、焊接质量和车刀的刃磨条件来选择切削用量;要根据零件直径大小、加工余量的大小和车床精度等来选择切削用量。

四是对冷却润滑的要求。用作切削不锈钢的冷却液既要有高的冷却性能,以带走大量的热量;又要有较高的润滑性能,能起到较好的外润滑作用;还应有较好的渗透性,以起到楔裂、扩散和内润滑作用;此外还应有较好的洗涤性能和供给方式,以满足排屑的需要。

(2)钛合金戒圈的切削加工。钛合金切削加工性能差的原因,可以从切削的刀具耐用度、加工表面的质量及切削形成和排除的难易程度等方面来衡量。钛及钛合金材料难加工的原因,主要表现在以下方面。

1)导热导温系数低。钛合金材料导热导温系数小,仅为铝及铝合金热导率的1/15,是钢热导率的1/5,并小于不锈钢和高温合金的导热系数。低的导热、导温率使它在切削加工中产生较大的温差和较大的热应力,造成切削热量不易散发,还会产生加工粘结现象。

2)切削与前刀面接触小,刀刃部位应力大,使刀刃应力集中,刀具易磨损损伤。

3)化学活性高,加工过程中会形成氧化层,这种氧化层非常坚硬,加快刀具的磨损。

4)摩擦系数大,弹性模量小,屈服强度比大,使已加工产品表面产生较大的回弹变形,从而影响产品的加工精度。

钛合金的切削加工中,采取的措施与不锈钢类似,但是由于钛合金材料的特殊性,在切削加工时要注意以下三点。

一是切削机床和夹具的选择。切削机床应选择功率大、刚性好、具有大的变速范围和进给量范围。夹具刚性要好,精加工时夹紧力不要过大,减小加工零件的变形量,保证加工精度。

二是刀具材料的选择。在切削高强度高韧性钛合金的过程中,刀具受到的切削力很大,有时甚至会出现工件的反切削作用的现象。坚硬的氧化层能使硬质合金刀片面受损。这就要求刀具材料在高温下仍能保持足够的硬度和良好的耐磨性、耐热性。因此,切削钛合金时,应优先选择硬质合金刀具,只有当切削速度较低的时候,才选用高速钢刀具。注意决不能使用含钛的刀具材料,因为含钛的刀具材料在高温下很容易与钛合金亲合,造成刀具很快磨损。

三是正确选择切削用量。包括切削速度、切削深度和进给量,能有效提高加工效率,降低生产成本。硬质合金刀具切削温度应控制在600～800℃内,高速钢刀具切削温度应控制在450～560℃内。

2. 电火花成型

(1)电火花加工简介。电火花加工是在液体介质中进行的,机床的自动进给调节装置使工件和工具电极之间保持适当的放电间隙,当工具电极和工件之间施加很强的脉冲电压(达到间隙中介质的击穿电压)时,会击穿介质绝缘强度最低处。由于放电区域很小,放电时间极短,所以能量高度集中,使放电区的温度瞬时高达10 000－12 000℃,工件表面和工具电极表面的金属局部熔化,甚至汽化蒸发。局部熔化和汽化的金属在爆炸力的作用下抛入工作液中,并被冷却为金属小颗粒,然后被工作液迅速冲离工作区,从而使工件表面形成一个微小的凹坑。一次放电后,介质的绝缘强度恢复等待下一次放电。如此反复使工件表面不断被蚀除,并在工件上复制出工具电极的形状,从而达到成型加工的目的。

电火花加工包括多种形式,例如有电火花成型、电火花线切割、电火花磨削、电火花穿孔,以及各种专门用途的电火花加工等。

在不锈钢和钛合金饰品生产中,电火花加工应用极为广泛,主要有两个方面:一是利用电火花线切割直接加工饰品;二是利用电火花切割和电火花成型制作模具后进行饰品的冲压、油压生产。

(2)电火花线切割。电火花线切割加工(Wire cut Electrical Discharge Machining,WEDM),有时又称线切割。其基本工作原理是利用连续移动的细金属丝(称为电极丝)作电极,对工件进行脉冲火花放电蚀除金属、切割成型。它主要用于加工各种形状复杂和精密细小的工件,例如冲裁模的凸模、凹模、凸凹模、固定板、卸料板等,成形刀具、样板、电火花成型加工用的金属电极,各种微细孔槽、窄缝、任意曲线等。具有加工余量小、加工精度高、生产周期短、制造成本低等突出优点,已在生产中获得广泛的应用,目前国内外的电火花线切割机床已占电加工机床总数的60%以上。

根据电极丝的运行速度不同,电火花线切割机床通常分为两类:一类是高速走丝电火花线切割机床,其电极丝作高速往复运动,一般走丝速度为8～10m/s,电极丝可重复使用,加工速度较高,但快速走丝容易造成电极丝抖动和反向时停顿,使加工质量下降;另一类是低速走丝电火花线切割机床,其电极丝作低速单向运动,一般走丝速度低于0.2m/s,电极丝放电后不再使用,工作平稳、均匀、抖动小、加工质量较好,但加工速度较低。

饰品生产中常通过线切割形成装饰图案,如图 5-3 的不锈钢吊坠图案示例。

(二)模具冲压(油压)成型

模具冲压(油压)成型工艺是生产不锈钢饰品和钛合金饰品的主要方法,大部分吊坠、耳环、手链等饰品都是通过这种工艺成型的。

1. 冲压工艺简介

冲压是利用压力机和模具对金属板材、带材、管材和型材等施加外力,使之产生塑性变形或分离,清晰地复制出模具的表面形状,从而获得所需形状和尺寸的工件(冲压件)的成形加工方法。与传统的熔模铸造

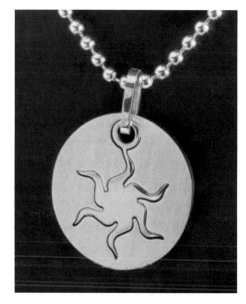

图 5-3 线切割不锈钢吊坠图案

饰品工艺相比,冲压可在短时间内大量、经济地反复生产同种产品,而且产品的表面光洁、质量稳定,大大减少了后续工序的工作量,提高了生产效率,降低了生产成本。因此,冲压工艺在饰品制作行业受到了越来越多的重视,其应用也越来越广泛。

2. 冲压饰品的特点及适用性

冲压饰品具有以下特点:

(1)与熔模铸造饰品相比,冲压件具有薄、匀、轻、强的特点,利用冲压的方法可以大大减少工件的壁厚。

(2)冲压方式生产的饰品孔洞少,表面质量好,提高了饰品的质量,降低了废品率。

(3)批量生产时,冲压工艺生产效率高,劳动条件好,生产成本低。

(4)模具精密度高时,冲压饰品的精度高,且重复性好、规格一致,大大减少了修整、打磨、抛光的工作量。

(5)冲压可以实现较高的机械化、自动化程度。

但是,能否采用冲压工艺生产饰品,需要具体考虑以下条件。

一是饰品的结构应具有良好的冲压工艺性,要尽量避免带小孔、窄槽、夹角,底部镂空的结构不能冲压,要设计拔模斜度。冲压件的形状要尽量对称,以避免应力集中和偏心受载、模具磨损不均等问题。饰品的厚度不可过大,壁厚差别不

应过大。

二是饰品应当具有相当的生产批量,由于冲压工艺生产时,需制作专用模具,周期较长,模具成本也较高,因此生产批量小时,生产成本不具有优势。

三是不锈钢和钛合金的强度较高,要求在挤压过程中材料在型腔内的流动性能好,特别是边、角、棱处要求填充到位,不产生塌角、塌棱、塌边的严重缺陷。需要较大的冲力或压力,为此选用的冲压机械要有足够的力度,模具材料要有足够的强度,为冲压作支承和定位的点、面尺寸精确。

3. 冲压饰品的主要工艺过程

(1) 分析冲压件的工艺性。产品零件图是制订冲压工艺方案和模具设计的重要依据,制订冲压工艺方案要从产品的零件图入手。分析零件图包括技术和经济两个方面:冲压加工的经济性分析,根据冲压件的生产纲领分析产品成本,阐明采用冲压生产可以取得的经济效益;冲压件的工艺性分析,是指该零件冲压加工的难易程度。技术方面,主要分析该零件的形状特点、尺寸大小、精度要求和材料性能等因素是否符合冲压工艺的要求。如果发现冲压工艺性差,则需要对冲压件产品提出修改意见,经产品设计者同意后方可修改。

(2) 确定冲压件的成形工艺方案。在分析了冲压件的工艺性之后,通常在对工序性质、工序数目、工序顺序及组合方式的分析基础上,制定几种不同的冲压工艺方案。分别从产品质量、生产效率、设备占用情况、模具制造的难易程度和模具寿命高低、工艺成本、操作方便和安全程度等方面,进行综合分析、比较,确定适合于工厂具体生产条件的最经济合理的工艺方案。

然后,依据所确定的零件成形的总体方案,确定并设计各道冲压工序的工艺方案。包括完成各工序成形的加工方法;各工序的主要工艺参数;根据各冲压工序的成形极限,进行必要的成形工艺计算;确定各工序的成形力,计算各工序的材料、能源、工时的消耗定额等;计算并确定每个工序件的形状和尺寸,绘出各工序图。

(3) 确定冲压模具的结构形式。冲压模具是将材料加工成零件(或半成品)的一种特殊工艺装备,是冲压生产必不可少的工艺装备。冲压件的质量、生产效率以及生产成本等,与模具设计和制造有直接关系。模具设计与制造技术水平的高低,是衡量一个国家产品制造水平高低的重要标志之一,在很大程度上决定着产品的质量、效益和新产品的开发能力。

冲压模具的形式很多,一般可按以下两个主要特征分类。

1) 根据工艺性质分类如下。

冲裁模:沿封闭或敞开的轮廓线使材料产生分离的模具。如落料模、冲孔模、切断模、切口模、切边模、剖切模等。

弯曲模：使板料毛坯或其他坯料沿着直线（弯曲线）产生弯曲变形，从而获得一定角度和形状的工件的模具。

拉深模：是把板料毛坯制成开口空心件，或使空心件进一步改变形状和尺寸的模具。

成形模：是将毛坯或半成品工件按图凸、凹模的形状直接复制成形，而材料本身仅产生局部塑性变形的模具。如胀形模、缩口模、扩口模、起伏成形模、翻边模、整形模等。

2）根据工序组合程度分类如下。

单工序模：在压力机的一次行程中，只完成一道冲压工序的模具。

复合模：只有一个工位，在压力机的一次行程中，在同一工位上同时完成两道或两道以上冲压工序的模具。

级进模（也称连续模）：在毛坯的送进方向上，具有两个或更多的工位，在压力机的一次行程中，在不同的工位上逐次完成两道或两道以上冲压工序的模具。

饰品冲压模具一般由两类部件组成，第一类是工艺零件，这类零件直接参与工艺过程的完成，并和坯料有直接接触，包括有工作零件、定位零件、卸料与压料零件等；第二类是结构零件，这类零件不直接参与完成工艺过程，也不和坯料有直接接触，只对模具完成工艺过程起保证作用，或对模具功能起完善作用，包括有导向零件、紧固零件、标准件及其他零件等。冲压模具制作过程如图5-4所示。

（4）选择冲压设备。冲压设备类型的选择主要依据完成的冲压性质、生产批量、冲压件尺寸及精度要求等进行；设备技术参数选择的主要依据是冲压件尺寸、变形力大小及模具尺寸等。

（5）编写冲压工艺文件。为了科学地组织和施行生产，在生产中准确地反映工艺过程设计中确定的各项技术要求，保证生产过程的顺利进行，必须根据不同的生产类型，编写详细的工艺文件，一般以工艺过程的形式表示，内容包括：工序名称、工序次数、工序草图（半成品形状和尺寸）、所用模具、所选设备、工序检验要求、板料规格和性能、毛坯形状和尺寸等。

（6）冲压饰品生产。按照已制定的冲压工艺参数，利用冲压设备将材料冲压成型。

4. 提高冲裁件断面质量的措施

饰品冲压的工序过程按工艺分类，可分为成形工序和分离工序两大类。成形工序的目的是使板料在不破坏的条件下发生塑性变形，制成所需形状和尺寸的工件。分离工序也称冲裁，其目的是使冲压件沿一定轮廓线从板料上分离，同时保证分离断面的质量要求。冲裁的断面质量取决于受冲裁条件和材料本身的性质，如刃口间隙及刃口形状、刃口的锋利程度、冲裁力、润滑条件、板料的质量

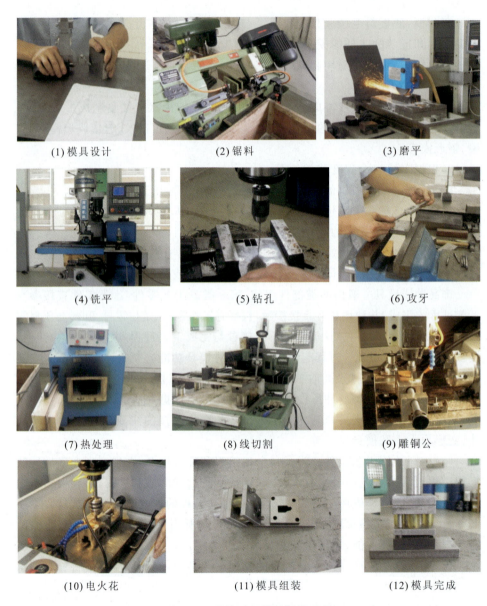

(1) 模具设计　　　　　(2) 锯料　　　　　(3) 磨平

(4) 铣平　　　　　(5) 钻孔　　　　　(6) 攻牙

(7) 热处理　　　　　(8) 线切割　　　　　(9) 雕铜公

(10) 电火花　　　　　(11) 模具组装　　　　　(12) 模具完成

图 5-4　首饰冲压模具制作过程

和性能等。冲压生产要求冲裁件有较大的光亮带,尽量减少断裂带区域的宽度,这关键在于采取措施增加塑性变形,推迟剪裂纹的发生。例如,减小冲裁间隙;用压料板压紧凹模面上的条料;对凸模下面的条料用顶板施加反向压力;合理选择搭边,注意润滑等。另外,在冲裁时要尽量减小塌角、毛刺和翘曲,为此要尽可

第五章　不锈钢与钛合金饰品及生产工艺

能采用合理间隙的下限值;保持模具刃口的锋利;合理选择搭边值;采用压料板和顶板等措施。

二、熔模铸造成型工艺

熔模铸造是贵金属饰品的主要方法,但是在不锈钢饰品和钛合金饰品中,只有少量产品采用这种工艺,这类产品一般形状较复杂,不适合采用冲压工艺。究其原因,与不锈钢和钛合金的熔点过高以及钛合金的高活性有关。

(一)不锈钢的铸造成型

304不锈钢的熔点是1454℃,316不锈钢的熔点是1398℃,此温度远远超过了石膏铸型所能承受的极限。因此,不锈钢饰品的铸造,必须采用酸粘结铸粉,这就大大增加了生产成本。

1. 铸造不锈钢饰品用铸粉

由于不锈钢的铸造温度高,因此铸粉不能采用石膏作黏结剂的铸粉,而必须采用耐火度更高的铸粉。像石膏铸粉一样,用于铸造不锈钢饰品的铸粉也是由黏结剂和填料组成。填料通常是石英和方石英,总量大约80%。黏结剂最初普遍使用磷酸,但现在优先使用甲氨磷。它是一种干粉,可以容易地加入到粉末混合物中,利用黏结剂体系的化学反应来凝结硬化铸粉,如下式:

$$NH_4H_2PO_4 + MgO + 5H_2O \longrightarrow NH_4MgPO_4 \cdot 6H_2O$$

整个磷酸反应很复杂。当反应甲氨磷量所需的 MgO 在化学计算上相等时,实际上往往需要过量的 MgO,因此形成的是 $NH_4MgPO_4 \cdot 6H_2O$ 胶体,它包围着填料和过量的 MgO。焙烧时温度达到 $1000℃$,铸型发生热反应,最终产物是 $Mg_2P_2O_7$ 晶体填料和过量的 MgO 及 SiO_2 填料。

使用磷酸粘结的铸粉,铸粉整体强度比石膏铸粉要高得多,铸型腔的表面较光滑细腻,铸件的表面光洁度较高,但是铸型的残留强度也较高,使得铸件从铸型中脱离有一定困难。

2. 不锈钢饰品的铸造工艺过程

不锈钢饰品既可采用离心铸造方法,也可采用真空吸铸或真空加压铸造的方法,不锈钢饰品的铸造工艺过程涉及的工序较多(图5-5)。

(二)钛合金的铸造成型

由于钛合金具有非常高的熔点,而且它是非常活泼的金属,在液态下,和氧、氮、氢和碳的反应相当快,在浇注时几乎和绝大部分的耐火材料发生反应,因此钛合金的铸造是一个世界性的难题。作为钛合金饰品,绝大部分采用机械加工

(1)准备吸水纸

(2)将蜡树焊在吸水纸上

(3)将蜡树置入钢桶内

(4)用蜡封住钢桶底

(5)计算称取所需铸粉重量

(6)按粉与黏结剂的混合比例量取黏结剂

(7)将铸粉加入到粘结液中,先用手动搅拌混合约半分钟,再机器搅拌约10分钟

(8)一次抽真空

(9)将铸粉浆料倒入钢桶内

(10)二次抽真空

(11)将铸粉桶轻放于吸水粉上,静置6小时以上

(12)焙烧

(13)熔炼

(14)浇注

(15)清理

图5-5 不锈钢饰品铸造工艺过程

第五章 不锈钢与钛合金饰品及生产工艺

成型方式,而对于一些结构形状较复杂的产品,则采用精密铸造工艺。由于钛元素的物理-化学特性,使得钛合金的铸造工艺,无论是造型材料,还是工艺方法均有其独特的要求和特点,一是要求耐火度非常高的造型材料;二是浇注必须在较高的真空度或惰性气体的保护下进行,有时还要附以离心力。

1. 钛合金铸造对熔炼的要求

由于钛合金液的活性太强,因此其熔炼必须在较高的真空度或惰性气体(氩气或氦气)保护下进行。熔炼用坩埚均采用水冷铜坩埚,具体的熔炼工艺主要有三种方式。

(1)真空非自耗电极电弧炉熔炼。合金熔炼在真空或惰性气体保护下进行。该工艺主要为自耗电极熔炼制备电极,其特点是可以进行高温、高速熔化。真空非自耗电极电弧炉在抽真空后充入惰性气体,即可保持电弧的稳定,又可防难熔金属特别是活泼金属的发挥,而使金属成分稳定到精炼的目的。

(2)真空自耗电极电弧炉熔炼。它以钛或钛合金制成的自耗电极为阴极,以水冷铜坩埚为阳极。熔化了的电极以液滴形式进入坩埚,形成熔池。熔池表面被电弧加热,始终呈液态,底部和坩埚接触的四周受到强制冷却,产生自下而上的结晶。熔池内的金属液凝固后成为钛锭。

(3)真空自耗电极凝壳炉熔炼。这种熔炉是在真空自耗电极电弧炉基础上发展起来的,它是一种将熔炼与离心浇注联成一体的铸造异形件的炉型。其最大的特点是在水冷铜坩埚与金属熔体之间存在一层钛合金固体薄壳,即凝壳,这层同材质的凝壳作为坩埚的内衬,用于形成熔池储存钛液,避免了坩埚对钛合金液的污染。浇注后,留在坩埚内的一层凝壳,可作为坩埚内衬继续使用。

近年来,随着科技的发展及生产的需要,相继研究开发了熔炼钛合金及其他活性金属的新方法及装备,主要有电子束炉、等离子体炉、真空感应炉等,并获得一定程度的应用。但从耗电量、熔化速度、成本等技术经济指标对比来看,自耗电极电弧炉(含凝壳炉)熔炼仍是目前最经济适用的熔炼方法。

对于饰品生产而言,一般熔炼量很少,对表面质量要求较高,因此一般可采用牙科用铸造设备,图 5-6 是可用于铸造钛饰品的牙科铸钛机,这种铸钛机集加压、吸引、离心于一身,体积小,操作简单,不需设专门的场所,利用飞轮储能和离合

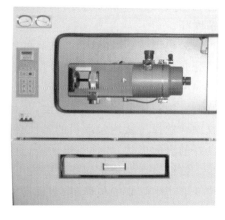

图 5-6 可铸造饰品的牙科铸钛机

器的瞬间加力,融流加速度大,钛熔液可射入铸型腔内微细之处,铸件成功率较高,熔炼室、铸造室空间小,因此抽真空快,氩气消耗少,残余空气少,钛铸件的质量相对有保证。

2.钛合金铸造对铸型材料的要求

钛及其合金是一种高化学活性金属,在熔融状态下,几乎要与所有的耐火材料发生化学反应,生成脆性化合物,这就大大增加了钛合金的熔炼和铸造技术难度。

(1)铸造钛合金的铸型种类有以下三种。

1)永久铸型:主要有加工石墨型、金属型(铁铸型、钛铸型)。铸型均系机械加工制成。生产的铸件结构相对比较简单,尺寸精度较低;一般应用于毛坯件的生产。

2)一次性铸型:可以生产形状比较复杂、尺寸精度较高的铸件。按其造型方法,有捣实石墨砂型和熔模型壳两种。后者可以制造更为复杂(壁厚2mm)、尺寸精度高和表面粗糙度低(Ra3.2)的铸件。

按型壳材料不同,熔模型壳又分为三种不同的系统:一是纯石墨型壳系统。用不同粒度的石墨粉作为耐火填料和撒砂材料,以树脂为粘接剂。型壳强度高、重量轻、成本低,原料来源广泛,适于离心或重力浇注。二是难熔金属面层型壳系统。为复合型系统,除面层因造型材料不同(钨粉等难熔金属)需采取特殊工艺外,背层从造型材料到制壳工艺均同于铸钢的熔模铸造。三是氧化物陶瓷型壳系统。型壳的面、背层均由氧化物作为造型材料,因而型壳强度高,热导率在三种型壳中最小,适于浇注形状复杂的薄壁铸件。

用以上三种型壳系统浇注的钛铸件,在化学成分和力学性能方面差别很小;但表面质量有明显差别,后两种型壳的收缩率明显小于石墨型壳,因而铸件尺寸精度高。

3)包埋铸型:在钛合金饰品的铸造中,基本采用包埋铸型,它与氧化物陶瓷型壳非常接近,只是不采用分层挂壳,而直接用包埋的方式。

(2)铸造钛饰品对包埋料的要求。纯钛铸造时钛的线收缩率为1.8%~2.0%,为获得良好的尺寸精度,包埋料必须能提供足够的膨胀来补偿钛的铸造收缩。选择铸钛用包埋料的条件必须具备如下条件:很少与钛发生反应;可得到良好的表面形状;铸件不被污染;有补偿铸钛收缩的适度膨胀;有足够的强度。

铸钛包埋料依不同膨胀方式可将铸钛包埋料分为三类:利用硅的硬化和受热变形产生膨胀的包埋料;金属粉末锆(Zr)氧化产生膨胀的包埋料;利用生成尖晶石(MgO, Al_2O_3)产生膨胀的包埋料,包括以氧化硅、氧化铝、氧化镁、氧化钙和氧化锆等耐火材料为主的包埋料。

目前包埋料的膨胀主要是依靠 SiO_2 受热后发生同素异晶变化,同时伴有较大的体积膨胀,这种特性确定了 SiO_2 在包埋材料中的特殊地位。但熔融的钛会与 SiO_2 发生化学反应,严重影响钛铸件的质量。为了解决这一问题,目前较理想的铸钛包埋料中都添加一定比例的 ZrO_2。ZrO_2 是一种耐高温的惰性材料,在高温下不会与熔融的钛发生化学反应,用 ZrO_2 基包埋料铸造的铸件表层下污染少,不粘砂,可得到具有金属光泽的铸件,但 ZrO_2 膨胀系数较小,会影响铸件的尺寸精度。

浇注时高温金属液的冲刷作用大,包埋材料的强度不够时,在钛液的冲刷下,部分包埋材粉末脱落混入钛液中,使钛液流动性变差,无法到达铸腔末端。因此理想的铸钛包埋材料不仅要有良好的稳定性和膨胀系数,还要有一定的强度以抵御钛液的冲击。

3. 钛合金饰品的铸造方法

钛合金饰品铸造需要特殊的热源,专用的模型材料以及防止钛表面污染的设备。牙科专用的铸钛机被引入到饰品制作中,其熔解氛围有真空方式及惰性气体(氩气或氦气)保护的方式。铸造方法有差压式铸造法、加压铸造法及离心铸造法。由于钛合金的浇注温度高、比重轻、流动性能差,需要在短时间内完成充型,最好的方式是采用真空离心铸造的方法。图 5-7 和图 5-8 分别是铸造钛合金饰品的示例。

图 5-7 钛饰品铸件

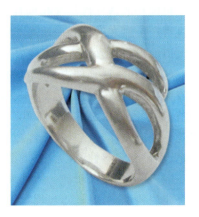

图 5-8 铸造方法生产的钛饰品

4. 铸造钛饰品的常见问题

铸造钛合金饰品时常见的问题有以下五种。

(1)铸件不完整。铸件不完整与下述几方面的原因有关。

1)铸造机。铸造机的机型与铸流率有密切的关系,也与铸造机的真空度、惰性气体的流量有关。

2)浇道设置。浇道过细、过长,或设置位置、数量不当等都可影响铸件的完整性。

3)排气道的设置。钛在熔化过程中均有惰性气体保护,惰性气体也会进入铸型腔内。当熔化后的钛液注入铸型腔时,腔内细小部位的气体便妨碍了钛液的流入,形成气孔。因此,要在蜡模上认真设置好排气道。

4)铸型温度。铸型温度高,铸件缺陷少,但铸件表面污染层厚,机械性能差。降低铸型温度可减少表面污染,但铸件缺陷多。铸型为350~400℃时既可减少污染,又可减少铸造缺陷。

5)钛材用量。铸型中铸件的数量过大,而钛材的量不足时,必然出现铸件不完整。

(2)铸件内部气孔。钛铸件内部出现气孔是由于钛液铸入铸型腔时,熔炼室和铸型腔中的惰性气体和残留空气随之被卷入型腔,而钛液注入型腔时立即形成凝壳,致使被卷入的气体无法逸出而形成铸件内部气孔。气孔形成的数量和类型与设备有关。加压、吸引型和加压(无吸引)型形成的气孔呈分散状。加压(无吸引)型形成的气孔少于加压吸引型。离心铸钛机的气孔多在旋转体的近心端,且气孔发生率明显少于加压吸引型和加压型。

包埋料的透气性与气孔也有关系。透气性好的包埋料用于加压、吸引型铸钛机可产生较多的气孔。而离心铸钛机与包埋料的透气性无关。此外,与浇道、排气道的设置位置也有一定关系。

(3)缩孔。钛铸件内部缩孔的产生是铸钛技术中较难解决的问题。熔融的钛液在凝固时体积收缩达1%,如果对钛铸造过程不加以适当控制,提供足够的补缩,则钛铸件内必然产生缩孔。铸造钛饰品的缩孔多分布于浇道与铸件的连接处。浇道设计是控制钛铸件缩孔最重要的途径,它控制着金属液流入型腔的速率、流量和完整性,其大小、类型、形状、位置、方向等均可影响铸件的质量。

(4)钛铸件表面粗糙。铸件表面粗糙是指表面凹凸不平,或有流痕。形成原因可能因铸型温度过高,包埋料与钛液发生烧结反应,也可能因铸型破裂、粘沙,或因包埋料质量差所致。

(5)钛铸件表面污染层过厚。决定钛铸件表面污染层厚度的因素较多,有包埋料的种类、铸型温度、设备的真空度、惰性气体的纯度等。其中包埋料的种类对污染层厚度的影响规律大致如下:氧化锆系包埋料最薄,按氧化铝、氧化镁、磷酸盐系包埋料的顺序污染层变厚。

第六章　钨钢饰品及生产工艺

钨钢是国际上流行的饰品用材，用其制作的饰品具有独特的金属光泽、高硬度、不磨损、不褪色、不变形等特性，尊贵而沉稳，高雅而简约，得到了众多消费者的喜爱。

第一节　钨钢材料简介

一、金属钨

(一)钨的发现

钨的拉丁文意思是"狼嘴里的白沫"，钨怎么会同食肉动物联系在一起呢？原来，在很早以前，人们用矿石炼锡时发现，每当矿石中含有一种褐色的重石时，锡产量就会急剧下降。原来这种重石就像狼吞食羊一样的会吞食锡。因此，钨就被叫做"狼嘴里的白沫"。

钨在地壳中约占十万分之一，属稀有金属，也是重要的战略物资。自然界中有黑色钨锰铁矿(又叫黑钨矿)和黄灰色的钨酸钙矿(又叫白钨矿)，我国钨矿储量占世界第一位。我国的南岭是世界上钨矿最丰富的地带，特别是江西南部，被称为"金属乡"。江西大余和湖南柿竹园有世界最大的钨矿。

早在18世纪人类就发现了钨，但是直到1850年才由维勒制得纯净的金属钨，从此钨得到了广泛的应用。

(二)钨的性质

1. 物理性质

钨是稀有高熔点金属，属于元素周期系中第六周期(第二长周期)的 VIB 族。元素符号为 W，原子序数为74，相对原子质量为183.85。钨的主要物理性质如下。

(1)颜色。纯钨是银白色的金属，外形似钢，只有粉末状或细丝状的钨才是灰色或黑色的。电灯泡用久了会发黑，便是由于灯泡内壁有一层钨的粉末。

(2)熔点。钨的熔点高,蒸气压很低,蒸发速度也较小。在各类金属中,钨是最难以熔化、最不容易挥发的金属,所以称为"高熔点金属",它的熔点高达3 410℃,沸点是5 927℃。当电灯点亮时,灯丝的温度高达3 000℃以上,在这样高的温度下,只有钨才顶得住,而其他大多数金属会熔成液体或以至变成蒸气。

(3)密度。钨的密度很高,达 19.35g/cm³,与金差不多,因此它的瑞典语原意便是"重"的意思。

(4)硬度。钨非常坚硬,用最硬的金刚石作拉丝模,使直径为 1mm 的钨丝通过 20 多个逐渐缩小的金刚石孔,才把它抽成直径只有几百分之一毫米的灯丝。1kg 的钨锭可抽成长达 400km 的细丝。现在,白炽灯、真空管以至连我国近年来制成的新型"碘钨灯",都是用钨作灯丝。

2. 化学性质

钨的化学性质很稳定,即使在加热的情况下,也不会与盐酸、硫酸作用,甚至不会溶解在王水里,在王水中钨只是表面缓慢氧化而已。只有腐蚀性极强的氢氟酸和硝酸的混合物,才能溶解钨。

(三)钨的用途

钨以纯金属状态和以合金系状态广泛应用于现代技术中,合金系状态中最主要的是合金钢、以碳化钨为基的硬质合金、耐磨和强热合金。钨主要分别应用于以下工业领域。

1. 钢铁工业

钨大部分用于生产特种钢。广泛采用的高速钢含有 9%～24% 的钨、3.8%～4.6% 的铬、1%～5% 的钒、4%～7% 钴、0.7%～1.5% 碳。高速钢的特点是在空气中有高的强化回火温度(700～800℃)下,能自动淬火,因此,直到 600～650℃ 它还保持高的硬度和耐磨性。合金工具钢中的钨钢含有 0.8%～1.2% 的钨;铬钨硅钢含有 2%～2.7% 的钨;铬钨钢中含有 2%～9% 的钨;铬钨锰钢中含有 0.5%～1.6% 的钨。含钨的钢用于制造各种工具:如钻头、铣刀、拉丝模、阴模和阳模、气动工具等零件。钨磁钢是含有 5.2%～6.2% 的钨、0.68%～0.78% 碳、0.3%～0.5% 铬的永磁体钢。钨钴磁钢含有 11.5%～14.5% 的钨、5.5%～6.5% 钼、11.5%～12.5% 钴的硬磁材料。它们具有高的磁化强度和矫顽磁力。

2. 碳化钨基硬质合金

钨的碳化物具有高的硬度、耐磨性和难熔性。这些合金含有 85%～95% 的碳化钨和 5%～14% 的钴,钴是作为黏结剂金属,它使合金具有必要的强度。主要用于加工钢的某些合金中,还含有钛、钽和铌的碳化物。所有这些合金都是用粉末冶金法制造的,当加热到1 000~1 100℃时,它们仍具有高的硬度和耐磨性。硬质合金刀具的切削速度远远地超过了最好的工具钢刀具的切削速度。硬质合金主要用于切削工具、矿山工具和拉丝模等。

3.热强和耐磨合金

作为最难熔的金属钨是许多热强合金的成分,如3%~15%的钨、25%~35%的铬、45%~65%的钴、0.5%~2.75%的碳组成的合金,主要用于强烈耐磨的零件。例如航空发动机的活门、压模热切刀的工作部件、涡轮机叶轮、挖掘设备、犁头的表面涂层。在航空和火箭技术中,以及要求机器零件、发动机和一些仪器的高热强度的其他部门中,钨和其他给熔金属(钽、铌、钼、铼)的合金用作热强材料。

4.触头材料和高比重合金

用粉末冶金方法制造的钨-铜(10%~40%的铜)和钨-银合金,兼有铜和银的良好导电性、导热性和钨的耐磨性。因此,它成为制造闸刀开关、断路器、点焊电极等的工作部件非常有效的触头材料。成分为90%~95%的钨、1%~6%的镍、1%~4%的铜的高比重合金,以及用铁代铜(~5%)的合金,用于制造陀螺仪的转子、飞机、控制舵的平衡锤、放射性同位素的放射护罩和料筐等。

5.电真空照明材料

钨以钨丝、钨带和各种锻造元件用于电子管生产、无线电电子学和X射线技术中。钨是白炽灯丝和螺旋丝的最好材料。高的工作温度(2 200~2 500℃)保证高的发光效率,而小的蒸发速度保证丝的寿命长。钨丝用于制造电子振荡管的直热阴极和栅极,高压整流器的阴极和各种电子仪器中旁热阴极加热器。用钨做X光管和气体放电管的对阴极和阴极,以及无线电设备的触头和原子氢焊枪电极。钨丝和钨棒作为高温炉(达3 000℃)的是加热器。钨加热器在氢气气氛、惰性气氛或真空中工作。

6.钨的化合物

钨酸钠用于生产某些类型的漆和颜料,纺织工业中用于布疋加重以及与硫酸铵和磷酸铵混合来制造耐火和防水布疋;还用于金属钨、钨酸及钨酸盐的制造以及染料、颜料、油墨、电镀等方面;也用作催化剂等。钨酸在纺织工业中是媒染剂与染料,在化学工业中用作制取高辛烷汽油的催化剂。二硫化钨在有机合成中,如在合成汽油的制取中用作固体的润滑剂和催化剂。

二、碳化钨硬质合金

碳化钨硬质合金可广泛应用于制作特殊刀具、微型钻头、打印针头及精密模具等,也越来越多地应用于工艺饰品行业,在粉末冶金碳化钨硬质合金材料中,碳化钨是主相成分,由于碳化钨为本征脆性的材料,因此需要韧性金属作为它的黏结剂,主相提供高硬度和耐磨性能,而塑性粘结相提供必需的韧性。一般用作黏结剂的有 Co、Ni、Fe、Fe－Ni、Ni－Co、Fe－Ni－Co 等。

(一)碳化钨

1. 碳化钨的物理性质

碳与钨的主要化合物为碳化钨,化学式为 WC,黑色六方晶体,有金属光泽,硬度与金刚石相近,为电、热的良好导体。熔点 2 870℃,沸点 6 000℃,硬度为 HV2200,相对密度 15.63g/cm³。纯的碳化钨易碎,若掺入少量钛、钴等金属,就能减少脆性。钨与碳的另一个化合物为碳化二钨,化学式为 W_2C,熔点为 2 860℃,沸点 6 000℃,硬度为 HV3000,相对密度 17.15 g/cm³。其性质、制法、用途同碳化钨。

在碳化钨中,碳原子嵌入钨金属晶格的间隙,并不破坏原有金属的晶格,形成间隙固溶体,因此也称间隙化合物。

2. 碳化钨的化学性质

碳化钨的化学性质稳定,不溶于水、盐酸和硫酸,但易溶于硝酸-氢氟酸的混合酸中。

W 存在有两种稳定的钨氧化物,即 WO_2 和 WO_3。其中 WO_3 在低温及大气压条件下热动态最稳定。因此钨的直接氧化常导致形成 WO_3。W 的氧化速率与温度密切相关,与气氛也有关系,在潮湿的气氛中,在温度 300℃ 以上时,氧化速率有明显地增加。

在干燥气体下 WC 的氧化很缓慢,形成 WO_3。在潮湿的气氛中,WC 的氧化行为与 W 相似,但是相对 W 而言,WC 的抗氧化性更强。将 WC 暴露于相对湿度 95％的空气中,所形成的氧化层明显薄于在同等条件下形成于 W 上的氧化层。WC 表面钝化作用的原因还未完全搞清,但是可以假定 WC 晶状金刚石结构在表面区域受干扰产生不饱和键的 W 原子。这些 W 原子将快速氧化易于形成 WO_3,并且溶于水中,当所有不饱和键的 W 原子被氧化后并以此方式溶解时,晶体最外层将只含有碳原子。一种可能是这些碳原子将与第二层的碳原子形成共价键,产生很稳定的表面结构,这种结构使以碳化钨为主要成分的钨钢饰品材料具有良好的抗氧化性能。

3. 碳化钨粉的成分指标

钨钢材料是采用粉末冶金方式生产的,碳化钨粉是粉末冶金的基本材料,对其有明确的质量要求,表 6－1 是碳化钨粉的质量规格,表 6－2 是碳化钨粉化学成分指标。

表 6-1 碳化钨粉质量规格

类　别	费氏平均粒度/μm)	总碳量/%	游离碳/%
WC-1	≤1.0	6.08~6.18	≤0.08
WC-2	1~1.99	6.08~6.18	≤0.08
WC-3	2~3.99	6.08~6.18	≤0.08
WC-4	4~5.99	6.08~6.18	≤0.08
WC-5	6~7.99	6.08~6.18	≤0.08
WC-6	8~11.99	6.08~6.18	≤0.08
WC-7	12~15.99	6.08~6.18	≤0.08
WC-8	≥16	6.08~7.18	≤0.08

(国家技术监督局,1990)

表 6-2 碳化钨粉化学成分指标

WC	Fe	Mo	Al	Si	Ca	Mn	Mg	Ni	Na
≥99.8	≤0.04	≤0.010	≤0.001	≤0.01	≤0.005	≤0.002	≤0.002	≤0.005	≤0.003
≥99.7	≤0.06	≤0.015	≤0.002	≤0.01	≤0.008	≤0.002	≤0.004	≤0.008	≤0.005

(国家技术监督局,1990)

4.碳化钨粉末粒度

碳化钨粉末的粒度对材料的性能影响显著。WC晶粒的细化可明显改善合金的性能,超细晶粒的钨钢不仅硬度高、耐磨性好,而且还具有很高的强度和韧性。

(二)黏结剂

钨钢粉末冶金中,需要采用黏结剂将粉末粘结在一起,根据生产的不同阶段和作用,黏结剂分有机黏结剂和金属黏结剂两类。

1.有机黏结剂

在粉末冶金注射成型中,常采用有机黏结剂,其作用是粘结金属粉末颗粒,使混合料在注射机料筒中加热后具有流变性和润滑性,即黏结剂是带动粉末流动的载体。因此,黏结剂的选择是整个粉末注射成型的关键。对有机黏结剂的要求为:①用量少,用较少的黏结剂能使混合料产生较好的流变性;②不反应,在去除黏结剂的过程中与金属粉末不起任何化学反应;③易去除,在制品内不残留碳。

有机黏结剂在烧结后即被去除,不作为材料的最终组成。

2. 金属黏结剂

一般情况下,粉末冶金均采用金属黏结剂将粉末粘结在一起。钨钢性能由碳化物和粘结金属所决定。受 WC 含量、WC 晶粒度和合金添加剂等的影响变化较大。复合材料中碳化物对性能影响体现在硬度和耐磨性上,而金属或合金黏结剂则体现在强度和韧性上。一般用作钨钢黏结剂的金属有 Co、Ni、Fe、Fe-Ni、Ni-Co、Ni-Cr_3C_2-P、Fe-Ni-Co 等。

(1)钴。钴是 WC 和 WC-TiC 基硬质合金的优良黏结剂,自 1926 年发明 WC-Co 硬质合金以来,以钴粘结的该类合金一直占统治地位,其原因是 Co 和 Co-W-C 三元系具有某些独一无二的性能。众所周知,WC 和 Co 的相溶性很高,而且随温度变化很大。由于 WC 和液态 Co 的润湿性极好,以及 Co-W-C 金属黏结剂性能良好,使得 Co 在硬质合金中的使用占主导地位。

在 WC-Co 硬质合金中,W-C-Co 三元系状态图沿 Co-WC 线的垂直截面如图 6-1 所示。以 WC 含量为 60% 的 WC-Co 合金为例,出现液相前,WC 在 Co 中的溶解度随温度的升高而增大,至共晶温度(约 1 340℃)时,烧结体中开始出现共晶成分的液相,在烧结温度(1 400℃)并在该温度下保温时,烧结体由液相和剩余的 WC 固相组成。冷却时,首先从液相中析出 WC,温度低于共晶温度时则形成 WC+γ 两相组织的合金。

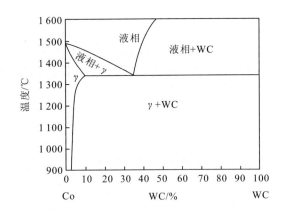

图 6-1　W-C-Co 三元系状态图沿 Co-WC 线的垂直截面
(株洲硬质合金厂,1974)

第六章 钨钢饰品及生产工艺

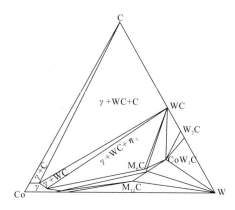

图 6-2　1150℃时 W-C-Co 三元系等温截面状态图
（马淳安等,2003）

在实际生产中,烧结体的成分通常偏离 Co-WC 线,合金并非由简单的 γ+WC 两相组成。当合金富碳时,出现 γ+WC+C 三相区;当合金贫碳时出现 γ+WC+η_1 三相区(图 6-2)。只有合金烧结体含碳量仅在 γ+WC 两相区内变化时,合金中才不会出现第三相。否则,将导致合金中夹碳或出现缺碳的 η 相。由于合金的强度与 γ 相的结构及组成密切相关,而 η_1 相的出现则可能导致合金韧性变差,因此需要控制 WC-Co 合金中的相组成,以提高 WC-Co 合金的综合性能。

合金的相组成与合金成分、烧结工艺等有关,在实际生产中较容易控制合金的相组成,避免可能导致合金性能恶化的相生成。在 WC-Co 合金中掺杂一些其他成分可改变 γ+WC 两相区的宽度,例如,在 WC-10%Co 合金中加入少量 TaC(0.5%~3%)后,相区宽度增加了 6.03%~6.22%,其相区宽度随 TaC 加入量的增加而增加,且 TiC 和 NbC 具有类似的作用。另外,Ni 也可使低碳含量的相区迅速扩大,降低了合金相组成对碳含量的敏感度。

WC-Co 型钨钢的性能与粘结相 Co 层的形态也有直接的关系,当 Co 从 fcc 向 hcp 结构转变时,将降低塑性形变和抑制裂纹的能力,添加稀土元素对 WC-Co 合金的相结构、成分及相变有显著的影响,主要原因是由于稀土元素能抑制 Co 粘结相层向 hcp 结构的转变。

由于钴是一种昂贵而稀缺的金属,储量极为有限,正面临资源不足的严重问题,价格也在不断上涨,因此需要寻找钴的替代材料。

（2）镍。镍作为一种比较便宜且较富有的金属元素,在我国的资源较为丰富,如能实现镍替代钴作硬质合金黏结剂,无疑将大大降低硬质合金生产成本。镍与钴同属铁族元素,镍具有与钴相似的结构和性能,但毕竟还有一些不同,很早就尝试过以纯镍代钴作硬质合金黏结剂,但制得的硬质合金性能低劣,镍对碳化钨晶粒的润湿性不如钴,制品中易出现镍聚集、碳化钨晶粒异常长大以及孔洞现象。因此,用纯镍取代钴制作硬质合金不能保证良好的合金性能,必须在黏结剂中添加适量的其他金属元素,来提高和改善合金性能。添加剂的选择是镍代钴能否成功的关键,添加剂应具有解决镍代钴合金中的镍聚集和碳化钨晶粒异常长大现象的作用,还应具有强化粘结相,提高镍对碳化钨晶粒的润湿性的作用,使得硬而脆的碳化钨和软而韧的金属镍结合良好。

(3)铁。钢结硬质合金具有广泛的工艺特性、良好的物理及机械综合性能、优异的化学稳定性。铁是钢结硬质合金粘结相的主要元素,并可提高合金强度和塑性。单纯以铁作为黏结剂时,具有表面张力高、润湿性差、晶粒粗大、孔洞多等问题,为了获得必需的组织与性能,需要在钢结硬质合金中添加一些其他元素,如 C、Cr、Mo、W、Mn、B 等。

(4)$Ni-Cr_3C_2-P$。由于 WC-纯 Ni 合金的强度低于 WC-Co 合金,需要对 Ni 合金化,Cr_3C_2 是常用的添加物,它可以增加合金的强度,提高合金的抗氧化性能和耐腐蚀性能,限制 WC 晶粒长大,获得微细结构。但是 Cr_3C_2 含量过多时,会使孔隙尺寸相应增大。

由于 WC-Ni 合金的烧结温度较高,碳化钨在镍中的溶解度较高,因此 WC-Ni 合金往往具有较高的孔隙度,并且碳化钨晶粒也容易粗化。在 WC-Ni 合金中以 Ni-P 中间合金形式适量加入少量的磷,低熔点的 Ni-P 具有很高的液态流动性并对金属和难熔化合物具有很高的粘着力;磷在 WC-Ni 合金中可使粘结相变性,活化烧结过程,降低烧结温度,从而可避免碳化物晶粒长大,制得孔隙少、强度高的材料。

(5)Fe-Ni-Co。由于钴的某些独特性能,它作为黏结剂现在在市场上仍占据着主导地位。但是由于它形成的六方晶格结构(hcp),影响了合金的塑变性能。最新开发的 Fe-Ni-Co 黏结剂,通过选择合适的 Fe:Ni:Co 比例,可以改善合金的疲劳强度和韧性,合金具有混合晶体结构以及优良的物理性能,可作为硬质合金黏结剂的替代品。

(三)无黏结剂

如前所述,碳化钨硬质合金材料在碳化钨粉末中加入黏结剂,再通过黏结剂形成的。由于 WC 的熔点很高,用常规烧结方式(需要部分液相)烧结时,如没有 Co 这样的低熔点黏结剂,单凭纯 WC 几乎是不可能的。黏结剂的添加不仅降低了材料的硬度、耐腐蚀性和耐氧化性,也使得生产过程复杂化,并且由于与 WC 的热膨胀系数的差异而容易引起热应力。而且常规的烧结方式不能有效抑制烧结过程中的晶粒长大,很难获得超细硬质材料。

近年出现的放电等离子烧结技术,通过将特殊电源控制装置发生的直流脉冲电压加到压粉体试料,粉体间的火花放电使粒间结合部分能够集中高能量脉冲(高温等离子体),使碳化钨表面熔化粘接在一起,具有表面净化、烧结高速、可有效抑制烧结过程中的晶粒长大等特性,成为粉末冶金工艺的一个新方向。

三、饰品用钨钢材料

(一)饰品用钨钢材料的要求

在饰品行业中,钨钢又经常被称为钨金,这不仅是因为钨是稀有金属,在地球上含量少,也跟钨钢的物理化学性质有关。饰品用的钨钢材料,并非传统意义的含钨合金钢,而是以碳化钨为主要原料、用粉末冶金的方法生产的硬质合金,与一般的硬质合金相比,它有以下要求。

1. 碳化钨含量要求

WC是一种具有高硬度、高热稳定性和高耐磨性的新型功能材料,钨钢饰品的表面效果与其组成密切相关,要求钨钢材料中的碳化钨含量达到一定的量,通常要求材料中的碳化钨成分要达到80％以上才能称之为钨金。美国某大学实验室经过研究分析,当钨钢材料中碳化钨的含量达到85.7％时,饰品的抛光光亮度最高,效果最佳。这个数字也是业界的国际标准,它的精确性直接决定着钨钢首饰优劣。当然要达到这个标准也很困难,对一般的厂家都存在一个技术瓶颈,很难做出高质量的钨钢首饰。目前只有中国、韩国、日本等少数几个国家可以达到这个标准。

2. 黏结剂要求

饰品材料一般要求对人体不产生有害影响,不带磁性,有很好的耐腐蚀和抗氧化性能,因此在饰品用钨钢中较少采用钴作黏结剂,而广泛采用Ni基合金作为黏结剂,$WC-Ni-Cr_3C_2-P$硬质合金是制造饰品较为理想的材料。

3. 影响饰品用钨钢材料性能的因素

钨钢材料的性能除与WC的晶粒大小有关外,很大程度上还取决于合金的相成分、微结构及其存在形式,实际生产中由于受原材料及烧结工艺等因素的影响,合金中通常含有较复杂的组织结构。因此,生产时不仅要求严格控制原材料的质量,还要制定并严格执行混合、球磨、烧结等生产工艺。

(二)饰品用钨钢材料的常见问题

饰品用钨钢材料主要采用$WC-Ni-Cr_3C_2-P$硬质合金,常见的缺陷有砂眼、分层、镍聚集、渗碳。这四种缺陷往往是由于上述的工艺、技术、设备等方面的影响。这些缺陷的存在,对饰品的物理、机械性能和外观质量及使用寿命无疑会有很大的影响。

1. 砂眼(孔洞)

在产品表面出现边界清晰的圆形或片状黑色孔洞,孔隙多少用孔隙度来表示,一般与标准图片比较来评定孔隙度。产生孔隙的主要原因为烧结温度偏低或保温时间不足而引起的欠烧。砂眼产生的原因可能有以下几种。

(1)杂质含量高。WC-Ni 硬质合金中的杂质主要是由三氧化钨和氧化亚镍带入的,其中 K_2O、Na_2O、MgO、CaO、SiO_2、Al_2O_3 在烧结温度下它们本身既不熔化,又不能被液相所润湿,反而恶化液相对碳化物的润湿性,所以其含量稍高时,合金的 B 类孔隙($10\sim25\mu m$)显著增加。

(2)组分配比不适量。一是 Cr_3C_2 含量过高,WC-Ni 硬质合金中 Cr_3C_2 含量过多时,孔隙尺寸会增大。二是 Ni-P 含量低,低熔点的 Ni-P 具有很高的液态流动性,并对金属和难熔化合物具有很高的粘着力;磷在 WC-Ni 合金中可使粘结相变性,活化烧结过程,降低烧结温度,从而可避免碳化物晶粒长大,制得孔隙少、强度高的材料。如果 Ni-P 在 WC-Ni 合金中加量太少,就起不到添加剂的作用,达不到应有的效果。

(3)工艺及操作方面的影响表现在以下六个方面。

一是湿磨不当。由于无水乙醇加量不准;球量少或球径小;皮带松驰使磨筒转速降低,甚至偶然中途或后期停机,降低了研磨效率,使各组元混合不匀,因而某些碳化物之间没有液相,在烧结过程中难以完全收缩,便使合金中残留孔洞。

二是镍聚集。即使采用很细的镍粉作为制造原料,湿磨时镍粉也会增粗为大尺寸的镍聚集体(内含少量细 WC),利用这种混合料制成的压坯烧结时可形成粗大孔隙缺陷。

三是混合料氧含量较高。混合料氧含量较高时,会使合金易出现缺碳、氧化以及污垢度增加。

四是掺蜡不均。由于常温下石蜡于汽油中的溶解度不高,而石蜡的用量通常又比合成橡胶高一倍以上,因而一定量的混合料所需之石蜡汽油溶液的体积便相应地增加,这样就不仅难以实现机械拌和,而且手工拌和时也必然有较多的溶液浮于混合料上;如果风干过程搅拌不及时,则往往有较多的石蜡浮于料面上,造成拌和不匀,在烧结的低温阶段被排除,之后留下较大的孔。

五是硬镍粒。由于还原氧化亚镍时,还原温度较高或保温时间较长,制得的镍粉中有硬粒,过硬的镍粒在压制时不能被压力压碎。因为单个镍粒本身比较致密,所以当压坯的相对密度相同时,其中必然存在着较大的孔洞。

六是真空烧结。对于经过脱蜡和预烧的压坯,在真空烧结过程中期,由于碳氧反应激烈进行,并放出大量气体,炉内真空度下降,此时应减慢升温速度,使气体排出炉外。为使碳氧反应尽可能彻底,除提高炉内真空度外,还应该在1 200~1 250℃下保温,这对于降低合金孔隙度是有效的。否则升温速度快,保温时间不足,将会增加合金孔隙。

2. 分层

通常位于棱角部位,在低倍(100X)显微镜下观察类似于污垢,但比污垢直且长。测定时用目镜测微尺测量它的总长度。饰品合金产生分层的主要原因为压制压力大;料粒细;掺蜡不均;混合料过湿或过干;压模光洁度差等。

3. 镍聚集

合金外观呈现雪花状斑点,低倍显微下观察,与梅花、竹叶状相似。镍聚集产生的原因可能有以下两种。

(1)湿磨。镍粉在湿磨时增粗为大尺寸的镍聚集体(内含少量细WC)。

(2)组分配比不适量,湿磨、真空烧结欠佳。料粒细,活性大。磷又活化烧结过程,降低 WC - Ni 合金的烧结温度。烧结温度高,真空度高,镍含量高以及烧结时间长时,产生镍聚集的问题多,镍相的蒸发或挥发损失就大。产生的镍聚集体或"镍池"是内因,组分配比不适量,湿磨、真空烧结欠佳只是外因,即镍相聚集→蒸发(挥发)→流失,剩余细 WC。

4. 渗碳(石墨夹杂)

在未腐蚀的磨片上低倍观察有巢形聚集或片状的细小孔隙,则视为石墨夹杂。渗碳的程度可参照标准图片检测,报出结果。表壳合金产生渗碳现象的主要原因:合金总碳和游离酸偏高,脱蜡不净,镍粉 O_2 含量低。

第二节 钨钢饰品的特点

一、钨钢饰品的优点

钨钢,西方称其为钨金,其有着一种其他首饰材料难以比拟的特质,表现在以下方面。

(1)硬度高,钨钢硬度可达莫氏硬度 8.9~9.1,等同天然蓝宝石。高硬度使得钨钢非常耐磨,不容易产生划痕、变形等问题。

(2)光亮度高,钨钢经高度抛光后,充分焕发出宝石般的色泽和光芒,亮度如镜面。

(3)钨钢的耐腐蚀性能好,通过人工汗液测试,完全不腐蚀,不褪色,不变色,不过敏,不生锈,光泽可以保持历久常新,是其他金属所不能做到的。

(4)钨钢的比重大,质感强,是时尚男士的高尚选择。

二、钨钢饰品的缺点

钨钢的脆性大,在生产及使用过程中受到冲击力时容易碎裂,钨钢本体材料不能镶嵌宝石。

钨钢的硬度很高,加工难度大,需要用钻石打磨工具才能加工。

三、钨钢饰品的辨别

钨钢是目前时尚饰品市场的热门材料,市场反应和产品利润都较好,也使得部分商家为追求赢利,常以次充好,以假乱真,使普通消费者难于辨别。

1. 钨钢与不锈钢、钛合金的区别

前面已经介绍过不锈钢和钛合金,三种材料是有本质区别的。

不锈钢是一种在空气中或化学腐蚀介质中能够抵抗腐蚀的高合金钢,因为不锈钢含有铬而使表面形成很薄的铬膜,这个膜隔离开与钢内侵入的氧气起耐腐蚀的作用。为了保持不锈钢所固有的耐腐蚀性,钢必须含有12%以上的铬。不锈钢的比重约$8g/cm^3$,颜色偏白,硬度只有钨钢的1/7左右。

饰品用钛合金一般是工业纯钛,比重较小,只有$4.51g/cm^3$,约为钨钢的1/3,颜色灰白,硬度与不锈钢相近。

2. 钨钢的品质辨别

钨钢饰品自问世以来,便受到了各界时尚人士的喜爱和追捧,尤其是在欧美,人们更是以能佩戴上钨钢饰品为荣,但是由于钨钢饰品材料坚硬稀有,制作加工工艺难度极大,因此在市场上出现了许多低劣的钨钢产品,有些甚至会给人的身体带来伤害,这些所谓的钨钢饰品在欧美是不允许上架销售的。辨别钨钢饰品的品质主要从以下几个方面考虑。

(1)材料成分。钨在地球上含量极少,钨钢饰品中的成分要达到80%以上才能称之为钨钢。当钨钢中的钨含量达到85.7%时,饰品的光亮度最高,效果最佳。目前市场上许多钨钢饰品中钨的含量一般达不到这个含量,甚至在60%以下,这样的钨钢饰品价值当然就不高。

(2)外观。钨钢饰品因为材料坚硬,在边和角的部位很难处理,处理得不好时会有很锋利的棱角,易对身体造成伤害,处理过头时又体现不出钨钢饰品特有的风格。钨钢饰品采用宝石切磨工艺,经精细打磨后可以获得宝石般的色泽和光芒,当切磨工艺差时会大大影响表面效果。

(3)尺寸。钨钢饰品的打磨几乎是纯手工工艺,使得尺寸控制上有很高难度

第六章　钨钢饰品及生产工艺

和要求,当控制不当时容易出现尺寸偏差、外形不对称等问题。

(4)环保及安全。这是目前国际国内最关心的问题,钨钢饰品从意义上来说也是一种合金,是合金就有其他金属含量,要确定所含金属元素是否对人体有危害,如钴元素。

第三节　钨钢饰品的类别

钨钢饰品的类别很广泛,常见的产品有戒指、手链、吊坠、手牌等系列。

一、素金属钨钢饰品

由于钨钢本身又硬又脆,因此该类产品多以素金属为主,结合激光打标、PVD、高度抛光、拉沙等各种表面装饰方法。一些典型的钨钢饰品示例如下。

素钨钢戒指　　　　　　素钨钢手链

素钨钢吊坠　　　　　　素钨钢皮带扣

素钨钢手表

素钨钢袖扣

镶嵌K金的钨钢戒指

镶嵌钻石的钨钢戒指

二、钨钢镶嵌饰品

钨钢饰品由于本身材质的局限,造成了目前产品款式少、品种单一的现状。一些公司着力研究开发新工艺,提升产品的附加值。目前已成功开发了在钨钢戒指镶上黄金、铂金、白色 K 金、银等贵金属的工艺,不仅为钨钢饰品的发展闯出了一条新路,同时也使钨钢饰品的自身价值得到提高。钨钢镶嵌饰品的示例见图版。

第四节　钨钢饰品的生产工艺

由于钨钢的熔点非常高,塑性差,易脆裂,难于铸造和机械加工成型。因此,钨钢饰品都是采用粉末冶金工艺进行生产。

一、粉末冶金技术简介

1. 粉末冶金的发展历史

现代粉末冶金技术作为一项为世人认识的工业技术,其发展中共有三个重要标志。

(1)克服了难熔金属熔铸过程中产生的困难。1909 年制造电灯钨丝,推动了粉末冶金的发展;1923 年粉末冶金硬质合金的出现被誉为机械加工中的革命。

(2)20 世纪 30 年代成功制取多孔含油轴承。继而粉末冶金铁基机械零件的发展,充分发挥了粉末冶金少切削甚至无切削的优点。

(3)向更高级的新材料、新工艺发展。继 20 世纪 40 年代出现金属陶瓷、弥散强化等材料,60 年代末至 70 年代初粉末高速钢、粉末高温合金相继出现;利用粉末冶金锻造及热等静压已能制造高强度的零件。

但粉末冶金技术真正得到发展是在近几年,主要是汽车工业需要大规模生产终形或近终形产品的结果。

2. 粉末冶金的类别

(1)从产品成型方式看。粉末冶金产品成型大致有两种:压制成型和注射成型。

压制成型:是用干粉依靠重力填充于模中,通过外界压力挤压成型。它的种类很多,在实际工业应用当中,压制成型应用较广泛。温压、冷封闭钢模压制、冷等静压、热等静压都属于压制成型。

注射成型:是使用很细的粉末加大量的热塑性黏结剂注射到成型模中。

(2)从基体材料来看。粉末冶金大致分:铁基、铜基、铝基、不锈钢、磁性材料、摩擦材料、磁钢、硬质合金等,但是这个区分相对较粗,因为在基体材料中添加不同的金属、非金属等添加剂,会达到不同的效果,这需要根据不同的性能要求而决定。

3.粉末冶金工艺的优点

(1)可以制作出颜色、成色连续变化的工件,或将两种或多种难以固溶的材料组合到一起,这些在常规的生产方式都是无法做到的。

(2)能压制成最终尺寸的压坯,坯件的表面光洁度高,需要的后续加工修整量很少,能大大节约金属和切磨工具,降低产品成本。

(3)生产过程中并不熔化材料,也就不怕混入由坩埚和脱氧剂等带来的杂质,而烧结一般在真空和还原气氛中进行,不怕氧化,也不会给材料任何污染,可以制取高纯度的材料。

(4)能保证材料成分配比的正确性和均匀性。

(5)粉末冶金适宜于生产同一形状而数量多的产品,生产效率大大提高,生产周期显著缩短,可以大大降低生产成本。

二、粉末冶金技术生产钨钢饰品的工艺过程

粉末冶金的基本工序包括,制造合金粉末、将粉末机械压实成可处理的形式、在低于合金熔点的一定温度下进行烧结,获得所需的性能,以及对产品进行后续处理(图6-3)。

(一)原料粉末的制备

1.对粉末的要求

粉末冶金生产过程中,压制的产品要具有足够的机械程度,这样在喷射、压制处理以及转到烧结炉时才不会出现裂纹。机械强度是单个粉末颗粒间冷焊的结果,但主要是由于颗粒间的相互机械结合的缘故。因此对粉末有一定的尺寸和形状要求,粉末过粗时,对坯件的湿态强度越不利,使得从压型中取出坯件时容易产生裂纹。细小的粉末具有更多的接触点,比粗颗粒粉末更理想,而形状不规则的粉末相互结合更差一些,要优先选用球形颗粒。

2.粉末制备方法

现有的制粉方法大体可分为两类:机械法和物理化学法。机械法可分为机械粉碎法和雾化法;物理化学法又分为:电化腐蚀法、还原法、化合法、还原-化合法、气相沉积法、液相沉积法以及电解法。

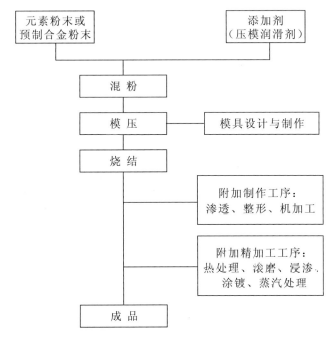

图 6-3 粉末冶金产品生产工艺流程

目前应用最为广泛的是雾化法,它特别适合制作合金粉末,其基本方法是使用高压气流或水流,将细的金属液流击打成很细的液滴,液滴在雾化室凝固成固体颗粒。雾化分气体雾化和水雾化两者,气体雾化具有相对较慢的凝固速度,液滴表面在表面张力作用下,倾向于形成球形颗粒。水雾化法的凝固速度比气体雾化法快得多,时间也短很多,表面张力作用没有发挥,故容易形成不规则的颗粒。雾化粉末的尺寸不均匀,因此要对粉末进行过筛,使其尺寸均匀细小。

近年来研究表明,WC 晶粒的细化可明显改善合金的性能,超细晶粒的钨钢不仅硬度高、耐磨性好,而且还具有很高的强度和韧性。目前超细 WC 粉体的主要制备方法有:固定反应法、原位渗碳还原法、机械合金化法和喷雾干燥-流化床法等。

3. 粉末制备工艺参数

熔化温度越高,喷水雾化的压力越大,粉末越细。雾化后得到的粉末平均颗粒尺寸为 $45\mu m$,有 50% 的粉末小于平均尺寸。

4. 粉末的贮存

粉末暴露在空气中一段时间后会吸收水分或气体,结果可能导致粉末冶金的坯件在轧制时出现裂纹,为此要对粉末进行真空热处理,工艺参数可参照温度

180℃,真空度为1毫巴(1bar=10^5Pa)。粉末经真空处理后再进行振动,使其分布均匀,然后根据粉末的成色类别分别装袋密封。

(二)混粉

粉末冶金用的粉末一般可分成两类,即元素粉末或预制合金粉末。元素粉末是单金属元素组成的,可单独使用或与其他元素粉末混合后形成一种合金。预制合金金属粉末在粉末制造过程中已合金化,因此每个粉粒均含有相同的标称成分。钨钢材料一般采用预制合金金属粉末生产。

混粉是将碳化钨粉、碳化铬粉、石墨粉、镍粉等主要组分的粉末与添加剂均匀混合。压模润滑剂是一种典型的添加剂,它可减少从压模中顶出成品坯件所需的力量。添加石墨粉的目的则是为还原氧化物供碳,达到烧结件的最终碳量。

混粉后,将粉末放在一个专用的模具中进行压制。该模具(及压制零件)的设计既应考虑到粉末的流动特性,又应考虑到压模对粉末的压制作用。

尽管金属粉末是球状的,它也会不按流体力学规律流动。因为粉粒与压模之间有摩擦力。因此,零部件设计应保证粉末在模腔中能恰当分布。此外,金属粉末的横向流动也是有限的,这就限制了可以制作的结构形状。

(三)成型和压制

成型的目的是制得一定形状和尺寸的压坯,并使其具有一定的密度和强度。

成型的方法基本上分为加压成型和无压成型。其中加压成型较普遍,加压成型中应用最多的是模压成型方法。

1. 压型

模压成型首先要根据工件的形状尺寸制作出相应的压型,由于在粉末压制成型中,要采取很高的压力,金属粉末与压型壁摩擦严重,首先要保证压型的质量和性能,使其精度、表面光洁度、耐磨性符合要求,压型结构设计时要能够方便顺利地将坯件从压型中取出来。

2. 成型过程及操作要点

压制操作时要按照钨钢粉末的操作参数,根据首饰件的尺寸、重量等特点进行压制前的准备工作,调整下柱塞的位置,使坯件的重量符合要求;调整压制压力,使坯件的高度和密度符合要求。调整完毕后将压型固定在压力机的柱塞上,粉末从吼管输入到振动器,再送到压型型腔中。

调整准备工作完成后,压制过程的第一步是将控制量的粉末放入尺寸精密的压型中,压型容积约为成品体积的2.5倍。粉末通过上、下同时移动的冲头以345~620MPa的压力被压制,压制成的零部件被称为"生坯"。将坯件从压型中取出,然后再重复填充粉末压实的过程。成型压制整个周期大概需时6~10s,

因此生产速度可以达到600Pcs/h,效率很高。

3.成型和压制注意事项

当设备和操作工艺参数稳定时,压制坯件的质量是很稳定的,批量产品的重量、尺寸一致性较好。但是,在成型压制过程中,如工艺参数不当,容易出现坯件和压型的质量问题,因此,操作过程中要注意以下事项。

(1)粉末量由压型型腔的容积决定,粉末的装入量直接影响坯件的重量。

(2)坯件的密度与压制压力有很大关系,随着压制压力的增大,密度增加,有利于获得致密、孔洞少的工件。但是压制压力过高时,粉末颗粒与压型壁之间的摩擦会逐渐损坏压型,影响坯件的精度和质量,对压型和冲头的寿命也有一定影响。

(3)粉末与型壁的摩擦也影响了压型的表面光洁度,增加了坯件从压型中取出的难度,使坯件容易产生裂纹,坯件取出后由于内部残留的应力,也有可能导致出现裂纹(图6-4)。

图6-4 压制坯件出现横向裂纹

(四)坯件烧结

成型后的压坯通过烧结使其得到所要求的最终物理机械性能,烧结是粉末冶金工艺中的关键性工序。烧结的过程中,原子越过粉粒表面移至压制过程中形成的接触点。随着烧结时间的延长,接触点变大,粉粒粘结成含有各种大小不一、形状不同的孔穴的固态块状物。烧结将粉粒间压实的机械结合转化成冶金结合。因此,最终产品的机械性能可与那些化学成分相同的铸造或锻造产品的机械性能相媲美。

1.烧结的类别

按照烧结过程中参与反应的情况,烧结分为单元系烧结和多元系烧结。按照烧结时粘结相的物态,烧结又分为固相烧结和液相烧结。除普通烧结外,还有松装烧结、熔浸法、热压法等特殊的烧结工艺。

对于单元系和多元系的固相烧结,烧结温度比所用的金属及合金的熔点低,它是通过高温热处理,使粉末颗粒粘结在一起,并使坯件致密,这是固态扩散的结果,而没有发生熔化,扩散能量由热能提供,因此烧结温度高,可使粘结更强,致密度更高。对于多元系的液相烧结,烧结温度一般比其中难熔成分的熔点低,而高于易熔成分的熔点。

由于钨钢成分中含有一些容易氧化的元素,因而需在控制气氛下烧结,可以采用 $95\%N_2+5\%H_2$ 组成的还原性气氛。

2.烧结炉的要求

对烧结炉有一定的要求,例如有一定的产出量;可以连续烧结达 24 小时以上;能稳定达到需要的烧结温度;允许使用还原性气氛;具有方便工件淬火的装置等。

采用旋转炉时可以满足这些要求,炉内分区,每个区内可用耐火容器装一定数量的坯件,炉子按一定间隔旋转,这样既可以周期性地将坯件装炉和取出;对温度的均匀性也好。

当达到要求的烧结时间,烧结过程结束,坯件冷却后既可进行后处理。

(五)钨钢坯件的常见缺陷

优质压制坯件是获得保证钨钢饰品质量的基础,由于生产工艺的特殊性,压制生产中难免出现质量问题,以下列举了一些典型坯件缺陷产生的原因及改进措施。

1.局部密度超差

(1)中间密度过低。产生的原因有:侧面积过大;模壁粗糙;模壁润滑差;粉料压制性差。改进的措施包括:改用双向摩擦压制;减小模壁粗糙度;在模壁上或粉料中加润滑剂。

(2)一端密度过低。产生的原因有:长细比或长厚比过大;模壁粗糙;模壁润滑差;粉料压制性差。改进的措施包括:改用双向压;减小模壁粗糙度;在模壁上或粉料中加润滑剂。

(3)密度高或低。产生的原因有:补偿装粉不恰当。改进的措施包括:调节补偿装粉量。

(4)薄壁处密度低。产生的原因有:局部长厚比过大,单向压制不适用。改进的措施包括:采用双向压制;减小模壁粗糙度;模壁局部加添加剂。

2.裂纹

(1)拐角处裂纹。产生的原因有:补偿装粉不恰当;粉料压制性能差;脱模方式不对。改进的措施包括:调整补偿装粉;改善粉料压制性;采用正确脱模方式;带外台产品,应带压套,用压套先脱凸缘。

(2)侧面龟裂。产生的原因有:阴模内孔沿脱模方向尺寸变小。如加工中的倒锥,成形部位已严重磨损,出口处有毛刺;粉料中石墨粉偏析分层;压制机上下台面不平,或模具垂直度和平行度超差;粉末压制性差。改进的措施包括:阴模沿脱模方向加工出脱模锥度;粉料中加些润滑油,避免石墨偏析;改善压机和模具的平直度;改善粉料压制性能。

(3)对角裂纹。产生的原因有:模具刚性差;压制压力过大;粉料压制性能差。改进的措施包括:增大阴模壁厚,改用圆形模套;改善粉料压制性,降低压制压力(达相同密度)。

3. 皱皮

(1)内台拐角皱皮。产生的原因有:大孔芯棒过早压下,端台先已成形,薄壁套继续压制时,粉末流动冲破已成形部位,又重新成形,多次反复则出现皱皮。改进的措施包括:加大大孔芯棒最终压下量,适当降低薄壁部位的密度;适当减小拐角处的圆角。

(2)外球面皱皮。产生的原因有:压制过程中已成形的球面,不断地被流动粉末冲破,又不断重新成形的结果。改进的措施包括:适当降低压坯密度;采用松装比重较大的粉末;最终滚压消除;改用弹性模压制。

(3)过压皱皮。产生的原因有:局部单位压力过大,已成形处表面被压碎,失去塑性,进一步压制时不能重新成形。改进的措施包括:合理补偿装粉避免局部过压;改善粉末压制性能。

(4)掉棱角。产生的原因有:密度不均,局部密度过低;脱模不当,如脱模时不平直,模具结构不合理,或脱模时有弹跳;存放搬动碰伤。改进的措施包括:改进压制方式,避免局部密度过低;改善脱模条件;操作时细心。

(5)侧面局部剥落。产生的原因有:镶拼阴模接缝处离缝;镶拼阴模接缝处倒台阶,压坯脱模时必然局部有剥落(即球径大于柱径,或球与柱不同心)。改进的措施包括:拼模时应无缝;拼缝处只许有不影响脱模的台阶,(即图中球部直径可小一些,但不得大,且要求球与柱同心)。

4. 表面划伤

产生的原因有:模腔表面粗糙度大,或硬度低;模壁产生模瘤;模腔表面局部被啃或划伤。改进的措施包括:提高模壁的硬度,减小粗糙度;消除模瘤,加强润滑。

5. 尺寸超差

产生的原因有:模具磨损过大;工艺参数选择不合理。改进的措施包括:采用硬质合金模;调整工艺参数。

6. 不同心度超差

产生的原因有:模具安装调中差;装粉不均;模具间隙过大;模冲导向段短。改进的措施包括:调模对中要好;采用振动或吸入式装粉;合理选择间隙;增长模冲导向部分。

(六)钨钢饰品的磨削抛光

钨钢材料由于硬度高,脆性大,导热系数小,给饰品的刃磨带来了很大困难,尤其是磨削余量大的整体钨钢饰品。硬度高就要求有较大的磨削压力，导热系数低又不允许产生过大的磨削热量，脆性大导致产生磨削裂纹的倾向大。因此，对钨钢饰品刃磨，既要求砂轮有较好的自砺性，又要有合理的刃磨工艺，还要有良好的冷却，使之有较好的散热条件，减少磨削裂纹的产生。一般在刃磨钨钢饰品时，温度高于600℃，饰品表面层就会产生氧化变色，造成程度不同的磨削烧伤，严重时就容易使钨钢饰品产生裂纹。这些裂纹一般非常细小，裂纹附近的磨削表面常有蓝、紫、褐、黄等颜色相间的不同氧指数的钨氧化物的颜色，沿裂纹敲断后，裂纹断口的断裂纹处也常有严重烧伤的痕迹，整个裂纹断面常因渗入磨削油而与新鲜断面界限分明。

目前，对钨钢饰品的表面磨削抛光处理方法主要有机械磨削抛光和电解磨削抛光两类。

1. 机械磨削抛光

（1）打磨抛光机械。钨钢的打磨抛光与宝石加工很相似，常用的设备有以下四种。

成型机：用于圆形、仿形的磨制，具有尺寸外形统一、精度高等特点。

磨削设备：主要用于磨削钨钢使之出造型，根据磨削方式和磨具不同，分别有轮磨机、盘磨机、带磨机和滚磨机几类。其中，轮磨机主要用于对钨钢坯料进行倒棱和圈形；盘磨机主要用于坯料的平面研磨；带磨机主要用于弧面研磨；滚磨机主要用于磨削除去坯料的棱角，使之变得圆滑。

抛光设备：常用抛光设备有滚筒、震桶等。

钻孔设备：目前常用的钻孔设备有超声波打孔机和激光打孔。

（2）打磨抛光磨料磨具。磨具是钨钢加工中最重要的切割、磨削和抛光的工具。根据在加工中的作用不同，可分为切割磨具、磨削磨具和抛光磨具三大类。若根据磨具与磨料的附着关系，又有游离磨料磨具和固着磨料磨具之分。

由于磨料磨具的种类、型号、规格多种多样，对不同的钨钢饰品，需要选择适当的磨料磨具的特性参数，才能达到满意的效果。

1）磨具的磨料。磨料的种类很多，其选择往往与被加工工件的材料性能有直接的关系，对于钨钢饰品，由于其材料本身的硬度很高，因此一般选用超硬磨料。

传统碳化硅砂轮磨削钨钢由于磨削效率很低、磨削力较大、自砺性差以及磨削接触区表面局部温度高（高达1 100℃左右）等造成刀具刃口质量差、表面粗糙度差和废品率高等缺点已逐渐被淘汰使用；而人造金刚石砂轮则由于磨削效率高、磨削力较小、自砺性好、金刚石刃口锋利、不易钝化以及磨削接触区表面局部温度较低（一般在400℃左右）等优点被广泛应用于钨钢刀具的磨削加工中。人造金刚石的品种、代号和应用范围如表6-3所示。

表 6-3　人造金刚石品种、代号及使用范围（GB/T 23536—2009）

人造金刚石品种及代号		使用范围	
品种	代号	粒度窄范围	推荐用途
磨料级	RVD	35/40～325/400	陶瓷、树脂结合剂磨具；研磨工具等
	MBD		金属结合剂磨具；电镀制品等
锯切级	SMD	16/18～70/80	锯切、钻探工具、电镀制品等
修整级	DMD	30/35	修整工具；单粒或多粒修整器等
微粉	MPD	M0.5～M36/54	精磨、研磨、抛光工具；聚晶复合材料等

近年来，随着新材料的应用，CBN（立方氮化硼）砂轮显示出十分好的加工效果，在数控成型磨床、坐标磨床、CNC 内外圆磨床上精加工，效果优于其他种类砂轮。

在磨削加工中，要注意及时修整砂轮，保持砂轮的锐利，当砂轮钝化后，会在工件表面滑擦、挤压，造成工件表面烧伤，强度降低。

2) 磨具的结合剂。结合剂是把许多细小的磨粒粘结在一起而组成磨具的材料，常用的结合剂有树脂、金属两大类，不同的结合剂具有不同的特性及应用范围（表 6-4）。

3) 磨具的粒度。磨具粒度与磨削效率、磨削精度等关系密切，粒度的选择原则是，在满足被加工工件的表面粗糙度要求的前提下，尽量选粗粒度，以提高磨削效率。一般情况下磨具粒度与工件表面粗糙度之对应关系如表 6-5 所示。

4) 磨具形状。磨具形状主要涉及到基体基本形状、磨料层断面形状、磨料层在基体上的位置几个方面。为便于规范统一，国家标准 GB/T6409.1-94（参照采用 ISO6104-79）规定了磨具的标记方法，磨具标记组成为：形状代号+基本尺寸+磨料代号+磨料粒度代号+结合剂代号+浓度代号，其中，形状代号表示基体基本形状和磨削层断面形状以及二者间的位置关系（图 6-5～图 6-7）；基本尺寸表示基体和磨削层的基本尺寸；磨料代号表示人造钻石或立方氮化硼的品种代号；粒度代号表示磨料粗细的代号；结合剂代号表示结合剂类别的代号，树脂—B，金属—M，陶瓷—V；浓度代号表示磨料层含磨料比率的代号。例如，磨具标记：1A1 400×25×127×10 CBN 100/120 B 100。

表6-4 结合剂的类别、特性及应用范围

结合剂名称	代号	特 性	应用范围
树脂结合剂	B	磨具自锐性好,不易堵塞,发热少,易修整,抛光性好,耐磨,但耐热性差,不适于重负荷磨削	金刚石磨具用于硬质合金、刀具及非金属的半精磨、精磨;立方氮化硼磨具用于高速钢、工具钢、不锈钢、耐热钢的半精磨、精磨
金属结合剂(电镀镍)	Me	结合力强,切削刃口锐利,加工效率高,但受镀层限制,工作层薄,使用寿命短	主要用于玻璃加工和铁氧体磁性材料加工。精度好,用于半精磨、精磨和成形磨,也可用于制造特薄及异形开口磨具,成形砂轮
青铜结合剂	M	结合力强,耐磨性好,磨具消耗低,能承受较大负荷。但自锐性差,使用不当会发热和堵塞	金刚石磨具用于玻璃、陶瓷、宝石的切削、粗磨、精磨、成形磨;立方氮化硼磨具用于合金钢等材料的研磨

表6-5 磨具粒度与工件表面粗糙度的对应关系

磨料粒度代号	70/80~100/120	100/120~140/170	140/170~230/270	270/325~10/20	8/12~2.5/5	2.5/5~0/2
工件表面粗糙度 $Ra/\mu m$	3.2~0.8	0.8~0.4	0.4~0.2	0.2~0.1	0.1~0.05	0.05~0.025

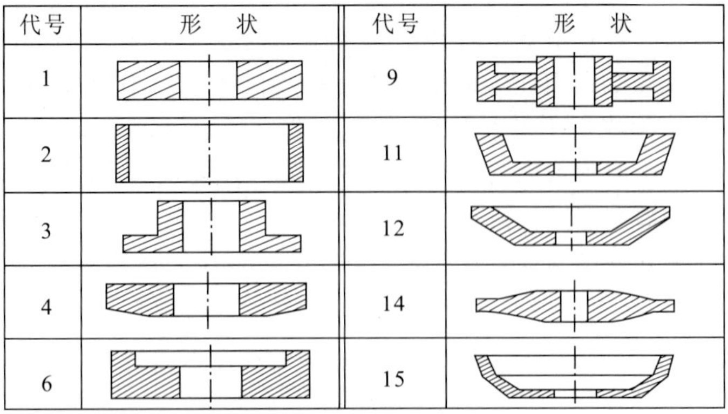

代号	形状	代号	形状
1		9	
2		11	
3		12	
4		14	
6		15	

图6-5 磨具基体基本形状代号

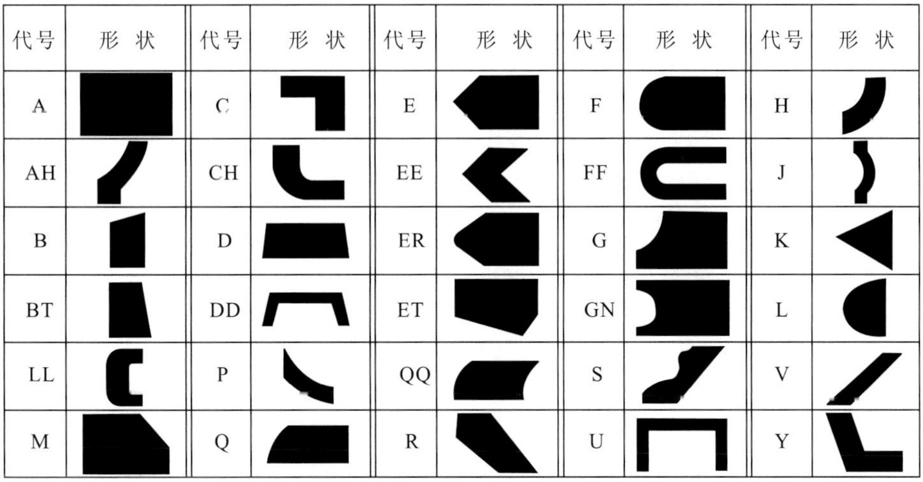

第六章 钨钢饰品及生产工艺

代号	形状	代号	形状	代号	形状	代号	形状	代号	形状
A		C		E		F		H	
AH		CH		EE		FF		J	
B		D		ER		G		K	
BT		DD		ET		GN		L	
LL		P		QQ		S		V	
M		Q		R		U		Y	

图 6-6 磨具磨料层断面形状代号

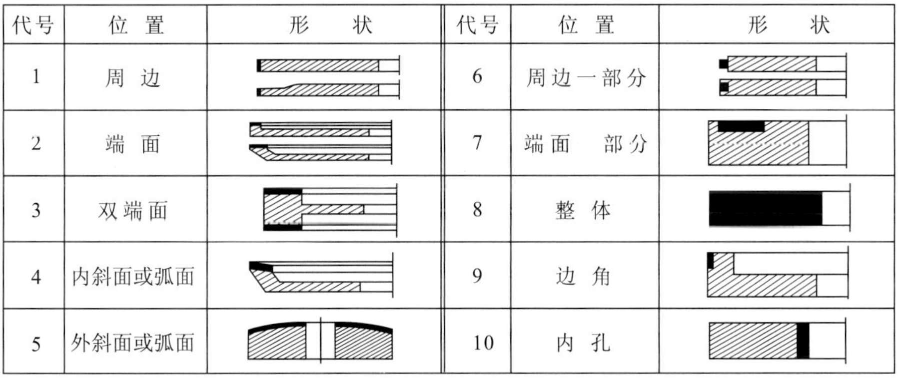

代号	位置	形 状	代号	位置	形 状
1	周边		6	周边一部分	
2	端面		7	端面部分	
3	双端面		8	整体	
4	内斜面或弧面		9	边角	
5	外斜面或弧面		10	内孔	

图 6-7 磨料层在基体上的位置代号

（3）辅料。在钨钢加工中，除需各种磨料和磨具外，还需各种辅助材料，包括研磨液、冷却液、粘结材料和清洗材料等。

1）钨钢研磨液。钨钢属于硬而脆的材料，为减少研磨抛光时磨料介质的磨损，防止工件产生龟裂，业内已研发出一系列的高效研磨液，它们特别适用于钨钢及其他含钴的加工材料，在加工过程中能确保工件材料中的钴不会溶入磨削液中，加工后的工件在保证硬度不发生改变的情况下能最大限度保持工件原有抗弯强度和断裂韧性也不发生改变，可配合各种砂轮或者研磨颗粒作用于工件表面，适用于无心磨及外圆研磨，研磨盘等工艺，具有磨屑沉积快、不起泡的特点，在机械和零件上不会产生粘附物。

2)冷却液。常用的冷却液有水、崐油和皂化液等。选择合适的冷却液至关重要。合理使用冷却润滑液,发挥冷却、洗涤、润滑的三大作用,保持冷却润滑清洁,从而控制磨削热在允许范围内,以防止工件热变形。改善磨削时的冷却条件,如采用浸油砂轮或内冷却砂轮等措施。将切削液引入砂轮的中心,切削液可直接进入磨削区,发挥有效的冷却作用,防止工件表面烧伤。因此合理使用和维护磨削液在磨削加工过程中至关重要。

3)粘结材料。主要用来将钨钢粘在操作棒上以便于加工。

4)清洗材料。主要用于清洗黏结剂和钨钢表面油污灰尘等。

(4)磨削操作工艺。钨钢饰品在进行磨削加工时,操作不当或砂轮选用不妥等极容易导致钨钢因磨削温度过高致使合金表面过烧或致其韧性降低、脆性加大,从而影响钨钢产品质量。制定合理的磨削工艺是前提,这是保障钨钢产品磨削加工的基础。合理选择磨削用量,采用径向进给量较小的精磨方法甚至精细磨削。如适当减少径向进给量及砂轮速度、增大轴向进给量,使砂轮与工件接触面积减少,散热条件得到改善,从而有效地控制表层温度的提高。

2. 电解磨削加工

以往钨钢的机械磨削抛光几乎均停留在机械加工方法之上,该法设备复杂,需经金刚砂轮打磨→人工用金钢砂纸打磨→人工用细棉砂打磨的过程来加工,过程繁杂费时,不仅效率低,成本高,而且更大的缺点是合金经反复机械打磨,容易在其表面及内部产生应力及裂纹,降低使用寿命,甚至使合金脆裂而损坏。电解磨削加工是借助于电解加工与机械磨削的综合作用达到对硬质合金进行加工,其中电解加工起主要作用,约占80%~90%,机械磨削只占10%~20%。生产效率比一般机械磨削高4~8倍。同时,可以方便地改变电参数,而将粗、精两道工序合并为一次完成,缩短了生产周期,降低了加工成本,是目前加工钨钢具有前景的方法。

(1)结构与原理。电解磨削主要由直流电源、机床、液压系统三大部分组成,其原理如图6-8所示。

电解磨削时,钨钢工件接直流电源的正极,金刚石导电磨轮接直流电源的负极,两者保持一定的接触压力,与磨轮表面突出的磨料(金刚石)保持一定的电解间隙,并向间隙中供给电解液。当接通电源后,工件表面发生电化学反应,硬质合金被电解,并在其表面上形成一层极薄的氧化膜(电解膜),其硬度远低于硬质合金本身。这层氧化膜被高速旋转的金刚石磨轮不断地刮除并随着电解液带走。使新的工件表面漏出,继续产生电解反应。电解和氧化膜的刮除交替进行,使钨钢连续加工形成光滑的表面,并达到一定的尺寸精度。

选择电解磨削设备时,磨床结构必须有足够的刚度,以便在磨轮与工件之间

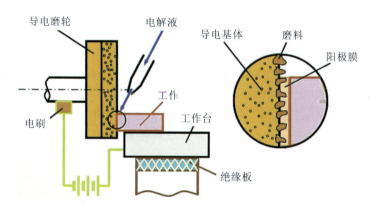

图 6-8 电解磨削原理图

达到较高的弯曲应力时仍能保持精度。机床需要一些加压和过滤电解液的耐腐蚀附属设备。控制设备、夹具和机械、电气系统要合适的材料制造或加涂层,使之能在盐雾的环境下工作。电解磨轮用金刚砂导电磨轮能够导电,不导电的磨粒磨轮也可以,但是效果不如金刚石好。电解液喷嘴的材料一般用耐热的有机玻璃或其他相当的绝缘材料制造。工件夹具用铜或铜合金材料制造。设计机构应使极性为阴极和阳极的零件在电解磨削中相互绝缘,以保证机床的正常工作。

(2)磨削电解液及电解磨轮。电解磨削是以电化学溶解为基础的。电解液的选择对电解磨削的生产率、加工精度及表面质量有很大的影响。用于配制电解液的化学物质有亚硝酸钠、硝酸钠、磷酸二氢钠、氯化钠、硼酸钠、铬酸钾等,例如,6.3%的亚硝酸钠、0.3%硝酸钠、2%磷酸二氢钠、1.4%硼酸钠,pH值控制在8~9。

硬质合金的电解磨削一般采用金刚石导电砂轮,这是由于金刚石磨料形状规则,硬度高,能长期保持均匀的电解间隙,而且生产率高,在精磨削时能单独进行机械磨削。金刚石电解磨轮可分为金属粘接剂和电镀金刚石磨轮。前者用于钨钢的平面和内外圆的电解磨削;后者用于单一形状大批量工件的电解成形磨削和小孔的内圆磨削。

(3)磨削工艺参数。在电解磨削过程中,电流密度是决定生产率的主要因素,生产率随着电解密度的增大而提高,但是电流密度过大或过小都会降低加工精度及表面质量。在实际生产中,不宜无限制地升高电压,电压过高会引起火花放电,影响工件的表面质量。

电解磨削钨钢时,电流密度在 110A/cm² 时的生产率最高,实际所用的电流密度为 15~60A/cm²,电压为 7~10V。粗磨时电流为 20~30A/cm²,精磨时为

$5\sim6A/cm^2$。

在一定电压下,加工间隙小,可获得较高的电流密度,提高生产率,使加工表面平整,精度高。但是间隙过小,电解液就不易引进或分布不均,容易引起火花放电,加剧磨轮的磨损。一般采用的加工间隙为0.025~0.05mm。

磨削压力增大,生产率也增大,随着压力的不断增大,电解间隙相应减小,容易产生火花放电。反之磨削压力过低,氧化膜去除不充分,加工效率和表面质量都随之降低。因此磨削压力应以不产生火花放电并能充分刮除氧化膜为原则。一般磨削压力推荐使用0.2~0.5MPa。

接触面积增大,直流电源能自动输入较大的电流而使生产率提高,并且表面质量仍然良好。因此在电解磨削时,应尽量使磨轮与工件保持最大的接触面积。

增大磨轮转速,可使电解间隙中的电解液供应充分、交替迅速,同时提高机械磨削作用,使生产率提高,但不能过高。一般磨轮线速度为1 200~2 100m/min。

电解液的流量应保证充分并均匀地进入电解间隙,一般立式电解平面磨床电解液的流量为5~15L/min,内外圆电解磨床电解液流量为1~6L/min。电解液喷嘴的安装也很重要。因为这有助于将电解作用限制在磨轮和工件相接触的加工间隙之间。喷嘴必须紧靠磨轮的外表面牢固地安装,并带有空气刮板,这样喷嘴就会使转动着的磨轮外缘的空气层破裂。

第七章　陶瓷饰品及生产工艺

陶瓷饰品就是指用各种陶瓷材料制作,或与金属等材料结合制成的起装饰人体及其相关环境的装饰品(包括饰品、摆饰等)。

陶瓷作为一种独特的艺术媒介语言,有其特有的材质特性与历史文化底蕴。从材料角度而言,陶瓷具有温和的质地、多变的釉彩、丰富的肌埋,以及在制作中的偶然性,赋予陶艺相比其他材料无法成就的魅力。同时,陶瓷材料具有硬度高、耐磨、耐酸、耐碱、耐冷、耐热等优越性能,被运用于现代装饰中是其他材料无法比拟的。通过现代材料科学技术手段,纳米陶瓷技术将有可能改变陶瓷材料易碎这一致命弱点,使其成为一种高强度、高韧性的饰品新材料,这将给饰品设计带来更多可能的发挥空间。

陶瓷饰品是一种特殊的新型饰品,具有新颖、独特的风格。它或以造型出奇,或借釉色取胜,或在装饰上展现新姿,创造了一种意蕴隽秀的艺术形象。

第一节　陶瓷材料简介

一、陶瓷的概念

陶瓷是在人类生活和生产中不可缺少的一种材料和其制品的通称。它在人类历史上已经历了数千年的发展。传统上,陶瓷的概念是指所有以粘土为主要原料与其他天然矿物原料经过粉碎混炼→成形→煅烧等过程而制成的各种制品。如常见的日用陶瓷制品和建筑陶瓷、电瓷等都属于传统陶瓷。由于它的主要原料是取之于自然界的硅酸盐矿物(如粘土、长石、石英等),所以可归属于硅酸盐类材料和制品。传统陶瓷工业可与玻璃、水泥、搪瓷、耐火材料等工业同属"硅酸盐工业"的范畴。

随着近代科学技术的发展,需要充分利用陶瓷材料的物理与化学性质,近百年来出现了许多新的陶瓷品种,如氧化物陶瓷、压电陶瓷、金属陶瓷等各种高温和功能陶瓷,它们的生产过程虽然基本上还是原料处理→成形→煅烧这种传统的陶瓷生产方法,但采用的原料已不再使用或很少使用粘土等传统陶瓷原料,而已扩大到化工原料和合成矿物,甚至是非硅酸盐、非氧化物原料,组成范围也延伸到无机非金属材料的范围中,并且出现了许多新的工艺。因此,广义的陶瓷概念已是用陶瓷生产方法制造的无机非金属固体材料和制品的通称,国际上通用的陶瓷一词在各国并没有统一的界限。

二、陶瓷的分类

陶瓷种类繁多,分类方法也有多种。按陶瓷概念和用途来分类,可将陶瓷分为两大类:即普通陶瓷和特种陶瓷。

普通陶瓷即为陶瓷概念中的传统陶瓷,这一类陶瓷制品是人们生活和生产中最常见和使用的陶瓷制品,根据其使用领域的不同,又可分为日用陶瓷(包括艺术陈列陶瓷)、建筑卫生陶瓷、化工陶瓷、化学瓷、电瓷及其他工业用陶瓷。日用陶瓷是品种繁多的陶瓷制品中最古老的和常用的传统陶瓷。这一陶瓷制品具有最广泛的实用性和欣赏性,也是陶瓷科学技术和工艺美术有机结合的产物,饰品用陶瓷也属于这类制品。饰品陶瓷可以界定为,用铝硅酸盐矿物或某些氧化物等主要原料,依照设计款式式样通过特定的化学工艺在高温下以一定的温度和气氛(氧化、炭化、氮化等)制成所需形式的饰品,表面施有相当悦目的各种光润釉或特定釉和某些装饰。若干瓷质还具有不同程度的半透明度。通体由一种或多种晶体、无定性胶结物及气孔或与熟料包裹体等种种微观结构相对组成。

普通陶瓷以外的广义陶瓷概念中所涉及到的陶瓷材料和制品即为特种陶瓷。特种陶瓷是用于各种现代工业和尖端科学技术所需的陶瓷制品,其所用的原料和所需的生产工艺技术已与普通陶瓷有较大的不同和发展。在性能上,特种陶瓷具有不同的特殊性质和功能,如高强度、高硬度、耐腐蚀、导电、绝缘,以及在磁、电、光、声、生物工程各方面具有的特殊功能,从而使其在高温、机械、电子、宇航、医学工程各方面得到广泛的应用。在成分上,传统陶瓷的组成由粘土的成分决定,所以不同产地和炉窑的陶瓷有不同的质地。由于特种陶瓷的原料是纯化合物,因此成分由人工配比决定,其性质的优劣由原料的纯度和工艺,而不是由产地决定。在制备工艺上,突破了传统陶瓷以炉窑为主要生产手段的界限,广泛采用真空烧结、保护气氛烧结、热压、热静压等手段。在原料上,突破了传统陶瓷以粘土为主要原料的界限,特种陶瓷一般以氧化物、氮化物、硅化物、硼化物、碳化物等为主要原料。

三、陶瓷材料的组成

陶瓷材料属于无机非金属材料,大部分为含有硅和其他元素的氧化物,其原料组成主要有四个部分,分别是坯用原料、釉用原料和装饰使用的着色原料以及原料添加剂。

1. 坯用原料

一般都是天然矿物原料,按其物化性能不同可分为:粘土类原料、硅质原料、钙镁质矿物原料等瓷砂类原料。

粘土类原料在陶瓷生产配方中源于其可塑性,它和瓷砂类原料结合在一起,赋予生坯制品强度,确保其在生产线运输和装饰中保持不破损性,它在坯中组成占将近10%～40%。瓷砂类原料主要来自矿山,它们是陶瓷坯料最主要的组成部分,一般占将近50%～90%。其种类和典型矿物举例如下:粘土和瓷砂结合在一起,经球磨到一定细度并在适当温度下烧成,便形成各种不同吸水率、收缩率以及不同物化性能的坯体。

2. 釉用原料

大多是一些天然矿物,经深加工并充分合成后形成的标准化原料以及一些化工原料,例如,石英、高岭土、氧化铝、二氧化锰、三氧化二铁等。近代陶瓷中随着低温快烧工艺的出现,又出现了合成熔块类原料,它们的不同组合可形成质感不同、效果极其丰富的釉面,利用它们覆盖胚体表面,构成千变万化的艺术装饰效果。

3. 色料

装饰在坯釉上的着色剂称为色料,使用时一般直接加入到坯料和釉料中。陶瓷中常见的着色剂有三氧化二铁、氧化铜、氧化钴、氧化锰、二氧化钛等,分别呈现红、绿、蓝、紫、黄等色。

4. 添加剂

陶瓷生产中用到一些添加剂,可谓陶瓷工业中的"食盐和味精",能显著改善陶瓷坯釉料制作中的许多性能,例如在含水量低的情况下,使用少量的三聚磷酸钠能使泥浆获得良好的稀释。添加剂按其所起作用可系统细分为解凝剂、湿润剂、防腐剂等。

四、陶瓷材料的性能

陶瓷材料的性能包括物理性能、化学性能、机械性能、热性能、电性能、磁性能以及光学性能等多个方面。这里着重分析阐述陶瓷材料的一般性能特点。

1. 物理性能

(1)热性能。陶瓷材料的热性能指其熔点、热容、热膨胀、热导率等方面。

陶瓷材料的熔点一般都高于金属,高的可达3 000℃以上,而且具有优于金属高温强度,是工程上常用的耐高温材料。

陶瓷的线膨胀系数较小,比金属低得多;陶瓷的热传导主要靠原子的热振动来完成的,不同陶瓷材料的导热性能不同,有的是良好的绝热材料,有的则是良好的导热材料,如氮化硼和碳化硅陶瓷。

热稳定性是指材料在温度急剧变化时抵抗破坏的能力。热膨胀系数大、导热性差、韧性低的材料热稳定性不高。多数陶瓷的导热性差、韧性低,故热稳定性差。但也有些陶瓷具有高的热稳定性,如碳化硅等。

(2)导电性。多数陶瓷具有良好的绝缘性能,但有些陶瓷具有一定的导电性,如压电陶瓷、超导陶瓷等。

(3)光学特性。陶瓷一般是不透明的,随着科技的发展,目前已研制出了如制造固体激光器材料、光导纤维材料、光存储材料等陶瓷新品种。

2. 化学性能

陶瓷的结构非常稳定,通常情况下不可能同介质中的氧发生反应,不但室温下不会氧化,即使1 000℃以上的高温也不会氧化,并且对酸、碱、盐等的腐蚀有较强的抵抗能力,也能抵抗熔融金属(如铝、铜等)的侵蚀。

3. 机械性能

陶瓷的弹性模量一般都较高,极不容易变形。有的先进陶瓷有很好的弹性,可以制作成陶瓷弹簧。陶瓷的硬度很高,绝大多数陶瓷的硬度远高于金属。陶瓷的耐磨性好,是制造各种特殊要求的易损零、部件的好材料。陶瓷的抗拉强度低,但抗弯强度较高,抗压强度更高,一般比抗拉强度高一个数量级。

陶瓷材料之所以具有硬度大、弹性模量高的特点,是由它内部离子晶体的结构所决定的。陶瓷材料多为离子键构成的离子晶体,也有由共价键组成的共价晶体,这类晶体结构中键的结合能大,正负离子的结合牢固,抵抗外力弹性变形、刻划和压入的能力很强,从而表现出弹性模量高和硬度大的特点。另外这类晶体结构具有明显的方向性,因此多晶体陶瓷的滑移系统非常少,在外力作用下几乎不产生塑性变形,常呈现脆性断裂,这是陶瓷作为工程材料的最致命的缺点。由于陶瓷质脆,因此它的抗冲击能力很低,耐疲劳的性能也很差。

随着材料科学技术的进步,近年来研究了具有超塑性的精密陶瓷材料,它们在断裂前的应变可达到300%左右,如图7-1所示的瓷板,长度3m,宽度1m,厚度仅

图7-1 可弯曲的超塑性陶瓷板

3mm，可沿长度方向对弯。常见的精密陶瓷材料有氧化铝和氧化锆，它们的性能如表 7-1 所示。

表 7-1　精密陶瓷性能

物理特性	氧化铝陶瓷	氧化锆陶瓷
质量分数/%	氧化铝>99.8%	氧化锆>97%
密度/(g·cm^{-3})	3.93	6.05
硬度 HV	2 300	1 300
抗压强度/MPa	4 500	2 000
抗弯强度/MPa	595	1 000
杨氏模量/GPa	400	150
断裂韧性 K/(MPa·m$^{\frac{1}{2}}$)	5～6	15

第二节　陶瓷饰品

一、陶瓷饰品的发展概况

"陶瓷饰品"的理念是法国著名的瓷艺师贝尔纳多（Bernardaud）提出的。他在自己的陶瓷店面临困境，瓷制品销量下滑的情况下，提出了扩展瓷制品种类的想法——制造陶瓷饰品。最初的陶瓷饰品是陶瓷戒指，设计简单优雅，在法国一经面世就引起极大的轰动，受到顾客青睐。

世界上首位陶瓷饰品设计者是德国的克劳斯·戴姆布朗斯基教授。他自 1972 年起，就在任教的院校从事陶瓷饰品的研究与设计，作品荣获多项国家和国际大奖。另外著名的陶瓷饰品设计师还有德国的皮埃尔·卡丁和巴巴拉·戈泰夫。

陶瓷饰品从提出到现在已有几十年的历史。在这段时间内，欧洲国家涌现出比较多的陶瓷饰品，在法国、德国等都有不同程度的发展；亚洲国家中的韩国、日本陶瓷饰品也有很多新花样，优雅、可爱的陶瓷饰品，很受消费者欢迎，成为馈赠礼物的好选择。

随着高韧性的氧化锆精密陶瓷材料的出现,陶瓷材质运用于珠宝首饰设计是近几年的大热趋势之一,许多珠宝品牌纷纷推出陶瓷珠宝,最具代表性的有Chanel Ultra系列珠宝中的黑白陶瓷婚戒(图7-2);意大利的Damiani(玳美雅)珠宝也曾把白色与黑色陶瓷与黄金和钻石融合,以打造全新的流行趋势(图7-3);另外卡地亚黑白系列钻石陶瓷手链和戒指以及宝格丽玫瑰金三环黑白瓷戒指等也都引领陶瓷珠宝新潮流。各大品牌将独具创意的高精密陶瓷与其他金属粉末混合烧制而成的高级珠宝首饰,有着与贵金属一样珍贵的品质,别具一格的设计也可以给传统珠宝带来更加现代前卫的气息。

图7-2 香奈儿18K镶钻嵌精密陶瓷戒指　　图7-3 Damiani精密陶瓷

中国是一个陶瓷大国,亦是瓷器的创生之地,早在东汉时期已开始步入陶与瓷并举的时代。在上千年的历程中,中国人以独有的文化和艺术心智创造出无数精美、令全世界惊叹的瓷器。但是很长一段时间,人们的意识似乎只停留在陶瓷器皿上,比较少将陶瓷与饰品联系在一起,而且设计也不够新颖,规模和意识都没有提高到应有的层次,因此国内的陶瓷饰品还处于初级阶段。前几年兴起的陶吧,一度蔚然成风,它制作工艺简单,形式灵活自由,既能发展人们的自我兴趣,又满足了人们的成就感。可以预见,在世界陶瓷时尚潮流带动下,我国陶瓷饰品产业也将迎来快速的发展。

二、陶瓷饰品的特点

陶瓷饰品使用的材料取材大自然的土石,材料本身便具有许多自然特质,由于人与自然的密切相关,来自自然的土石原本对人就具有一种特殊的意义。陶瓷材料具有硬度强、耐磨、耐酸、耐碱、耐冷、耐热等优越性能,而且危害低、环保、节能、健康。原料中所含有的微量元素有益于人体健康。有研究证实,陶瓷对人体有改善新陈代谢、促进血液循环等保健作用。陶瓷能够在常温下发射出对人体有益的红外线,而且它发出的红外线与人体自身发出的红外线的波长基本吻合,这样当陶瓷接近人体时,就能产生共振现象。另外,由于人们审美观念的改变,抛弃了传统饰品的保值观念,陶瓷饰品因此更加注重装饰性,成为新型的"绿色饰品"。

陶瓷饰品有行云流水、斑斓夺目、五彩缤纷的颜色釉,色彩瑰丽、造型奇特、意境美妙,佩在指间、耳上、手腕、颈项,有一种冷艳的美,有似宝石美玉、胜琥珀玛瑙的艺术效果,五彩斑斓、青翠欲滴、温润如玉的冰纹釉,晶莹剔透、光泽闪烁的结晶釉等,还会使人感到釉色的美妙意境,充分展示冰与火般的魅力,这是其他材质饰品所不能替代的,它开拓了饰品设计的审美视野,满足了不同个性的人们对现代饰品的多种审美需求。

陶瓷饰品制作工艺简便,成本低,能真正做到价廉物美,有利于饰品的大众化。

三、陶瓷饰品的类别

陶瓷饰品的类别丰富多样,常见的饰品有:

(1)陶瓷戒指。其种类较多,有陶瓷作为指圈的素陶戒指,还有金属指圈镶嵌陶瓷的戒指。

(2)陶瓷手链。典型的是青花瓷手链,它是运用天然钴料在白泥上进行绘画装饰,再罩以透明釉,然后在高温下一次烧成,使色料充分渗透于坯釉之中,呈现青翠欲滴的蓝色花纹,显得幽情美观、明净素雅。再就是冰裂釉陶瓷手链,陶艺中的坯体与釉,如果在配方与烧成上设计不当,两者膨胀系数差异过大,常会造成釉面裂纹。然而刻意造成釉面裂纹,也别有一番风味,在陶艺上称之为裂纹釉。"冰裂釉"与裂纹釉不同,其差异在于前者为多层次的立体结构裂纹,造成犹如玫瑰花瓣般的层面,加上釉色的变化,艺术效果非常好,而后者为单层次的裂纹。

(3)陶瓷项链。

(4)陶瓷挂坠。

(5)陶瓷耳环。

(6)陶瓷手表。

(7)陶瓷发簪。

上述陶瓷饰品的典型示例如下。

陶瓷素身戒指

金属镶嵌陶瓷戒指

青花瓷手链

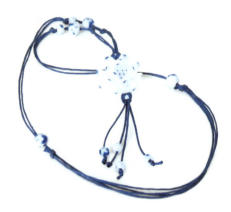

陶瓷项链

装配陶瓷的18K镶钻项链

冰裂釉陶瓷手链

陶瓷耳环

陶瓷挂坠

陶瓷手表

陶瓷发簪

第三节　陶瓷饰品生产工艺

陶瓷原料主要成分是由硅和铝，陶瓷成分与岩石成分没有本质区别，只有天工与人工的差别。陶瓷饰品基本都是烧结陶瓷，因为它难以像金属和塑料那样使熔化的熔液流入模型，靠本身的塑性变形性质而用热压铸成形法制成制品，所以都是采用粉体成形，然后进行烧结的方法来生产。陶瓷饰品的制作按顺序可分为原料加工、泥坯塑制、赋釉及焙烧四大工序，即配泥、成型、配釉及焙烧，具体工序过程如图7-4所示。

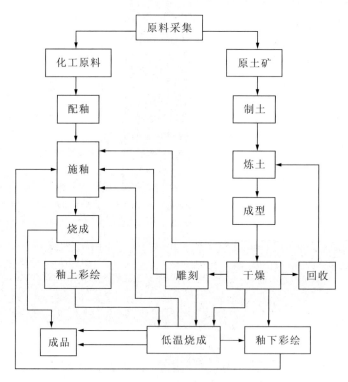

图7-4　陶瓷饰品制作工艺过程

一、配泥

陶瓷行业有句话："原料是基础，烧成是关键"，反映了原料、坯料的加工在陶瓷生产中的重要性。要获得稳定的陶瓷饰品质量，粉体制备中需使用成分、性能稳定可靠的原矿原料。瓷石和高岭土开采出来以后,经过粉碎、淘洗等工序处理,除去原料中的粗杂颗粒,制成块料,再经过精炼、加工,配制成适于各种瓷器用的坯料和釉料。

配泥的目的,一方面是为了清除杂质,另一方面是把产地来源不同,成型和煅烧性能不同的土搭配成符合制作者所需要的、具有一定烧成温度范围的、能和釉及煅烧温度相呼应的熟土。有时为了加强泥质在高温煅烧情况下的支承力,使坯体不致下塌而适当掺些砂子。有时为了追求陶土烧成后的色泽而加入一些着色原料成为"色胎"。陶土和瓷土的化学成分基本是相同的,由于风化和再风化的原因,改变了它们的物理性能,使之出现了陶土具有较大的粘性和可塑性,瓷土具有脆性及高温状态下玻化程度较大的区别。

二、成形

陶瓷原料配制后,开始进入成形阶段。成形是将陶瓷粉料加入塑化剂等制成坯料,并进一步加工成一定形状和尺寸的半成品过程。成形的目的是为了得到内部均匀和高密度的坯体,提高成形技术是提高陶瓷产品可靠性的关键步骤。陶瓷饰品的成形方法有多种,需根据产品的特点进行相应选择。

当制作单件个性化饰品时,可直接人工成形。先用双手将泥团反复揉捏,进一步排除里面的气泡,使泥更"熟"。采用手工捏塑方法捏制出饰品所需形状尺寸,对较大的陶瓷饰品、摆件,也可采用轮制法。陶瓷饰品坯体成形以后,要进行修饰,包括湿手抹平和拍印。目的是使坯面不致过早因干燥而裂,使坯表面平整,使高低不平的坯体表面填平补齐。

当前,陶瓷饰品大都实现批量生产,一般需借助成形设备和模具,以提高生产效率,获得稳定一致的产品质量。

1. 模压成形

它是在粉料中加入有机粘合剂,将混合后的可塑料填入金属模型,加压后制成具有一定强度的成形体的方法。其优点是价格便宜,成形体的尺寸误差小。压力在 $200\sim2000\ \text{kgf/cm}^2$ ($1\ \text{kgf/cm}^2=98.0665\ \text{kPa}$)范围之内。

2. 等静压成形

它是制得均匀粉末成形体的方法。因其使用橡胶袋(模具),故也称胶袋成形法。这种方法是将粉末装入橡胶袋中,再将装有粉末的橡胶袋置于水压室内进行成形,水压室内的压力均匀地加压于粉体,故可获得良好的成形体。

3. 挤压成形

它是将经过混炼的可塑性坯料从模孔中挤出的方法,成形用坯料从口盖里面的供给孔进入口盖内,经过细分后,向薄壁扩展,再结合,由此求得延伸性和结合性好的质量。在挤压成形中,选择结合剂应使坯料的流动性和自守性两个性能达到最佳化。

4. 注浆成形

它是用水等制作成带有流动性的泥浆,将泥浆注入多孔质石膏模型内,水通过接触面渗入石膏模型体内,表面形成硬层。这是一种制作石膏模内面形状与成形体形状相同的成形方法。它又分为双面吃浆法(实心注浆法)与单面吃浆法(空心注浆法)。注浆成形的关键工具是特殊的石膏模或其他材料的多孔模型。如用石膏模时,除需在模壁内用钢筋补强,使之能承受模头的冲压作用外,还需在模壁内适当分布直径较小的多孔软管。这些小管在加压成型时可迅速均匀排水,在脱模时又可吹入空气帮助脱模。当采用金属模头时,为防止粘泥,可采取上润滑剂或加热的方法。如用石膏模头时,由在脱模时向模型内吹气,使成型好的坯体吸附在模头上而离开模型。最后又向模头内吹气,使坯体脱离模头。注浆成形的坯体不需带模干燥,比可塑成型异型制品的生产效率高,坯体质量好,是一种有发展前途的新工艺。

5. 热压铸成形

它是在粉末中加入塑料,用与树脂成形相同的方法进行成形的方法。该法虽适用于复杂部件的成形,但若粘合剂用量超过 15%～25%,则脱脂困难。目前对于大型、厚壁制品尚不宜用这一方法。

三、干燥

陶瓷的干燥是陶瓷的生产工艺中非常重要的工序之一,陶瓷产品的质量缺陷有很大部分是因干燥不当而引起的。干燥是一个技术相对简单,应用却十分广泛的过程,不但关系着陶瓷的产品质量及成品率,而且影响陶瓷企业的整体能耗。陶瓷的干燥速度快、节能、优质、无污染等是对干燥技术的基本要求。

1. 陶瓷干燥过程机理

陶瓷坯体的含水率一般在 5%～25% 之间,坯体与水分的结合形式,物料在干燥过程中的变化以及影响干燥速率的因素是分析和改进干燥器的理论依据。当坯体与一定温度及湿度的静止空气相接触,势必释放出或吸收水分,使坯体含水率达到某一平衡数值。只要空气的状态不变,坯体中所达到的含水率就不再因接触时间增加而发生变化,此值就是坯体在该空气状态下的平衡水分。而到达平衡水分的湿坯体失去的水分为自由水分。也就是说,坯体水分是平衡水分和自由水分组成,在一定的空气状态下,干燥的极限就是使坯体达到平衡水分。

坯体内含有的水分可以分为物理水与化学水,干燥过程只涉及物理水,物理水又分为结合水与非结合水。非结合水存在于坯体的大毛细管内,与坯体结合松弛。坯体中非结合水的蒸发就像自由液面上水的蒸发一样,坯体表面水蒸汽的分压力,等于其表面温度下的饱和水蒸汽分压力。坯体中非结合水排出时,物料的颗粒彼此靠拢,因此发生体积收缩,故非结合水又称为收缩水。结合水是存在于坯体微毛细管(直径小于 $0.1\mu m$)内及胶体颗粒表面的水,与坯体结合比较牢固(属物理化学作用),因此当结合水排出时,坯体表面水蒸汽的分压将小于坯体表面温度下的饱和水蒸汽分压力。在干燥过程中当坯体表面水蒸汽分压力等于周围干燥介质的水蒸汽分压力时,干燥过程即停止,水分不能继续排出,此时坯体中所含的水分即为平衡水,平衡水是结合水的一部分,它的多少取决于干燥介质的温度和相对湿度。在排出结合水时,坯体体积不发生收缩,比较安全。

2. 坯体的干燥过程

以对流干燥过程为例,坯体的干燥过程可以分为:传热过程、外扩散过程、内扩散过程三个同时进行又相互联系的过程。

传热过程:干燥介质的热量以对流方式传给坯体表面,又以传导方式从表面传向坯体内部的过程。坯体表面的水分得到热量而汽化,由液态变为气态。

外扩散过程:坯体表面产生的水蒸汽,通过层流底层,在浓度差的作用下,以扩散方式,由坯体表面向干燥介质中移动。

内扩散过程:由于湿坯体表面水分蒸发,使其内部产生湿度梯度,促使水分由浓度高的内层向浓度较低的外层扩散,称湿传导或湿扩散。

在干燥条件稳定的情况下,坯体表面温度、水分含量、干燥速率与时间有一定的关系,根据它们之间关系的变化特征,可以将干燥过程分为:加热阶段、等速干燥阶段、降速干燥阶段三个过程。

加热阶段,由于干燥介质在单位时间内传给坯体表面的热量大于表面水分蒸发所消耗的热量,因此受热表面温度逐渐升高,直至等于干燥介质的湿球温度,此时表面获得热与蒸发消耗热达到动态平衡,温度不变。此阶段坯体水分减少,干燥速率增加。

等速干燥阶段,本阶段仍继续进行非结合水排出。由于坯体含水分较高,表面蒸发了多少水量,内部就能补充多少水量,即坯体内部水分移动速度(内扩散速度)等于表面水分蒸发速度,亦等于外扩散速度,所以表面维持潮湿状态。另外,介质传给坯体表面的热量等于水分汽化所需的热量,所以坯体表面温度不变,等于介质的湿球温度。坯体表面的水蒸汽分压等于表面温度下饱和水蒸汽分压,干燥速率稳定,故称等速干燥阶段。本阶段是排出非结合水,故坯体会产生体积收缩,收缩量与水分降低量成直线关系。若操作不当,干燥过快,坯体极容易变形、开裂,造成干燥废品。等速干燥阶段结束时,物料水分降低到临界值。此时尽管物料内部仍是非结合水,但在表面一层内开始出现结合水。

降速干燥阶段,这一阶段中坯体含水量减少,内扩散速度赶不上表面水分蒸发速度和外扩散速度,表面不再维持潮湿,干燥速率逐渐降低。由于表面水分蒸发所需热量减少,物料温度开始逐渐升高。物料表面水蒸汽分压小于表面温度下饱和水蒸汽分压。此阶段是排出结合水,坯体不产生体积收缩,不会产生干燥废品。当物料排出水分下降等于平衡水分时,干燥速率变为零,干燥过程终止,即使延长干燥时间,物料水分也不再发生变化。此时物料表面温度等于介质的干球温度,表面水蒸汽分压等于介质的水蒸汽分压。降速干燥阶段的干燥速度,取决于内扩散速率,故又称内扩散控制阶段,此时物料的结构、形状、尺寸等因素影响着干燥速率。

3. 影响干燥速率的因素

影响干燥速率的因素有:传热速率、外扩散速率、内扩散速率。

(1)加快传热速率。为了加快传热速率,应做到以下三点:一是提高干燥介质温度,如提高干燥窑中的热气体温度,增加热风炉等,但不能使坯体表面温度升高太快,避免开裂;二是增加传热面积:如改单面干燥为双面干燥,分层码坯或减少码坯层数,增加与热气体接触面;三是提高对流传热系数。

(2)提高外扩散速率。当干燥处于等速干燥阶段时,外扩散阻力成为左右整个干燥速率的主要矛盾,因此降低外扩散阻力,提高外扩散速率,对缩短整个干燥周期影响最大。外扩散阻力主要发生在边界层里,因此应做到以下三点:一是增大介质流速,减薄边界层厚度等,提高对流传热系数;也可提高对流传质系数,以利于提高干燥速度;二是降低介质的水蒸汽浓度,增加传质面积,亦可提高干燥速度;三是提高水分的内扩散速率。

水分的内扩散速率是由湿扩散和热扩散共同作用的。湿扩散是物料中由于湿度梯度引起的水分移动,热扩散是物料中存在温度梯度而引起的水分移动。要提高内扩散速率应做到以下五点:一是使热扩散与湿扩散方向一致,即设法使物料中心温度高于表面温度,如远红外加热、微波加热方式;二是当热扩散与湿扩散方向一致时,强化传热,提高物料中的温度梯度,当两者相反时,加强温度梯度虽然扩大了热扩散的阻力,但可以增强传热,物料温度提高,湿扩散得以增加,故能加快干燥;三是减薄坯体厚度,变单面干燥为双面干燥;四是降低介质的总压力,有利于提高湿扩散系数,从而提高湿扩散速率;五是其他坯体性质和形状等方面的因素。

4. 干燥技术分类

按干燥制度是否进行控制可分为自然干燥和人工干燥。由于人工干燥是人为控制干燥过程,所以又称为强制干燥。

按干燥方法不同进行分类,可分为以下四种。

(1)对流干燥。其特点是利用气体作为干燥介质,以一定的速度吹拂坯体表面,使坯体得以干燥。

(2)辐射干燥。其特点是利用红外线、微波等电磁波的辐射能,照射被干燥的坯体使其得以干燥。

(3)真空干燥。这是一种在真空(负压)下干燥坯体的方法。坯体不需要升温,但需要利用抽气设备产生一定的负压,因此系统需要密闭,难以连续生产。

(4)联合干燥。其特点是综合利用两种以上干燥方法发挥它们各自的特长,优势互补,往往可以得到更理想的干燥效果。

还有一些干燥方法,按干燥制度是否连续分为间歇式干燥器和连续式干燥器。连续式干燥器又可按干燥介质与坯体的运动方向不同分为顺流、逆流和混流,按干燥器的外形不同分为室式干燥器、隧道式干燥器等。

四、烧结

陶瓷饰品完成坯体成形和修饰之后即可进行焙烧,烧成温度和原料选择决定了陶瓷的特点。

1. 烧结机理

将颗粒状陶瓷坯体置于高温炉中,使其致密化形成强固体材料的过程,即为烧结。烧结开始于坯料颗粒间空隙排除,使相应的相邻的粒子结合成紧密体。但烧结过程必须具备两个基本条件:①应该存在物质迁移的机理;②必须有一种能量(热能)促进和维持物质迁移。

现在精细陶瓷烧结的机理已出现了气相烧结、固相烧结、液相烧结及反应液体烧结四种烧结模式。它们的材料结构机理与烧结驱动力方式各不相同。最主要的烧结机理是液相和固相烧结,尤其是传统陶瓷和大部分电子陶瓷的烧结依赖于液相形成、粘滞流动和溶解再沉淀过程,而对于高纯、高强结构陶瓷的烧结,则以固相烧结为主,它们是通过晶界扩散或点阵扩散来达到物质迁移的。

2. 陶瓷烧结使用的窑炉

陶瓷材料与制品可在各种窑炉中烧成,可以是间歇式窑炉,也可以采用连续式窑炉。前者烧成为周期性,适合小批量或特殊烧成方法。后者用于大规模生产与相对低的烧成条件。陶瓷饰品使用最广泛的是电加热炉。烧成温度与所需气氛决定了所要选择的窑炉类型。按照传统陶瓷烧成温度高低的划分,烧成温度在1 100℃以下为低温烧成,1 100～1 250℃为中温烧成,1 250～1 450℃为高温烧成,1 450℃以上为超高温烧成。

3. 陶瓷的主要烧结技术

陶瓷烧结主要有以下几种技术方法。

(1)常压烧结(又称无压烧结)。属于在大气压条件下坯体自由烧结的过程。在无外加动力下材料开始烧结,温度一般达到材料的熔点 0.5~0.8 即可。在此温度下固相烧结能引起足够原子扩散,液相烧结可促使液相形成或由化学反应产生液相促进扩散和粘滞流动的发生。常压烧结中准确制定烧成曲线至关重要。合适的升温制度方能保证制品减少开裂与结构缺陷现象,提高成品率。

(2)热压烧结与热等静压烧结。热压烧结指在烧成过程中施加一定的压力(10~40MPa),促使材料加速流动、重排与致密化。采用热压烧结方法一般比常压烧结温度低 100℃ 左右,主要根据不同制品及有无液相生成而异。热压烧结采用预成型或将粉料直接装在模内,工艺方法较简单。该烧结法制品密度高,理论密度可达 99%,制品性能优良。不过此烧结法不易生产形状复杂制品,烧结生产规模较小,成本高。

连续热压烧结生产效率高,但设备与模具费用较高,又不利于过高过厚制品的烧制。热等静压烧结可克服上述弊端,适合形状复杂制品生产。目前一些高科技制品,如陶瓷轴承、反射镜及军工需用的核燃料、枪管等,亦可采用此种烧结工艺。

(3)反应烧结。这是通过气相或液相与基体材料相互反应而导致材料烧结的方法。最典型的代表性产品是反应烧结碳化硅和反应烧结氮化硅制品。此种烧结优点是工艺简单,制品可稍微加工或不加工,也可制备形状复杂制品。缺点是制品中最终有残余未反应产物,结构不易控制,太厚制品不易完全反应烧结。

除碳化硅、氮化硅反应烧结外,最近又出现反应烧结三氧化二铝方法,可以利用 Al 粉氧化反应制备 Al_2O_3 和 Al_2O_3-Al 复合材料,材料性能好。

(4)液相烧结。许多氧化物陶瓷采用低熔点助剂促进材料烧结。助剂的加入一般不会影响材料的性能或反而为某种功能产生良好影响。作为高温结构使用的添加剂,要注意到晶界玻璃是造成高温力学性能下降的主要因素。如果通过选择使液相有很高的熔点或高黏度,或者选择合适的液相组成,然后作高温热处理,使某些晶相在晶界上析出,以提高材料的抗蠕变能力。

(5)微波烧结法。系采用微波能进行直接加热进行烧结的方法。目前已有内容积 1m³,烧成温度可达 1 650℃ 的微波烧结炉。如果使用控制气氛石墨辅助加热炉,温度可高达 2 000℃ 以上。并出现微波连续加热 15m 长的隧道炉装置。使用微波炉烧结陶瓷,在产品质量与降低能耗方面,均比其他窑炉优越。

(6)电弧等离子烧结法。其加热方法与热压不同,它在施加应力同时,还施加一脉冲电源在制品上,材料被韧化同时也致密化。实验证明,此种方法烧结快速,能使材料形成细晶高致密结构,预计对纳米级材料烧结更适合。但迄今为止仍处于研究开发阶段,许多问题仍需深入探讨。

(7) 自蔓延烧结法。是通过材料自身快速化学放热反应而制成精密陶瓷材料制品,此方法节能并可减少费用。

(8) 气相沉积法。分物理气相法和化学气相法两类。物理法中最主要有溅射和蒸发沉积法两种。溅射法是在真空中将电子轰击一平整靶材上,将靶材原子激发后涂覆在样品基板上。虽然涂覆速度慢且仅用于薄涂层,但能够控制纯度且底材不需要加热。化学气相沉积法是在底材加热的同时,引入反应气体或气体混合物,在高温下分解或发生反应生成的产物沉积在底材上,形成致密材料。此法的优点是能够生产出高致密细晶结构,材料的透光性及力学性能比其他烧结工艺获得的制品更佳。

五、施釉

陶瓷坯体是由经过高温焙烧后生成的晶相、玻璃相、原料中未参加反应的石英和气孔组成。晶相物质能够提高陶瓷制品的物理及化学性能,如提高机械强度、耐磨性和热稳定性等,但它透光性差、断面粗糙。玻璃相物质填充在晶相物质周围使之成为一个连贯的整体,提高陶瓷的整体性能,但玻璃相是脆性的,热稳定性及耐磨性差,故玻璃相要控制在一定范围内。玻璃相能够提高陶瓷的透光性,使断面细腻。

陶瓷有施釉与不施釉之分,但对于饰品而言,绝大多数需要施釉。假如陶瓷饰品上没有挂釉,无论造型如何美、式样如何新,也会失去饰品的魅力。陶瓷是火的艺术,靠火的作用产生了各种变化,但主要还是釉在火中起了变化。施釉陶瓷表面的釉是性质极像玻璃的物质,可使陶瓷器具具有平滑而光亮的表面,它不仅起着装饰作用,使陶瓷具有美观的视觉效果,而且可以提高陶瓷的机械强度、表面硬度和抗化学侵蚀等性能,同时由于釉是光滑的玻璃物质,气孔极少,便于清洗污垢,给使用者带来方便。

釉与坯同样是由岩石或土产生的,它与坯的不同点在于比较容易在火中熔融。当窑内烈火的威力使坯达到半熔时,必须使釉的原料完全熔融成液体状态,冷却后这种液体凝固后便是釉。釉是瓷胎表面不吸水的玻璃质层,烧结后的釉为硅酸盐,硅酸盐的来源是草木灰和长石。

釉中加入颜色各异的金属氧化物,烧制出的陶瓷,便显示出丰富的色彩。陶瓷饰品所用的釉料颜色很丰富,主要有红色釉、青色釉、绿色釉、黄色釉、蓝色釉、白色釉、黑色釉、紫色釉、炉钧釉、茶叶末釉等许多种,除颜色釉外,还有结晶釉、裂纹釉、无光釉等许多种类,而颜色釉又分高温色釉和低温色釉,高温色釉有 60

种以上,低温色釉有 30 种以上,原料名目繁多,不胜枚举。陶瓷饰品用瓷泥由于选料相对精细,大都施高温釉,釉使器物表面不透水,具有光泽,给人莹洁的感受,还增加了使用强度,便于清洁。通过这些釉色,可以使陶瓷饰品呈现出丰富的艺术效果。

　　施釉的方法有浸釉、淋釉、涂釉和喷釉等几种。浸釉是把整件坯体浸于稀稠合适的釉药之中,让其自然吸附至一定的厚度。涂釉是用毛笔蘸了釉药后涂于坯体上,用笔的侧锋涂擦也会出现特殊的效果。喷釉是用喷雾器把釉药喷于坯体。可以按照陶瓷饰品的设计选择施釉方法,然后再进行低温焙烧,最后把它们悬挂在特制的支架上晾干,即得到了精美的陶瓷饰品。

第八章　玻璃琉璃饰品及生产工艺

玻璃是一种非常神奇的材料,具有晶莹透亮、冷峻坚固、折光反射的特点,艺术创作效果变幻莫测。这种材料除用于装饰工艺品外,现在也广泛应用于饰品制造。

琉璃是以人造水晶为原料,用失蜡铸造法制造的工艺饰品。中国琉璃艺术历史悠久,最早可以追溯到商周时期。据说,当时古人为了比拟珠玉、宝石,创造出了晶莹剔透、湿润光滑的琉璃艺术精品。而时至今日,现代琉璃技法的成功应用,不仅使这种产品焕发出了全新的当代风采,同时也使中国琉璃工艺饰品开始跻身于国际工艺饰品之林。

第一节　玻璃琉璃材料简介

一、玻璃

1. 玻璃的组成

玻璃通常指硅酸盐玻璃,是由熔体过冷所得,具有固体机械性质的无定形物体,一般性脆而透明。最常见的是"钠钙玻璃""铅钡玻璃""钾玻璃"等,它们以石英砂、纯碱、长石及石灰石等为主要原料。玻璃由于配方不同,性质也会有所不同,因而能够显示出鲜明的地域性和时代性。

普通玻璃主要是非晶的二氧化硅(SiO_2),亦即石英,或砂的化学成分。纯正的石英熔点很高,因此制造玻璃时一般会加入两种材料:碳酸钠及碳酸钾。这样硅土的熔点将降至1 000℃左右。但是因为碳酸钠会令玻璃溶于水中,因此通常还要加入适量的氧化钙,使玻璃不溶于水。

对可见光透明是玻璃最大的特点。一般的玻璃因为制造时加进了碳酸钠,所以对波长短于400nm的紫外线并不透明。如果要让紫外线穿透,玻璃必须以纯正的二氧化硅制造。这种玻璃成本较高,一般被称为石英玻璃。纯玻璃对红外线亦是透明的,可以造成数千米长、作通讯用途的玻璃纤维。

常见的玻璃通常亦会加入其他成分。例如,看起来十分闪烁耀眼的水晶玻璃,是在玻璃内加入铅,令玻璃的折射指数增加,产生更为眩目的折射。至于派来克斯玻璃,则是加入了硼,以改变玻璃的热及电性质。加入钡亦可增加折射指数。制造光学镜头的玻璃则是加入钍的氧化物来大幅增加折射指数。倘若要玻璃吸收红外线,可以加入铁,例如放映机内便有这种隔热的玻璃。玻璃加入铈则会吸收紫外线。

在玻璃中加入各种金属和金属氧化物亦可以改变玻璃的颜色。例如,少量锰可以改变玻璃内因铁形成的淡绿色,锰量达到一定程度时则可以形成淡紫色。硒亦有类似的效果。少量钴可以形成蓝色。锡的氧化物及砷氧化物可形成不透明的白色,类似白色的陶瓷。铜的氧化物会形成青绿色,而金属铜则会形成不透明的深红色,看起来好像是红宝石。镍可以形成蓝色、深紫色,甚至是黑色。钛则可以形成棕黄色。微量的金(约 0.001%)造成的玻璃,似红宝石的颜色。铀(0.1%～2%)造成的玻璃是萤火黄或绿色。银化合物可以造成橙色至黄色的玻璃。改变玻璃的温度亦会改变这些化合物造成的颜色,但当中的化学原理相当复杂,至今仍然未被完全明确。

2.玻璃材质的特性

玻璃是一种非金属无机材料,密度约 $2.46\sim2.5g/cm^3$,线膨胀系数为 $9\times10^{-6}\sim10\times10^{-6}/℃(\sim350℃)$,表面抗拉强度约 50MPa。在结构上是一种无机的热塑性聚合物,在高于 650℃时可以成形,冷却后具有透明、耐腐蚀、耐磨、抗压等特性。玻璃的热膨胀系数低于钢,是电和热的不良导体,是一种脆性的非晶物。

玻璃这种将原料加热熔融、冷却凝固所得的非晶态无机材料,具有以下几种基本特性。

(1)强度。玻璃的强度取决于其化学组成、杂质含量及分布、制品的形状、表面状态和性质、加工方法等。玻璃是一种脆性材料,其强度一般用抗压、抗拉强度等来表示。玻璃的抗拉强度较低,这是由于玻璃的脆性和玻璃表面的微裂纹所引起的。玻璃的抗压强度约为抗拉强度的 14～15 倍。

(2)硬度。玻璃硬度较高,在莫氏硬度 5～7 之间,仅次于金刚石、碳化硅等材料,它比一般金属硬,不能用普通刀和锯进行切割。可根据玻璃的硬度选择磨料、磨具和加工方法,如雕刻、抛光、研磨和切割等。

(3)光学性质。玻璃是高度透明的物质,具有一定的光学常数、光谱特性,具有吸收或透过紫外线和红外线、感光、光变色、光储存和显示等重要光学性能。晶莹透光,可进行本体着色、表层着色、表面着色,形态神韵变化无穷,且表现力强。通常光线透过越多,玻璃质量越好。由于玻璃品种较多,各种玻璃性能也有很大差别,如有的铅玻璃具有防辐射的性能。一般通过改变玻璃的成分及工艺条件,可使玻璃的性能有很大变化。

(4)电学性能。常温下玻璃是电的不良导体。温度升高时,玻璃的导电性能迅速提高,熔融状态时则变为良导体。

(5)热学性质。玻璃的导热性很差,一般经受不了温度的急剧变化。制品越厚,承受温度急剧变化的能力越差。玻璃随温度的升高,可由硬固态逐渐变为软固态、胶熔态与液态。各种物态具有各自的属性,从而使玻璃的造型、改性、着色等加工工艺可在不同温区采取最有效的方法进行,创作空间大,变幻无穷。

(6)化学稳定性。玻璃的化学性质较稳定。大多数工业用玻璃都能抵抗除氢氟酸以外的酸的侵蚀。玻璃耐碱腐蚀性较差。玻璃长期在大气和雨水的侵蚀下,表面光泽会失去,甚至形成斑点或雾膜,变得晦暗,透光性被破坏。

(7)环保性能。玻璃无毒无害,不会释放出对人体、环境有害的物质而造成污染,是一种"绿色"环保材料。

3.水钻(水晶钻石,莱茵石)

水钻是业内的一种俗称,是用许多化工原料熔制成高铅晶质玻璃圆坯型后,再经过磨削抛光生产成的一种仿钻型产品。水钻的主要成分是水晶玻璃,这种材质因为较经济,同时视觉效果上又有钻石般的夺目感觉,因此很受人们的欢迎,是目前使用最普遍的饰品原材料之一。

水钻属于铅晶质玻璃,其组成式为:$RmOn-PbO-SiO_2(B_2O_3)$。式中$SiO_2(B_2O_3)$,即氧化硅(氧化硼),称网络形成物,是构成玻璃网络结构的基本单元。RmOn,代表碱、碱土、稀土金属的金属氧化物,是使玻璃网络结构发生变化、达到调整特性的网络修改物。PbO(氧化铅)为特征成分,赋予玻璃基本特性。由于PbO中的Pb^{2+}可形成四方锥体的结构单元$[PbO_4]$,组成螺旋形的链状结构,与玻璃形成体骨架$[SiO_4]$以顶角相连或共边相连,形成一种特殊的网络,此网络具有很宽的玻璃形成范围,即使PbO(摩尔分数)达到80%也能形成玻璃。随PbO含量的增加,玻璃的密度、折射率、色散、介电常数、对X射线和γ射线吸收系数等性能指标值增加;其硬度、高温黏度、软化温度、化学稳定性等指标值降低,使玻璃色彩鲜艳、表面光泽增加、敲击声清脆、容易雕刻和化学抛光。17世纪后半叶,英国制造出铅晶质玻璃艺术器皿。由于铅晶质玻璃具有高密度、高折射率等优良的物理性能,使之成为玻璃饰品的首选材料,并在很长时间内被认为是不可替代的。

由于目前全球人造水晶玻璃制造地位于莱茵河的南北两岸,所以水钻又叫莱茵石。产于北岸的称为"奥地利钻",简称奥钻。奥钻的切割面可多达30多个,所以折射效果好,折射出来的高度有深邃感;又因奥钻硬度高,光泽保持久,是水钻中的佼佼者,其中尤以"施华洛世奇"水钻闻名于世,它不仅是人造水晶制品的代名词,也是一种文化的象征。目前施华洛世奇在全世界有很多分厂,所以施华洛世奇只是代表了一种品质,并非一定产自奥地利。产于南岸的称为"捷克钻",切割面一般十几个,折射效果较好,可折射出较耀眼的光芒,其硬度较强,光泽保持在3年左右,仅次于奥钻。中东水钻及国产水钻等是一些厂家为迎合市场,低成本制造的水钻,品质低于捷克水钻。一般的水钻有8个切面,水钻背面镀上一层水银皮。通过切面的聚光,使它有较好的亮度,切面越多,亮度就越好。

水钻按颜色分可分为白钻,色钻(如粉色、红色、蓝色等)、彩钻、彩AB钻(如红AB、蓝AB等)。根据底部的形状,水钻可以分为尖底钻和平底钻两大类。按照台面形状,水钻可分为普通钻和异形钻两大类。异形钻的外形又可以分为菱形钻(马眼石)、梯形钻、卫星石、水滴形钻、椭圆形钻和八角形钻等。按照材质来分,水钻可分为玻璃、人造尖晶石、人造蓝宝石、立方氧化锆等。

有些水钻在视觉上有类似钻石的透明无瑕、光彩夺目的特点,有时被用来冒充钻石,诱惑人们信以为真。用玻璃磨成的假钻石很容易区别,因为它的折光率低,没有真钻石那种闪烁的彩色光芒,稍有经验的人一看便知。而这种"水钻"经常用于比较廉价的饰品中。在人造立方氧化锆出现之前,锆石常作为钻石代用品。锆石具有很强的双折射,即它有两个折射率,并且两个折射率之间的差值较大。由此而产生了一种很特殊的光学现象,当用放大镜观察琢磨好的锆石刻面宝石时,由其顶面可以看出底部的面和棱线有明显的双影。而钻石因为是"均质体",绝无双影现象。立方氧化锆也称为"苏联钻",这是一种人造化合物,自然界无天然矿物与之对应。立方氧化锆在折射率、色散等方面与天然钻石很接近。但它的硬度较低,相对密度为钻石的1.6～1.7倍,且导热性远低于钻石,故可用仪器准确地将其与钻石区分开来。

4. 无铅玻璃

随着科技的不断进步和环保意识的增强,铅对人类的毒害和对环境的污染,越来越引起各方面的重视。铅玻璃在熔制时,铅会大量挥发到空气中;在使用过程中,玻璃中所含的铅也会逐渐地溶出。特别是废弃之后,由于长期与水、酸性物质接触,铅会溶出进入地下水中。这些都对人们的健康产生很大的危害。

基于以上原因,许多国家都对饰品中的铅提出了限制法令,促使各国加快研制无铅玻璃。按照欧盟和英国标准,将铅晶质玻璃分为两种:一是铅晶质玻璃,含$PbO \geqslant 24\%$,折射率不小于1.545;二是全铅晶质玻璃,含$PbO \geqslant 30\%$,折射率不小于1.560。研制无铅晶质玻璃时,为达到与铅玻璃相近的折射率,通常引入高折射率的氧化物TiO_2、ZrO_2、BaO、SrO、ZnO等,但从晶质玻璃要求的透明度、白度和便于长时间成形加工来考虑,在这些高折射氧化物中,TiO_2的折射率虽然高于PbO,但易使玻璃中存在的Fe_2O_3形成铁钛着色;而ZrO_2熔制困难,所以最常用的还是BaO、ZnO的晶质玻璃,以及将BaO、SrO、ZnO、ZrO_2同时引入,在达到要求的折射率条件下,尽量减少 ZrO_2、TiO_2 用量,以免对熔化和玻璃色泽造成不利影响。

国际上研制的几种无铅晶质玻璃的成分如表 8-1,性能如表 8-2 所示。

表 8-1 无铅晶质玻璃成分

编号	1	2	3	4	5	6	7
晶质玻璃类	钾晶质	钡晶质	锆晶质	混合晶	混合晶	混合晶	混合晶
SiO_2	77.0	58.0	64.0	59.5	55.7	57.2	54.2
Al_2O_3				1.0			
CaO	5.0		9.5				
SrO				10.5	10.5	10.5	12.0
BaO		18.0		10.5	10.5	10.5	12.0
ZnO		5.0	4.7	7.5	7.5	7.5	7.5
K_2O	9.0	16.0	3.0	5.4	6.4	5.4	5.4
Na_2O	9.0	3.0	12.6	3.6	4.2	3.6	3.6
Li_2O				1.7	1.7	1.7	1.7
ZrO_2			6.2		3.0		1.0
TiO_2						3.0	2.0
Sb_2O_3	0.3	0.1		0.3		0.4	0.4
As_2O_3	0.1	0.3					

(王承遇等,2006)

表 8-2 无铅晶质玻璃的性能

编号	1	2	3	4	5	6	7
密度/(g·cm^{-3})				2.898	2.977	2.914	3.046
折射率	1.510	1.534	1.549	1.545	1.566	1.571	1.575
线膨胀系数/(10^{-7}·℃$^{-1}$)				87.2	91.4	87.4	
软化点/℃				674	674	675	673

(王承遇等,2006)

其中,1号为传统的晶质玻璃,其折射率仅为1.510,与铅晶质玻璃的折射率相比有很大差异。2号钡晶质玻璃折射率为1.534,仍然达不到铅晶质玻璃的折射率,而且钡晶质玻璃的光泽度、白度、磨刻性能均不及铅晶质玻璃,钡也是限制使用元素。3号和4号的折射率在1.545以上,相当于铅晶质玻璃,5号、6号和7号混合晶质玻璃中引入两种或以上的高折射率氧化物,使玻璃折射率高于1.56,相当于全铅晶质玻璃。为了解决ZrO_2难熔问题,加入Li_2O、Na_2O、K_2O三种碱金属氧化物以改善熔化性能,但是玻璃软化点比铅玻璃高,料性不及铅玻璃长,成型加工性能远不及铅玻璃,而且加入ZrO_2后,玻璃中易产生结石、条纹等缺陷,因此目前完全用无铅玻璃替代高铅晶质玻璃还有一定困难,需要进一步深入研究开发。

二、琉璃

1. 琉璃的由来

我国琉璃器历史悠久,特点鲜明,经历了3 000余年的发展历程。迄今所见最早的琉璃制品——琉璃管珠,出土于现今陕西扶风岐山一带先周或西周早期墓葬,至西周中期琉璃制品便大量殉葬于伯一级的贵族墓中。它们与红玛瑙、玉组成"杂佩",还有的用于镶嵌在柄形器下端。稍后,东周时期所谓的"蜻蜓眼"琉璃珠问世,这些蜻蜓眼琉璃珠中含有铅、钡,实则是我国自制琉璃。最初制作琉璃的材料,是从青铜器铸造时产生的副产品中获得的,经过提炼加工,然后制成琉璃。琉璃的颜色多种多样,古人称之为"五色石"。到了汉代,琉璃的制作水平已相当成熟。但是冶炼技术却掌握在皇室贵族们的手中,一直秘不外传。由于民间很难得到,所以当时人们把琉璃甚至看成比玉器还要珍贵。琉璃被誉为中国五大名器之一(金银、玉翠、琉璃、陶瓷、青铜)、佛家七宝之一,《明制》载:皇帝颁赐给状元的佩饰就是药玉,四品以上才有。佛教传到中国后,奉琉璃至宝,"药师琉璃光如来"所居的"东方净土",即以净琉璃为地,光照"天地人"三界之暗。经书中这样写到:"愿我来世,得菩提时,身如琉璃,内外明澈,净无瑕秽。"因琉璃"火里来,水里去"的工艺特点,佛教认为琉璃是千年修行的境界化身,古法琉璃因此成为佛家七宝之冠,在所有经典中,都将"形神如琉璃"视为是佛家修养的最高境界。

2. 琉璃的类别

习惯上泛指的琉璃大致有三类。

(1) 古法琉璃。采用"琉璃石"加入"琉璃母"烧制而成。古法琉璃有那种浑浊(感),看上去似玉非玉,没有通透性,与现代琉璃有本质的区别,器形多为琉璃珠、仿玉的玉璧、玉牌之类。古代琉璃艺术,在唐代、清代都曾出现过短暂的兴盛

第八章　玻璃琉璃饰品及生产工艺

时期,但由于这类艺术品的易碎性,流传下来的器物非常少,工艺技法对后世也没能形成较大的传承性,因此关于中国古琉璃工艺也留下了很多待解之谜。

(2)现代琉璃。以台湾琉璃为典型代表,是由西方玻璃艺术演化而成,起源于古埃及"费昂斯"工艺。《中国古琉璃研究》的分析结果表明:"费昂斯"中二氧化硅的比例为92%～99%,与中国周朝时的琉璃差异明显。但由于二者形态近似,有人称其为西洋琉璃。与古法琉璃相比,现代琉璃的材质更剔透,器形也非常丰富。

(3)水琉璃。近年来市场上出现了大量价格低的"水琉璃"制品,事实上,这是一种"仿琉璃"制品,并非真正的琉璃,只是因为商家的刻意所为与消费者的误解,才会有"水琉璃"之称。水琉璃是以透明树脂胶加颜料浇制而成的树脂制品,其特点是重量轻,敲之没有琉璃的金石之音,且日久易变色、混浊,无收藏价值,不过其成本低、技术含量低、工艺简单、易于批量生产。

3. 琉璃的性质

琉璃属于价值不菲的工艺艺术品,它的价格比水晶还高,其原因有两个方面:其一,古法琉璃材料特殊,而且其制作工艺相当复杂,火里来、水里去,要几十道工序才能完成,有的作品光制作过程就要10～20天,且主要依靠手工。各个环节的把握相当困难,其火候把握之难更可以说是一半靠技艺一半凭运气。其二,琉璃不仅仅是一种材质,更是一种文化产品,更重要的是,琉璃产品是独一无二的,没有两个一模一样的琉璃产品。

(1)琉璃与水晶的区别。一是在史书上有明确的区分,《金刚经》上就有类似的记载。在中国所有的佛经中,佛家七宝的前五类是公认的,即金、银、琉璃、砗磲、玛瑙,后两类有说是水晶的,有说是琥珀、玻璃的,不一而足,这说明琉璃是公认的佛家宝物;琉璃与水晶及玻璃截然不同。二是化学成分不同。天然水晶、琉璃、玻璃的主要成分都是二氧化硅。当代国家级的权威专著《中国古琉璃研究》记载:古埃及"费昂斯"(也就是西方水晶玻璃的始祖)二氧化硅的比例92%(不通透)～99%,中国周朝时的琉璃,二氧化硅的比例仅仅是略大于90%(通透)。这9%的区别就是琉璃与水晶最大的不同。古代的琉璃是用琉璃石加入琉璃母烧制而成的,琉璃石是一种有色水晶材料,其主要成分应该以二氧化硅为主,琉璃母则是一种采自天然又经人工炼制后的古法配方,可以改变水晶的结构与物理特性,在造型、色彩与通透度上有明显的不同。琉璃的等级实际上取决于琉璃母的原料与配制方法,这是自古以来的不传之秘,正是因为琉璃母的存在,才使中国古法琉璃与水晶乃至西方的水晶玻璃"费昂斯"在成分上有了9%的不同。

(2)水琉璃与琉璃的区别主要在以下三个方面:一是树脂折射率低而致产品的质感不同,水琉璃缺乏铅水晶玻璃的晶莹感;二是重量区别,水琉璃的重量约为琉璃的30%;三是水琉璃易老化,颜色不稳定。

对于市面上出现的水琉璃制品,要把握它与琉璃的识别特征,表8-3对此作了简单介绍。

表8-3 水琉璃与古法琉璃的识别特征

识别特征	水琉璃	古法琉璃
色　泽	明显的化工色素,同塑料制品	有多种颜色混成,且通透如故
密　度	等同于塑料,远远轻于真正的琉璃	古法琉璃的密度明显高于玻璃,略高于水晶,且手感滑润
声　音	与塑料制品相同	轻轻敲击古法琉璃会有金属之音
透明度	明显浑浊,不通透	介于玻璃和水晶之间,偶有烧制流动过程产生的少量气泡
保存时间	一至两年后即开始褪色,通透感日差,时间越长,就越像塑料	无限期,从材质角度看,古法琉璃永不变色

第二节　玻璃琉璃饰品

一、玻璃饰品

玻璃饰品的种类繁多。
(1)玻璃戒面。
(2)玻璃手镯。
(3)玻璃戒指。
(4)玻璃耳环。
(5)玻璃吊坠。
(6)玻璃手链。
(7)玻璃项链。
(8)水钻。
上述玻璃饰品的典型示例如下。

玻璃制作的圆形刻面石

玻璃手镯

玻璃戒指

玻璃耳环

玻璃吊坠

玻璃手链

玻璃加工的水钻

玻璃项链

二、琉璃饰品

　　琉璃饰品色彩绚丽、造型古朴、结构合理,富有我国传统的民族特点,有拟珠似玉之美,融入了创意及巧思。有人用这样的溢美之辞赞誉琉璃:空灵高贵、细腻含蓄,可以吸纳华彩,又晶莹透明,可以美艳惊世,却又瞬间毁灭,可以化身万象却又亘古安静。在佛教中,琉璃饰品为消病避邪之灵物,摆放或佩戴琉璃饰品,可得祛病、坚韧、灵感三种福缘。

　　琉璃综合了雕刻、绘画等几种艺术形式的优势,逐渐成为热门时尚的饰品材料,琉璃饰品的类别较多,常见的有以下七种:①琉璃戒指;②琉璃吊坠;③琉璃项链;④琉璃手链;⑤琉璃手镯;⑥琉璃耳环;⑦琉璃摆件。

　　上述琉璃饰品的典型示例如下。

镶嵌琉璃戒指　　　琉璃戒指　　　琉璃项链　　　琉璃吊坠

琉璃手链

琉璃手镯

琉璃耳环

琉璃摆件

三、琉璃饰品的保养

琉璃饰品因其材料特点,在佩戴和保养时应注意以下事项:

(1)不可碰撞或摩擦移动,以免出现表层划伤。

(2)保持常温,实时温差不可太大,尤其不可自行对其进行加热或冷却。

(3)平面光滑处,不宜直接放置于桌面,最好要有垫片。

(4)宜用纯净水擦拭,若使用自来水,需静置12小时以上,保持琉璃表面之光泽与干净,不可沾上油渍异物等。

(5)避免与硫磺气、氯气等接触。

第三节 玻璃琉璃饰品制作工艺

一、玻璃工艺饰品的制作工艺

(一)玻璃工艺饰品的生产工艺

制作玻璃工艺饰品的生产工艺过程主要包括配料、熔制、成型、退火、装饰处理等工序,简介如下。

1. 配料

按照设计好的配料单,将各种原料称量后在混料机内混合均匀。玻璃的主要原料有:石英砂、石灰石、长石、纯碱、硼酸等。

2. 熔制

将配好的原料经过高温加热,形成均匀的无气泡的玻璃液。玻璃的熔制在熔窑内进行。熔窑主要有两种类型:一种是坩埚窑,玻璃料盛在坩埚内,在坩埚外面加热。小的坩埚窑只放一个坩埚,大的可放入20个坩埚。坩埚窑是间隙式生产的,现在仅有光学玻璃和颜色玻璃采用坩埚窑生产。另一种是池窑,玻璃料在窑池内熔制,明火在玻璃液面上部加热。玻璃熔制是一个复杂的物理、化学反应过程,大致可分为以下五个阶段。

(1)硅酸盐形成阶段。硅酸盐生成反应在较大程度上是在固态下进行的。料粉的各组分发生一系列的物理变化和化学变化,在固相反应中,大量气体物质逸出。这一阶段结束时,配合料变成了由硅酸盐和二氧化硅组成的不透明烧结物。对大多数玻璃来说,这个阶段在800~900℃完成。

(2)玻璃形成阶段。继续加热,烧结物开始熔融,低熔点混合物首先开始熔化,同时硅酸盐与剩余的二氧化硅相互熔解,烧结物质变成了透明体,这时已没有未起反应的配合料,但在玻璃中还存在着大量的气泡和条纹,化学组成和性质很不均匀。玻璃形成阶段的温度约为 1 200~1 250℃之间。

(3)澄清阶段。随着温度继续提高,黏度逐渐下降,玻璃液中的可见气泡慢慢跑出,进入炉气,即所谓澄清过程。澄清阶段的温度为 1 400~1 500℃,澄清时玻璃的黏度维持在100P左右。

(4)均化阶段。长时间处于高温下的玻璃液的各组分,由于分子热运动及相互扩散,逐渐趋于一致,条纹消失。使玻璃液的化学组成和折射率趋向一致的阶段叫均化。均化阶段的温度稍低于澄清阶段。

(5)冷却阶段。通过上述4个阶段,玻璃的质量达到了要求,然后,将玻璃液冷却使温度下降 200~300℃,黏度增加到可以向供料机供料所需的数值(103P)。冷却后的温度约为 1 200℃。

3. 成型

将熔制好的玻璃液转变成具有固定形状的固体制品。成型必须在一定温度范围内才能进行,这是一个冷却过程,玻璃与周围介质进行连续的热传递,由于冷却和硬化,玻璃由粘性液态转变为可塑态,然后再变为脆性固态。黏度及其随温度的变化,表面张力、可塑性、弹性等玻璃的流变性质及它们随温度的变化,在成型过程中都是至关重要的。成形方法可分为人工成形和机械成形两大类。

(1)人工成型。人工成型采用热工制作法,即玻璃在熔融点(1 450℃)和缓冷点(450℃)之间的制作法,常用的方法有以下六种。

1)吹制。起源于公元元年罗马帝国,到现在仍是玻璃技术中最重要、应用最广、变化最多的制作法。吹制时用吹管沾取熔融玻璃膏,吹气形成小泡,运用工具加以热塑造型(图 8-1)。再以另一吹管沾取少量玻璃作架桥接底动作,敲下作品缓冷,主要用来成形玻璃泡、瓶、球(划眼镜片用)等。

2)拉制。在吹成小泡后,用顶盘粘住,边吹边拉(图 8-2)。

图 8-1 吹制玻璃

图 8-2 拉制玻璃工艺品

3)压制。挑一团熔融的热玻璃膏,注入压进已刻好图纹的模具凹模中,再用凸模一压,变成块状的同时花纹也压制好了,主要用来成形杯、盘等(图8-3)。

4)自由成型。挑料后用钳子、剪刀、镊子等工具,以小型喷枪或灯炬加热,又称灯炬热塑。可以采用各色硼玻璃色或钠玻璃色棒,以拉长、扭曲、线绕等技巧,连续组合成造型,适合微小精巧的表现,例如玻璃珠、动物、植物及各种造型等(图8-4)。又因所使用玻璃棒不同区分为:实心、空心及拉丝热塑,此外也可搭配彩绘增加作品的趣味性。

图8-3 压制玻璃盘

图8-4 自由成型玻璃工艺品

5)失蜡铸造。用耐火石膏包住蜡模后,再将玻璃原料与空模同时放入炉内加温,在高温下玻璃慢慢流入模内成型,放置在熔炉中脱蜡,待徐冷拆除石膏模,再进行研磨刨光加工完成(图8-5)。

6)粉末铸造。将玻璃块与玻璃粉填入预先设计好的模型中,放进熔炉升温熔融成整件玻璃作品。

(2)机械成型。因为人工成型劳动强度大、温度高、条件差,所以除灯炬热塑

图8-5 失蜡铸造玻璃工艺品

图8-6 玻璃工艺品机械成形

的自由成型外,也有部分工艺饰品被机械成型所取代(图8-6)。机械成形除了压制、吹制、拉制外,还有压延法、浇铸法、离心浇铸法、烧结法等工艺。

4. 退火

玻璃在成型过程中经受了激烈的温度变化和形状变化,这种变化在玻璃中留下了热应力。这种热应力会降低玻璃制品的强度和热稳定性。如果直接冷却,很可能在冷却过程中或以后的存放、运输和使用过程中自行破裂(俗称玻璃的冷爆)。为了消除冷爆现象,玻璃制品在成形后必须进行退火(图8-7)。退火就是在某一温度范围内保温或缓慢降温一段时间以消除或减少玻璃中热应力到允许值。

图8-7 玻璃制品退火消除应力

此外,某些玻璃制品为了增加其强度,可进行钢化处理,包括物理钢化(淬火)和化学钢化(离子交换)。钢化的原理是在玻璃表面层产生压应力,以增加其强度。

5. 装饰处理

工艺饰品非常强调表面效果,因此成型后一般均要经过表面装饰处理,处理的工艺方法多种多样,主要有以下几种。

(1)彩绘。以彩绘颜料,在室温下于玻璃饰品表面描绘图画(图8-8)。有些需加热固定,有些则不需。在此过程中也可以加上金箔、银箔熔成的金属颜料,称为饰金彩绘。

第八章 玻璃琉璃饰品及生产工艺

（2）釉彩。这是一种需要再加温的上彩技法，在玻璃饰品表面用釉彩颜料绘制图案，然后再置入熔炉加温固定颜料，避免剥落。

（3）镶嵌。以有凹槽之铅条为线框架，组合成千上万片的彩色玻璃板的技法，需绘制小型平面图，根据平面图绘制等尺寸的草图，确定每一种颜色的造型与尺寸，正确切割玻璃板，以铅线熔焊成大块面镜。

图 8-8 玻璃彩绘

（4）版画。利用喷砂或磨刻的技法，将图刻印在玻璃板上，加以制版，以版画机或滚筒上色，在棉纸或水彩纸上压制成版画。

（5）浮雕。在双层或多层颜色套料的玻璃饰品上，浮雕出立体图案，透露出底色，形成浮雕效果（图 8-9）。

图 8-9 水晶玻璃浮雕工艺品

（6）切割。运用切割轮，在玻璃饰品上切割纹饰、块面、线条等装饰，或大面切割成造型，有时双色套料玻璃，因表现内外不同的颜色的特殊效果。

（7）磨刻。以钻石或金属雕刻，或雕刻笔等雕刻工具在玻璃饰品表面画线装饰花纹与图样的技法（图 8-10）。因使用工具的不同，可分为轮刻、点刻、平刻等几种技法。

图8-10 玻璃磨刻图案

(8)酸蚀。在玻璃饰品上绘制图形、勾勒线条,再经化学酸剂分阶段腐蚀出深浅不同的图案(图8-11)。

(9)喷砂。先以胶带粘满整个玻璃饰品,在以刻刀镂刻去掉图案不要的部分,置入喷砂机,运用金刚砂的高喷射力,在玻璃上做出砂面效果(图8-12)。

(10)研磨。以旋转轮盘为研磨台,混合水与金刚砂,磨光玻璃作品。

(11)抛光。以旋转皮轮为平台,将玻璃饰品置于其上,抛光大块平面。

(12)胶合。将饰品置入熔炉加温,利用玻璃的特性,加热融化表面产生亮度。

(13)复合媒材。运用玻璃与其他材质组合创作。

图8-11 玻璃蚀刻图案

图8-12 水晶玻璃喷砂表面

(二)水钻的生产工艺

水钻被广泛应用于流行饰品中,它属于高铅晶质玻璃,但加工方法有其特殊性。

(1)配料。原料必须经过严格的质量筛选,并严格按照配方进行配料,方可熔制出优质水钻坯料。水钻一般使用至少含铅25%以上的晶质玻璃料,以达到高折射率。

第八章 玻璃琉璃饰品及生产工艺

(2)熔料。采用优质锆系耐火材料制作熔炉的炉衬,减少炉衬材料对水钻的污染,采用火焰加热熔炼或电炉熔炼。

(3)坯料成型。用专门的机器和模具,将玻璃液浇注成型得到水钻坯料(图8-13)。

图 8-13 水钻坯料

(4)磨钻。磨钻的基本过程包括夹具预热→上坯料→斜面磨削→斜面抛光→对接上料→斜面磨削→斜面抛光→平面磨削→平面抛光→下料。

(5)清洗。把抛好光的水钻洗净,去除污物。

(6)检验。把清洗好的水钻放在灯下检验,获得合格成品。

(7)分筛。将水钻按照大小、型号筛选分开。

(8)化学镀。在水钻底镀上一层银,以增加其反光度,即折射亮度。

(9)保护膜。在已镀好的银膜上面再喷上一层保护膜,避免银层接触大气时变色,保持水钻的亮度与使用时间。

(10)包装。避免在库存运输中擦花。

二、琉璃饰品的制作工艺

(一)琉璃饰品的失蜡铸造工艺

琉璃饰品大都是采用失蜡铸造工艺成型,失蜡铸造法是琉璃加工方式中最为困难的一种。但在琉璃艺术创作上,却也是最能随心所欲表现作者艺术理念的手段。

失蜡铸造法已广泛应用在金属材料的工业生产艺术创作,已是业界耳熟能详的一种铸造技法,而将其应用在水晶、琉璃铸造,也不过百来年的时间。中国内地及台湾地区是在近20年来才陆续有水晶、琉璃艺术爱好者着手以脱蜡铸造法进行琉璃艺术创作。时间虽短,但由于不断的投入,已获得相当傲人的成果,在个别工艺操作上,已超越欧美同业的水平,引起国际上的重视与交流邀访。

失蜡铸造琉璃饰品的工艺与脱蜡铸造金属饰品基本类似,其主要工序过程如下。

(1)创意设计。将创作理念绘制成平面设计图稿。

(2)原型制作。根据草图,以泥土或蜡等材质雕塑成立体原型。为掌握完美的比例、优美的线条与细致的纹饰,每一笔一刀都必须精准细腻。

(3)制硅胶模。制硅胶模有两种方法:一种是分层涂胶,在雕塑完成之后,以硅胶加硅油按适当比例,用油漆刷均匀分层涂刷在雕塑品上,使雕塑作品均匀刷满硅胶(图8-14)。

依作品大小不同,硅胶凝固时间不等,一般约在2～4小时,大件作品甚至需要10～24小时。硅胶和硅油必须有适当的比例,才能有良好的韧性与强度。反

图8-14 原型表面涂刷硅胶

之,如为了短时间完成硅胶模,加了过量的硅油或硬化剂,虽然可大大地缩短硅胶凝固成型时间,却会造成硅胶延展性不够。在取出蜡模时,容易导致蜡件断裂,无法做出精细作品。而且硅胶模易脆化,使用次数不多,所以必须有耐心等待硅胶模自然成型。另一个影响硅胶模韧性、延展性的关键因素,是必须分层分次地将调好的硅胶油均匀地刷在雕塑作品四周。虽然作品有高低落差,但必须使硅胶模均匀成型,一层干了之后,再刷第二层、第三层,直至达到一定的硅胶层厚度,这才是一个适于创作的、耐用的好模。

第八章 玻璃琉璃饰品及生产工艺

另一种方法是灌液体胶,先将蜡样板固定在玻璃平面上,周围用砂纸围起来,样版与砂纸筒之间留有一定距离,将搅拌混合均匀的硅胶先抽真空,然后注入砂纸筒,再抽真空,依据实际情况注胶。注满硅胶后,再放入抽真空机抽真空,将最后抽真空的砂纸筒放置在适当、安稳的位置,使其自然干燥。

(4)翻树脂模。以硅胶模灌铸环氧树脂,翻制成永久模型。由于高温灌制蜡模时,硅胶模容易老化变形,故需以此树脂模再翻制新的硅胶模。

(5)复制阴模。雕塑作品称为阳模,将树脂模自硅胶模中取出,将其打磨修整,获得要求的形状尺寸和较好的表面光洁度,再利用树脂模复制硅橡胶模,在硅胶模周围用石膏加固,选择适当的分界线将石膏分块,石膏固化后将其移开,用美工刀将硅胶局部划开,将树脂模拿出来,再将硅胶模分界线对好,形成空心模。以胶带加强石膏外模的固定,制成硅胶阴模,准备制蜡模。

(6)灌制蜡模。将熔融的蜡液,适量地倒入硅胶模中,灌满模型,而后静止等待使蜡自然冷却成型。有时为获得质量好的蜡模,可以将胶膜内的蜡液抽真空,使蜡液内的气体尽量排除。所使用的蜡要求有一定的硬度,过硬与过软皆不合适,会无法达到原创作品的细致美感。蜡过硬时难修饰,蜡太软时无法成型。蜡液温度不足时易产生蜡模残缺缺陷,温度太高时易导致气孔,所以熔蜡温度需要控制适当。

(7)拆取蜡模。将冷却后的蜡模小心地从硅胶模中取出。在打开硅胶模时需要逐步拉开,特别是镂空与倒角等部位取蜡时易损坏,必须小心谨慎,操作灵巧(图8-15)。

(8)修整蜡模。如蜡模产生了变形,需要对其进行整形。如蜡模表面有分模线、气孔等缺陷,也需要借助工具修补。蜡模发生断裂时,需要焊接好,注意焊接时保证蜡模外形尺寸(图8-16)。

图8-15 拆取蜡模

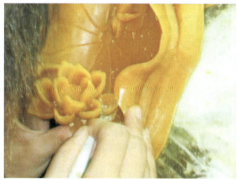

图8-16 修整蜡模

(9) 制石膏模。蜡模修整完成后,即可进行灌石膏模型。铸造用的石膏铸粉是由耐火骨料、石膏黏结剂及其他改性添加剂配制而成。要优先选择品质有保证的铸粉,劣质铸粉往往难以保证质量。在配制石膏浆料时,水粉比是个重要的参数,水粉比过低时,石膏浆料难以注满蜡模细致处,使作品质量难以保证;水粉比过高时,石膏型强度不够,易产生裂纹或剥落。因此需要按适当比例加水调配石膏浆料。灌好的石膏型要放在阴凉处自然静置硬化(图 8-17)。

(10) 蒸气脱蜡。将自然静置硬化的石膏型的浇口朝下放在蒸汽桶中,将门关紧,以防高温蒸汽喷出伤人。调好气阀,将蒸汽导入,利用蒸汽的高温,将石膏中的蜡模逐步熔化,慢慢排出,直至石膏模内完全没有残蜡,即可停止。作品尺寸不同,操作时间也不相同。如上所述,更需注意石膏浆料的水粉比,若比例不当,在蒸汽的高温作业下,石膏模很容易崩裂而无法使用。

(11) 精选原料。根据设计挑选特定颜色与大小的琉璃原料,并精选清洗每一块琉璃原料。失蜡铸造琉璃主要采用窑铸,除了上述的脱蜡环节和石膏型制作外,琉璃料的适用性也是影响窑铸琉璃成败的重要因素。普通钠钙琉璃、钾琉璃等比重较轻,所以不适合窑铸。英国于 1676 年发明含氧化铅(PbO)的琉璃,随着金属氧化物的配比不同,所呈现的效果亦不同。除水晶琉璃的适用性之外,还需注意琉璃料的"间容性"。琉璃石英砂产地的不同,或所添加的金属氧化物配比不同,其内部的膨胀系数,亦即应力就可能不同,从而产生排斥作用。一旦熔铸在一起,即使窑铸的升温曲线和降温曲线都计算得相当准确,作品仍有可能在开炉时从内部崩裂,或在拆模、冷加工过程崩裂,甚至作品加工完成后摆在室内时,突然无声无息地从内部崩裂,这是需要特别注意的。

(12) 配制琉璃料。在琉璃饰品烧制前,有一道非常重要的加色工艺,这是最后形成琉璃制品五光十色效果的关键环节。琉璃饰品的颜色是通过在模具里边放置了好多各种颜色的彩色琉璃料(图 8-18)。例如,一朵花需要红色时,就把

图 8-17 制作石膏模　　图 8-18 在要求位置添加色料配制彩色琉璃

第八章　玻璃琉璃饰品及生产工艺

红的颜色放进去,如果在某个位置需要绿色,要以这个绿色为主,摆放的时候就把它放好。为精确控制各种颜色的比例与流动的美感,需依造型与设计精准摆放琉璃原料色块的位置。当色料摆放好后,就可以进炉进行高温烧制了。

(13)进炉烧结。将石膏模清理干净,用抽尘机抽掉型腔表面的粉尘,然后将整个石膏模与配制好的琉璃料,放进炉内慢慢加温到850℃左右,使热熔的琉璃料软化如麦芽糖,缓慢地流入石膏模内成型(图8-19)。琉璃铸造利用"窑烧铸造",亦即在高温炉内完成浇铸,而非一般在室温下浇铸成型,窑炉铸造是整个工艺过程的关键工序,有煤气炉、天然气炉、电热炉等加温方式,其中以电热炉最为干净和易于控制。窑烧的难度在于温度控制,稍有计算错误就可能功亏一篑,失败率高。此工序重点在于对升温曲线和降温(缓冷)曲线进行控制。根据石膏模的大小,经过精密计算,将电热炉自室温开始加热升温,逐步升高温度,使石膏和琉璃同时受温,让琉璃随着温度的提高,有节奏地熔化,并顺着中空石膏模弯曲的曲线,缓缓流入模腔内部,注满每一个枝节角落,不论是简易的半浮雕、砖形、块状或者高难度的倒角、镂空、交叉缠绕,此时透过窑铸工艺,尽情演绎琉璃脱蜡铸造工法的神妙,将创作作品的巧思一一延展开来。

图8-19　窑烧铸造琉璃工艺饰品　　　　图8-20　铸造后的琉璃粗坯

(14)缓冷降温。烧结过程中,为使琉璃内外均匀降温,避免应力释放不均导致龟裂。需设定降温曲线,控制缓慢降温时间,造型结构不同,缓冷时间亦不同。与失蜡铸造金属有很大的不同,一般金属材料只要冷凝成型即可,而琉璃在铸造成型后,需立即脱模放入缓冷炉内,按铸件大小予以不同缓冷降温时间,让琉璃材料内部应力完全释放,才不致造成铸造冷凝成型后,突然崩裂。

(15)拆石膏模。待缓冷过后从炉内取出,用工具小心拆除石膏模,得到琉璃作品粗坯(图8-20)。

(16)切割浇口。拆模后的琉璃粗胚,需将浇注口切除,并利用砂轮、磨盘等工具设备去除注浆口残余(图8-21)。

(17)打磨。用金刚砂棒、砂纸及其他工具将琉璃饰品表面由粗到细进行打磨(图8-22)。

(18)研磨刨光。将作品放在布轮上,不断重复地研磨及刨光,即可将琉璃的光泽透射出来,藉此呈现出水晶材质晶透的质感,即可完成饰品。

图8-21 磨平浇口部位　　　　图8-22 琉璃饰品表面打磨

(二)失蜡铸造琉璃饰品的工艺特点

失蜡铸造工艺在琉璃饰品生产中得到了广泛运用,该工艺制作出来的饰品表现力强,对饰品的适应面很广,对于细致小巧的耳环、坠饰小品,它可将纹路、锐角、圆滑面,按原型雕塑细腻地表现出来。对于中型作品的镂空内雕、枝节交叉,一样是顺手拈来毫不费力。此工艺更可表现出特大件作品的那种豪迈磅礴气势,如古铸钟鼎或大块浮雕面墙等。另外琉璃内的颜色都是由各种金属氧化物高温烧结而成的,不会有褪色、氧化等老化现象的出现。这也是为何在所有琉璃加工工艺中,脱蜡铸造法是最为艰难的,而且也是最能将其他冷、热加工技法,所达不到的领域充分表现出来。脱蜡铸造与琉璃艺术创作者结合一体,正似天马行空,尽情挥洒。

但是,失蜡铸造琉璃饰品工艺存在一些困难和问题,主要表现在以下方面。

(1)制作工序繁杂。从构思、设计、雕塑、烧制、细修、打磨至作品完成,需经过几十道精致繁琐的工序才能完成。

(2)手工制作。工人必须掌握精湛技术方能操作,每道工艺均有不确定的变化因素,且在工艺过程中需经反复实验,作品色彩丰富,制作难度极高。

(3)一模一品。一只模具只能烧制一件作品,无法二次使用,大型复杂作品甚至需要多次开模、烧制才能完成。成功率低,使作品更显珍贵。

(4)高温烧制。将精选原料高温熔制成各种彩色水晶玻璃,并经过多次精选清洗后,按作品用料比例置于模具中,并设定严格的升、降温曲线,方可确保作品的成型与外观质量。

(5)气泡。失蜡铸造琉璃作品中经常出现气泡,这是由于失蜡铸造多用中温(约900℃)烧结,当琉璃浆流入型腔时,宛如岩浆徐徐流入而产生气泡,此时琉璃为浓稠状,琉璃块间空隙形成的气泡不易上浮,故产生了气泡(图8-23)。由于气泡在多数情况下会影响作品的观感,尤其出现在表面时显出更明显的瑕疵,因此要采取措施减少气泡。

图8-23 琉璃中的气泡

第九章 树脂塑料亚克力饰品及生产工艺

树脂、塑料、亚克力是当前流行的饰品材料,它们价格相对低廉,但是色彩和造型却能满足人们对首饰的美感要求,更能填补很多贵重金属首饰所不能带来的需求空白。

树脂的质地有轻盈感,光泽柔腻,有良好的可塑性,形状与效果多样,立体感强,且颜色丰富,最善于表现饰品丰富明丽的色彩,得到了饰品界的广泛使用。

塑料给人的印象就是廉价的材质,但是采用塑料作为基本材质,结合先进的制作技术和表面处理工艺,并融入各种时尚元素,使饰品具有材质轻盈、可塑性高、坚固耐用、色彩丰富等诸多优点,同样成为市场受欢迎的产品。

亚克力具有高透明度,透光率达92%,良好的表面硬度与光泽,有"塑胶水晶""颜料皇后"之美誉,且有极佳的耐候性,加工塑性好,可制成各种形状的产品。亚克力外观像玉石,花纹、图案、色彩不受合金类饰品的限制,成为饰品的又一流行时尚。

第一节 树脂饰品及生产工艺

一、饰品用树脂简介

树脂(Poly)通常是指受热后有软化或熔融范围,软化时在外力作用下有流动倾向,常温下呈固态、半固态,有时也可以呈液态的有机聚合物。广义地讲,可以作为塑料制品加工原料的任何聚合物都称为树脂。

1. 树脂的分类

树脂有天然树脂和合成树脂之分。天然树脂是指由自然界中动植物分泌物所得的无定形有机物质,如松香、琥珀、虫胶等。工业上使用的树脂一般是合成树脂,它是指由简单有机物经化学合成或某些天然产物经化学反应而得到的树脂产物。合成树脂的类别很多,可以从不同的方面来进行分类。

(1)按树脂合成反应分类。按此方法可将树脂分为加聚物和缩聚物。加聚物是指由加成聚合反应制得的聚合物,其链节结构的化学式与单体的分子式相同,如聚乙烯、聚苯乙烯、聚四氟乙烯等。缩聚物是指由缩合聚合反应制得的聚合物,其结构单元的化学式与单体的分子式不同,如酚醛树脂、聚酯树脂、聚酰胺树脂等。

(2)按树脂分子主链组成分类。按此方法可将树脂分为碳链聚合物、杂链聚合物和元素有机聚合物。碳链聚合物是指主链全由碳原子构成的聚合物,如聚乙烯、聚苯乙烯等。杂链聚合物是指主链由碳和氧、氮、硫等两种以上元素的原子所构成的聚合物,如聚甲醛、聚酰胺、聚砜、聚醚等。元素有机聚合物是指主链上不一定含有碳原子,主要由硅、氧、铝、钛、硼、硫、磷等元素的原子构成,如有机硅。工业上常用的聚合方法有本体聚合、悬浮聚合、乳液聚合和溶液聚合四种。

(3)按树脂的热加工性能分类。按此方法树脂又分为热塑性树脂和热固性树脂两大类。对于加热熔化冷却变固,而且可以反复进行的可熔的树脂叫做热塑性树脂,如聚氯乙烯树脂(PVC)、聚乙烯树脂(PE)等;对于加热固化以后不再可逆,成为既不溶解,又不熔化的固体,叫做热固性树脂,如酚醛树脂、环氧树脂、不饱和聚酯树脂等。

对工艺饰品而言,采用的树脂均为热固性树脂,主要为环氧树脂和不饱和聚酯树脂。"聚酯"是相对于"酚醛""环氧"等树脂而区分的含有酯键的一类高分子化合物。这种高分子化合物是由二元酸和二元醇经缩聚反应而生成的,而这种高分子化合物中含有不饱和双键时,就称为不饱和聚酯,这种不饱和聚酯溶解于有聚合能力的单体中(一般为苯乙烯)而成为一种粘稠液体时,称为不饱和聚酯树脂(简称UPR)。它是一种热固性树脂,在热或引发剂的作用下,可固化成为一种不溶不融的高分子网状聚合物。但这种聚合物机械强度很低,不能满足大部分使用的要求,当用玻璃纤维增强时可成为一种复合材料,俗称"玻璃钢"(简称FRP)。"玻璃钢"的机械强度等各方面性能与树脂浇铸体相比有了很大的提高。

2. 树脂的特性

树脂的质地温润,光泽柔腻,重量比较轻,有透明、半透明和不透明的质地,它具有以下性质。

(1)轻质高强。

(2)耐腐蚀性能良好。

(3)电性能优异。

(4)独特的热性能,是一种优良的绝热材料。

(5)树脂不同于黄金、白银等传统贵金属材料,它的加工工艺性能优异,加热后能软化,方便塑形,可一次成型,既可常温常压成型,又可以加温加压固化,而且在固化过程中无低分子副产物生成,可制造出比较均一的产品。

(6)材料的可设计性好,易于加工,且色彩丰富。

3. 树脂的技术指标

（1）外观。树脂的外观呈透明粘稠液体，清晰无色变化到暗琥珀色，色度指标一般为 25～35。

（2）酸值。表示不饱和聚酯反应进行程度的指标，也是控制不同批量聚酯质量均衡性的重要指标，一般为 18～24mgKOH/g。

（3）黏度。黏度是流体黏滞性的一种量度，是流体流动力对其内部摩擦现象的一种表示。由于黏度的作用，使物体在流体中运动时受到摩擦阻力和压差阻力，造成机械能的损耗（见流动阻力）。黏度的大小取决于液体的性质与温度，温度升高，黏度将迅速减小。工艺饰品用树脂的黏度一般为 1350～1600mPa·S。

（4）凝胶时间。由加入引发剂开始到凝胶出现，树脂失去流动性，这个过程所经历的时间称为凝胶时间。

（5）固化时间。树脂由凝胶状态进一步变为坚硬的固体，不再发生进一步反应所经历的时间，也称熟化时间。

（6）固含量。将树脂溶解在丙酮等溶剂里，使溶剂和苯乙烯交联单位发生反应，剩余为原聚酯的产物，其重量与原重量之比为固含量，一般树脂的固含量参考值为 50%～60%。

（7）折射率。一般在 1.5～1.55，用折射仪测定。

（8）贮存。树脂的贮存期一般为 6 个月，测试方式如下：将 250g 树脂放在密封容器中，置于 80℃炉内，不使树脂受光，每 4 小时打开检查一次，到首次发现凝胶现象的时间即为树脂的 80℃贮存寿命，适用于控制不同树脂的质量稳定性，不适用于不同树脂的贮存期对比。

（9）固化放热性能。树脂固化的放热性能一般温度为 80～85℃，满足树脂生产工艺性和制品应用性。

4. 所需要的各种添加剂及辅助材料

（1）固化剂（又称硬化剂）。加入到树脂中，在升温条件下，分解出游离基，引发交联聚合反应，树脂开始由液态向固化转变。固化剂的贮存与环境温度关系密切，气温越高，贮存的安全性越不稳定。在选择固化剂时，必须选择稳定性良好的产品。

（2）促进剂。固化剂要在一定条件下才能分解激活，在常温下分解很慢，无法满足工艺要求。一方面可通过加热使固化剂发生热分解，另一方面就是通过氧化还原反应，促进固化剂活化，加速分解，以引发交联过程，这种能激活固化剂的还原剂即称为促进剂。

（3）加速剂。可激活有机过氧化物的化合物，不需升温，在环境常温下即可裂解产生游离基。

(4)缓慢剂。树脂即使在不加固化剂时,在室温下也会渐渐聚合,失去使用效果。因此需要添加缓慢剂(又称缓聚剂),使树脂贮存期延长,其原理是缓慢剂吸收、消灭可以引发树脂交联固化的游离基,或是使游离基的活性减弱。

(5)扩充剂(环保型树脂)。用常温、水相聚合制备的水性聚酯,通过超微乳化、整容、复保等技术,可替代对人体有毒副作用和对环境有污染的苯乙烯的环保型不饱和聚酯增容降温扩充剂。

二、树脂工艺饰品类别

树脂被广泛应用于工艺饰品行业中,简单举例介绍如下。

1. 树脂工艺品

树脂工艺品是以树脂为主要原料,配以辅料,通过模具浇注成型,制成各种造型美观形象逼真的人物、动物、昆鸟、山水等,如城市雕塑、家庭摆件、家具及配件、像框、屏风、灯具等。随着生活水平的不断提高,对树脂工艺品的需求越来越旺盛,特别是发达国家,对其有着特殊的偏爱和惊人的需求。精美的树脂工艺品不仅可做高档酒店、办公室、时尚家具的典雅摆饰,更可作为亲朋好友间相互馈赠的时尚礼品。良好的环保性能和超低的制作成本决定了其有着广阔的发展前景和空间。在我国树脂工艺品正在成为小本创业的亮点行业。

树脂工艺品制作成本低,生产速度快,随意性强,不论造型多么复杂,用模具生产仅需几分至十几分钟,并可仿铜、仿金、仿银、仿水晶、仿玛瑙、仿大理石、仿汉白玉、仿红木等。

(1)仿翡翠玉树脂工艺品。

(2)仿琉璃树脂工艺品。

(3)仿青铜树脂工艺品。

(4)仿陶树脂工艺品。

(5)仿红木树脂工艺品。

(6)仿古树脂工艺品。

2. 树脂饰品

(1)树脂戒指。

(2)树脂手镯。

(3)树脂手链。

(4)树脂耳环。

(5)树脂配饰。

(6)树脂发夹。

上述树脂工艺品和树脂饰品的典型示例如下。

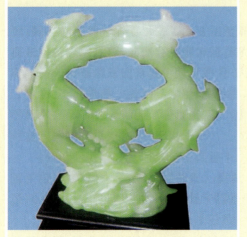

仿翡翠玉树脂工艺品

仿琉璃树脂工艺品

仿青铜树脂工艺品

仿陶树脂工艺品

仿红木树脂工艺品

仿古树脂工艺品

树脂戒指

树脂手镯

树脂手链

树脂耳环

树脂配饰

树脂发夹

三、树脂工艺饰品的制作工艺

树脂工艺饰品的制作工艺流程可分为三个大的阶段,分别是模具制作、浇注成型和表面处理。

(一)模具制作

模具的形状、尺寸、表面光洁精细度、脱模难易程度直接影响工艺饰品的质量,所以模具制作是相当重要的生产工序。

1. 模具制作方式

模具制作的方式有分片模、包模等类别,分片模是指产品分成两片以上的模具,一般在以下情况时采用该方式:产品结构复杂,不容易取模;产品规则平整、易变形、厚度大于5~6cm 的产品,片模至少开 2 片以上,小产品硅胶与外模分开,大产品硅胶与外模粘在一起。包模是指整个产品由一片整体模构成,开包模的条件是:必须容易取模;产品表面光滑;开模线处理困难,甚至达不到效果;上大下小的产品及挂件产品。

模具制作方法主要有硅胶模、玻璃钢硅胶模、石膏硅胶模和玻璃钢模等。玻璃钢模只适合结构简单规则、肌理浅且没有倒钩、取模容易的产品,当产品结构较复杂时,一般要采用硅胶模或者复合模。

2. 模具制作工艺流程

模具制作的材料主要有硅胶、硅油、硬油、硬化剂、石膏、纱布、纤维等。模具制作工艺流程包括制作原型、排版、堆土、刷模灌模、做衬套、开模、修整等环节。

(1)制作原型。根据构思设计方案和产品结构特征,采用合适的材料和工艺制作原型。原型的材质范围较广,塑料、陶瓷、木质、金属、树脂、油泥等都可以(图 9-1)。

无论是何种材料制作的原型,在覆模前要先进行检查,确定其有无拉模、烧模、气孔、变形、表面粗糙等质量问题。如果原型表面粗糙或有缺陷,一定要先将其修整好再做模具,只有表面光滑的原型,才能做出纹路清晰表面光滑的模具,才能获得优质产品。缺损处可以用模具油泥或调好的树脂修补好,待晾干后用1000 目左右的细砂纸打磨干净,然后再喷上清漆,晾干后再做模具。如果原型完整但表面粗糙,可以用细砂纸和修边枪精心打磨好。

原型有时需要做配件,配件的卡位要合适,接口位置吻合要好。原型深处无法出模时可以补油土,容易错模的地方可加贴模线保护层。

(2)排版。排版前要先分析原型结构,确定合适的开模方式后再进行排版。根据原型尺寸确定底板大小和角度,以及灌浆口、排气口和分模线。底板应放

第九章　树脂塑料亚克力饰品及生产工艺

图 9-1　泥塑原型

正,否则会影响堆土操作。灌浆口的位置不合适时会影响白胚注浆生产,为减少其对工艺饰品外观的影响,一般选择在底部或者背面等不容易看到的地方开设灌浆口。灌浆口的尺寸要合适,以浆料能到达各部位为前提。排气口的开设要根据产品的复杂情况选择,一般只在浆料不容易流到位的情况下才开设,大多是在开包模的硅胶模中使用,片模一般不需要。

不论原型开多少片模,开模的时候只有一片一片地做,做完一片模再做另一片模,依此类推。做片模时要做它的反射模,其目的是使要做的部分露在上面。为防止硅胶四处流动,把露出部分的原型用油泥或木板做一个围边(尺寸小的用油泥,尺寸大的先用木板再用油泥),围边必须比原型大,预留合模时固定片模的位置。但是围边过大时会引起硅胶的浪费。

(3)堆土。选择开模方法和开模形式很重要,要求考虑以下方面:一是取模的难易程度;二是模线应选在不影响产品的整体效果,特别是有图案的地方不能有模线经过;三是不影响产品质量;四是尽量减少后续工序的工作量。

根据原版的类型和生产需求,在确定好开模线的地方用彩笔在原型上画出模线的位置,顺着模线堆油土,油土切成长方形或正方形,其厚度决定了模具内模厚度。然后将模边修光滑,否则会引起模具多边现象。

(4)刷模、灌模。在刷模、灌模前检查油泥是否与原型间有缝隙,油泥表面是否光滑平整,在油泥上是否打好定位孔。上述准备工作完成后,用煤油将原型清洗干净,涂上凡士林或喷上脱模剂。光滑产品要用干净的棉布沾上凡士林均匀地涂在原型上,保持30分钟使原型充分吸收凡士林,再用干净的棉布把原型表面擦光亮;而有肌理的产品只要均匀地涂上凡士林就可以。片模第一片完成后做另一片时,原型和合模线处的油泥要清理干净。

根据原版的不同类型和生产需求,确定是否要加硅油、贴纱布、加顶位等操作,并确定硬化剂的比例和上硅胶的方法。

按比例调制硅胶,硬化剂的用量根据气温来确定,过多时会减少模具收缩性。调好后的硅胶要抽真空,以避免模具内出现气泡,影响白坯品质。上硅胶一般有两种方法:一种是刷模法,用毛刷粘取硅胶,均匀涂刷在原型表面,死角的地方要刷到位,以免出现厚薄不均、模具烧模、拉模或模具容易老化等问题;二是灌注法,先用围边把原型围起来,再将硅胶倒入围边中等待硬化,硬化后去掉围边。

(5)做衬套。衬套可以减少硅胶用量,为硅胶模提供支撑。制作衬套的材料有石膏、玻璃钢等。制作石膏衬套时,用围边把油土板块围起来。要合理控制石膏层的厚度,过厚时石膏太重,会给生产带来不便,过薄时容易开裂。调好石膏浆料,将其灌注到围边中,凝固后拆除围边,修整石膏衬套。对于需对开或多开模的工艺品,需按顺序逐块完成制模。先将模具的一块完成后,需去除外板和油土,再反转进行其他块的开模操作。根据质量要求确定反转的次数,过多时容易引起模具多边、模线大及模具变形等问题。

玻璃钢衬套可以有效减轻模具的重量,给工作带来方便,因此应用广泛,其制作工艺流程如下:在原型上用玻璃钢专用脱模剂均匀地擦在原型表面,一共擦三次,每一次要等脱模剂干后才能擦下一次。表面光滑的产品在脱模剂干后用干净的棉布擦光滑。然后在表面涂刷薄层硅胶(胶衣),一般刷三层,每层厚度约为 0.15～0.17mm,上一层干了以后再刷下一层,常温下每一层的固化时间 90 分钟。胶衣的总厚度控制在约 0.5mm。在胶衣完全固化不沾手的情况下进行铺层,首层用表面毡,用铁滚子滚压铺层将所有的气泡赶净;增厚层用玻璃纤维布和不饱树脂,一般根据模具的大小,模具的厚度要求 8～15mm。在模具外层用木方加固,其目的一是防止产品变形,二是使不规则的模具能放平稳,给生产操作带来方便。当框架结构完全固化,模具就可以脱模,先将模具边缘切割整齐,然后用多个脱模锲均匀地插入模具细缝间,均匀地用力,并用橡胶锤敲打各个部位,最后完全脱模,脱模后查看模具有什么缺陷,如有缺陷需进行修补,不光滑的地方还需要打磨处理。然后涂上脱模剂,用螺丝固定好平放在地面或存放架上。

(6)开模。根据模具的大小、结构及生产需求确定开模的位置,以原型可以顺利取出为准,开模位置不当时会导致白坯生产不便。

(7)修整。由于技术和材料等因素,有时模具内会出现气泡和多边等问题,它们会直接影响白坯注浆操作和品质,因此需要对模具进行修整,将气泡补上,

第九章　树脂塑料亚克力饰品及生产工艺

用剪刀去掉多边。

(二)浇注成型

硅胶模具制好后,就可以进行浇注成型的操作。先准备好拌浆用的工具和材料,按树脂品牌推荐的比例进行配料,小型树脂工艺品一般在树脂中加入石粉、色膏或其他任何仿古原料,如仿大理石产品,可用树脂品牌、大理石粉;大型树脂工艺品一般采用中空模式,可以填充树脂废料。拌浆时,根据模具的大小、所制产品的数量,先将树脂称量出来,倒入调料桶内;按照配比,将各种适量的辅料、填料按照一定的顺序加入到树脂中,如果操作温度较低,可以先将树脂加热到适当的黏度范围,便于操作;将混合料进行充分搅拌后,根据所需颜色添加颜料,颜料的用量可根据品种的不同进行加减,达到所需程度为止,添加颜料时用先将颜料用树脂化开,搅拌均匀后再倒入调料桶内;充分搅匀后抽真空,使搅拌中产生的大部分气泡能排出。调好的混合料浆应是黏稠状,以用勺舀起倒下后能缓慢流淌为宜。

浆料配好后可进行浇注操作,首先要处理好模具,安装所需的嵌件或芯料,模具内表面应清洗干净。浇注时用小勺舀料浆从模具内壁一侧缓慢到入,不可倾倒,要从最高点倒进,使其自然流淌,这样可以把气泡挤走(图9-2)。也可以抽真空,减少成品中出现气孔的几率。注意倒入模具时不能溢出模具外围,倒出外围后,应立即清理铲除,否则成型后

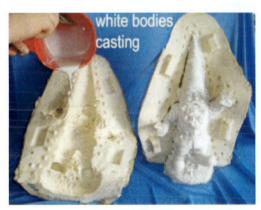

图9-2　浆料浇注成型

需再打磨加工。浆料注入模具后,放入一定温度的烘箱内,或者在适宜固化的环境中固化,经一定时间后浆料即可凝固成型。

(三)工艺饰品表面处理

树脂工艺饰品固化完成后,即可从模具中取出饰品。先将饰品浇注口一端的底部磨平(图9-3);对于分块模具,在分块处可能出现披锋,需要打磨修边(图9-4);对于饰品表面出现的残缺、孔洞、气泡等缺陷,需要用树脂料浆进行手工修补(图9-5)。利用细砂纸、抛光布轮、研磨设备等将饰品打磨抛光(图9-6)。用清洁剂、碱水等将饰品表面清洗干净(图9-7)。根据饰品的设计要求,对表面进行仿古着色处理、彩绘处理等,以获得丰富的表面效果(图9-8)。

图9-3　树脂工艺品底座打磨

图9-4　白坯修边

图9-5　修补白坯中缺陷

图9-6　白坯抛光

图9-7　白坯清洗

图9-8　白坯上色

四、树脂白坯生产中常见的问题及解决方法

1. 气孔

在白坯生产中,对结构复杂或注浆口较小的细长制品,在拐角等真空阻力较大的死角处没有设置排气孔时,易出现气孔,气孔内腔干净,有的露出制品表面,有的在打磨后露出来,增加了补坯的工作量。解决气孔问题有以下几种方法。

(1)用稀一些的树脂或适当减少填料加入量,配制浓度较稀的浆料,减少气泡逸出的阻力,避免气泡滞留在制品内。

(2)适当地减少红、白料的用量,使树脂初凝时间长一些,以便抽真空时有足够的时间抽出模腔中的空气。

(3)检查真空泵,看有无故障,保证真空箱中的真空度能够快速达到0.1MPa,以便取得好的真空效果,有的工艺品生产厂对生产难度大的制品采用先真空到-0.1MPa,再放到-0.07MPa,而后再真空到-0.1MPa 效果也不错。

(4)对结构复杂产品或注浆口较小的产品,模具设计时应考虑气孔问题和分型面设计、拐角等,都应增加出气口的设计,以便获得好的真空效果,减少气孔问题的产生。

2. 油孔、针孔

白坯生产中,制品表面皮下出现孔洞,刺破该孔,会有液态物质流出,称作油孔,如孔洞呈现密密麻麻的微孔状,其中同样有液态物质,则称作针孔。

油孔和针孔都是浆料中的油类(防止浆料抽真空时喷料)和稀释剂产生的,当这些特质聚集在一起时,产生油孔。而由于油类和稀释剂较少,没有聚集在一起时,产生针孔。这一问题一般发生在气温较低的秋冬季节,搅浆完成后,浆料有分层现象,解决该问题的方法如下。

(1)在生产允许的情况下,调用浓度较高的树脂,减少填料加入量以减轻浆料的分层。

(2)严格控制白矿油、机油等油类的加入量,在不严重喷浆的条件下,尽量少加入油类,其加入量一般在5‰以下,且越少越好。

(3)注意石粉等填料的潮湿度,因水分会导致浆料分层。

(4)控制油类加入的时机,一般在领浆生产前15~20分钟,加入油类,搅拌均匀后使用。

(5)大量的分层出现,一般极易产生油孔、针孔缺陷,该浆料应改做要求不高的产品,同时,与树脂生产厂联系,采用适当的方法解决。

3. 泡碱后出石粉

白坯生产过程中,当产品泡碱后,其肌理里面有粉状物;进而影响产品质量,这一问题在秋冬交替及冬季特别容易出现。其原因是产品表面的树脂未完全固化,加之泡碱时间过长,把产品表面的树脂腐蚀掉,最终使得石粉残留于产品表面,解决该问题的方法如下。

(1)严格控制固化剂的用量。当产品出现表面粘手严重的情况,应检查固化剂加入量是否足够,如果不够应增加固化剂用量,固化剂用量一般为1.5%～2.5%。如增加固化剂用量,树脂凝胶太快,来不及操作时,应调一些慢干的树脂来掺入或加入慢干剂。当增加固化剂用量,树脂依然慢干,且表面粘手严重,应检查固化剂是否有问题,或填料及促进剂是否有问题。寒冷的冬季,树脂凝胶缓慢,可提高环境温度,也可以把浆料水浴加热。

(2)规范碱液浓度和泡碱时间。好的产品,在高浓度的碱液里长时间浸泡,也会出现该问题,一般碱液的pH值应控制在11～12之间,严格按要求控制泡碱时间。

(3)尽量不要使用低浓度的树脂。因为较稀的树脂固体含量较低,固化后耐酸碱性较差,泡碱时易把产品表面树脂腐蚀。

4. 变形

白坯生产中对于挂件类制品易出现弯曲变形问题,这是由于树脂固化收缩在制品内部产生不均匀内应力,最终导致制品变形,解决该缺陷有如下几种方法。

(1)选择收缩量低一些的树脂,以避免产生较大的应力,导致制品弯曲变形。

(2)适当减少红、白料用量,使树脂固化速度慢一些以减少收缩量,同时在不损伤制品造型、表面的前提下,将拆模后的制品层层叠放以减轻弯曲变形量。

(3)对于批量大的、要求高的制品可采用保温加速固化,以克服变形缺陷。具体方法如下:将工件放入初始温度在30～40℃的保温箱内,层层叠入,最上面用合适的重物压住,关闭箱门,在40℃保温1小时,而后缓慢升温到60℃,保温2小时,再缓慢升温至80℃,保温2小时,待其自然缓慢冷却后,取出制品即可。以上工艺参数为参考数值,不同的制品,其内应力产生的部位、大小均不相同,故工艺参数值也不会相同,要先进行小批量试验后确定。

(4)在产品质量允许的情况下,可以增加填料的用量。

(5)增加加强筋,防止产品的变形。

5. 开裂

白坯生产中制品有时会出现开裂的现象,一般有两种情况:一种是脱模过程中制品出现裂纹,这主要是树脂后固化较慢或者脱模不当引起的;另一种是制品脱模后放置一段时间出现裂纹,这种情况较少见,但在制品结构复杂的情况下容易产生。

树脂固化过程中,会出现体积收缩现象,同时由于树脂固化是一个放热过程,所以又会出现热胀冷缩现象,这两种情况下会使树脂固化后制品产生了较大的内应力,导致在结构复杂、尺寸变化比较大的制品纤细部位产生裂纹。解决该问题应从如下几方面入手。

(1)选用浓度较高的树脂。一般来讲,当树脂生产配方一定时,树脂浓度高一些,固体含量也较高,使得制品的强度也相应会高一些。

(2)改善操作工艺。可以考虑使用固化速度慢一些的树脂,这样可减少制品的内应力。也可参考防止变形的措施进行处理:一是对于空心制品,要预留出气孔,避免由于温度升高而使制品内部的空气压力较高而胀裂制品,需要封底的产品可以等产品固化完全后才封底。二是开模时适当加入硅油增加硅胶模的弹性,防止脱模时因模具较硬而拉坏制品。三是在易开裂部位放置加强筋,如铁丝、竹签、纤维丝等,以提高其强度。四是制品设计时,尽量避免尺寸急变,拐角处应尽量采用圆滑过渡,避免产生应力集中现象。

(3)灌浆时尽量使浆料均匀。

(4)在配方中增加10%的软树脂,可以增加制品的韧性。

(5)在保证质量的条件下,适当增加填料的量。

6. 分层

树脂加入填料搅拌后,静置一段时间,搅浆桶表面出现一层透明液体,即稀释剂分离出来,称作分层,又叫出水。解决该问题的方法如下。

(1)树脂生产中与苯乙烯单体交联不好的物质用量大,造成树脂易分层。

(2)为追求低黏度而大量加入苯乙烯等稀释剂,当加入填料搅拌后,树脂浆料易分层。在白坯生产成本允许的情况下,尽量不要使用过低黏度的树脂。

(3)白矿油、机油等加入浆料是引起树脂分层的重要原因之一。当生产中必须使用低黏度树脂时,首先应严格控制油类的加入量,一般油类加入量不超过树脂量的5‰,并且在领浆前15~20分钟内加入,搅拌均匀后使用,会明显减轻分层现象。

(4)石粉中的水分会直接导致树脂分层。潮湿的石粉在搅拌后会引起树脂大量分离出苯乙烯,同时搅浆桶中不断有气泡冒出。此时要及时更换干燥的石粉。

(5)浆料放置时间不能过久。

7. 水纹

水纹在梅雨季节和气温较低的季节容易产生,其形成原因及解决方法如下。

(1)空气湿度大,致使树脂固化收缩过程中空气进入模腔,对制品表面的树脂固化产生阻聚作用,导致制品表面产生水纹、粘手现象。

（2）石粉潮湿。石粉中的水分进入树脂中，对树脂产生破坏作用，使树脂分子固化交联的过程受到阻碍，在制品表面产生水纹，严重潮湿的石粉在搅浆后静置一段时间会出现分层、树脂增稠现象。

（3）固化剂、促进剂质量低劣。由于低分子物脱离不尽，交联反应中不能产生足够的自由基，无法激活树脂的不饱和双键，同时在固化过程中，由于放热使低分子物排出，产生水纹。

（4）固化剂量不足。树脂的固化是由于有足够的游离基与树脂的不饱和双键发生交联而完成固化过程的。由于固化剂的量不足，产生的游离基少，无法大量激活不饱和双键，造成固化缓慢或不完全，而产生水纹、粘手现象。

（5）树脂生产过程中大量使用吸水性强的材料，造成树脂极易吸收空气中和填料等物质中的水分，从而影响树脂固化过程，在制品表面造成水纹。对产品要求高或造型复杂的情况，可适当选购品质高的树脂，以克服或减轻水纹缺陷。

（6）气温低时，树脂固化过程缓慢，造成树脂固化后偏软、制品表面有水纹、不易拆模、容易破损。在气温较低的冬季，可采用热水浴加热树脂，使树脂温度保持在 30~40℃，这样会改善树脂固化过程。

（7）新模具潮湿，水气透过硅橡胶微孔，凝聚在坯体表面，造成水纹。应将新模具烘干或晒干使用。在特别潮湿的天气，将模具夜间放入烘箱效果较好。

第二节　塑料饰品及生产工艺

一、饰品用塑料简介

塑料是指以树脂（或在加工过程中用单体直接聚合）为主要成分，以增塑剂、填充剂、润滑剂、着色剂等添加剂为辅助成分，在加工过程中能流动成型的材料，是合成的高分子化合物。塑料在一定温度和压力下可以自由改变形体样式，塑造成一定形状，并在常温下能保持既定形状。塑料用途极广，在建筑、包装、电气电子、运输、家具、家庭用具、机械零件、玩具休闲等行业都有大量应用。由于塑料花色品种繁多，装饰效果好，成为饰品行业的一类重要材料。

1. 饰品用塑料的性质

饰品用塑料作为工程塑料的特殊应用，既有工程塑料的一般基本性质，又有某些独特的性质。饰品用塑料具有以下优点。

（1）质轻、比强度高。塑料质轻，一般塑料的密度为 $0.9~2.3g/cm^3$，只有钢铁的 1/8~1/4、铝的 1/2 左右，而各种泡沫塑料的密度更低，约为 0.01~0.5g/

cm³。按单位质量计算的强度称为比强度,有些增强塑料的比强度接近甚至超过钢材。例如合金钢材,其单位质量的拉伸强度为160MPa,而用玻璃纤维增强的塑料可达到170～400MPa。

(2)优良的化学稳定性能。塑料对一般的酸、碱、盐及油脂有较好的耐腐蚀性,比金属材料和一些无机材料好得多。特别是聚四氟乙烯的耐化学腐蚀性能比黄金还要好,甚至能耐王水等强腐蚀性电解质的腐蚀,被称为塑料王。

(3)耐磨性能好。大多数塑料具有优良的耐磨和自润滑特性。许多工程塑料制造的耐摩擦零件就是利用塑料的这些特性。在耐磨塑料中加入某些固体润滑剂和填料时,可降低其摩擦系数或进一步提高其耐磨性能。

(4)透光及防护性能。多数塑料都可以作为透明或半透明制品,其中聚苯乙烯和丙烯酸酯类塑料像玻璃一样透明。有机玻璃化学名称为聚甲基丙烯酸甲酯,可用作航空玻璃材料。聚氯乙烯、聚乙烯、聚丙烯等塑料薄膜具有良好的透光性能。塑料具有多种防护性能,因此常用作防护包装用品。

(5)良好的装饰性能。塑料可以制成透明的制品,也可制成各种色彩艳丽丰富的制品,而且色泽美观、耐久,还可用先进的印刷、压花、电镀及烫金技术制成具有各种图案、花型和表面立体感、金属感的制品。饰品具有较好的自润滑性能,表面平滑而有光泽,图案清晰。

(6)良好的加工性能。可采用模压、注射、浇铸等多种成型方式,可采用钉、锯、钻、刨、焊、粘等多种机械加工工艺,加工成本较低。

但是,饰品用塑料也存在以下缺点。

(1)易老化。塑料因受使用环境中空气、阳光、热、离子辐射、应力等能量作用,氧气、空气、水分、酸碱盐等化学物质作用和霉菌等生物作用,其组成和结构发生了如分子降解(大分子链断裂解,使高聚物强度、弹性、熔点、黏度等降低)、交联(使高聚物变硬、变脆)、增塑剂迁移、稳定剂失效等一系列物理化学变化,从而导致塑料发生变硬、变脆、龟裂、变色乃至完全破坏,丧失使用功能的现象,称为塑料的老化。塑料的老化按其作用机理可分为以下几种形式。

1)热老化。热老化主要发生在塑料的加工、生产和使用环境中。它可分为两种类型:无氧热老化和热氧化。前者又称热裂解。它是在无氧高温条件下,大分子链逐渐地或杂乱无规则地解聚成单体或断裂成小段落,有时也会脱除小分子物质,从而使塑料高分子物质相对分子质量下降,材料性质急剧恶化。后者是在高温富氧条件下,氧作用于塑料高分子物质的自由基,从而引发连锁反应,导致高分子物质断裂、分解,性能降低。

2)光老化。塑料中高分子物质链中的C—H键等键能恰与紫外线波谱相应的能量相近,因而在紫外线光波的作用下,大分子链可吸收能量发生降解或交联。特别是在富氧或臭氧的条件下，塑料大分子结构中的某些官能团被紫外线活化，可与氧及臭氧进行光化学反应，使聚合高分子物质发生分解或交联，使材料性能劣化。

3) 其他原因的老化。塑料在酸碱盐、生物、强电场等的作用下，也会发生老化作用。一般情况下，塑料的抗化学腐蚀性很强，但在某些特殊条件下，塑料也可能发生或快或慢的由表及里的破坏，称之为化学介质老化；某些生物会分泌出某些特殊的酸性物质或生物酶，使塑料高分子物质分解或变为生物的食物，从而使塑料破坏，称为生物老化；在强电场作用下，塑料高分子物质因热离子辐射作用以及化学分解作用，使塑料的绝缘性下降而发生电击穿破坏，此种现象称为电晕老化。

因此，老化是塑料耐久性破坏的主要形式，也是塑料的一大弱点。塑料抵抗老化作用的能力叫做抗老化性、大气稳定性或耐候性。塑料的抗老化性取决于其组成、结构及环境破坏因素的性质和特点，取决于树脂种类、助剂性质等。一般可采用掺加抗氧化剂、紫外线吸收剂、热稳定剂等抗老化剂，以减缓塑料的老化。

(2) 易燃。塑料不仅可燃，而且在燃烧时发烟量大，甚至产生有毒气体。但通过改进配方，如加入阻燃剂、无机填料等，也可制成自熄、难燃的，甚至不燃的产品。不过其防火性能仍比无机材料差，在使用中应予以注意。

(3) 耐热性差。塑料一般都具有受热变形，甚至产生分解的问题，在使用中要注意其限制温度。

(4) 刚度小。塑料是一种粘弹性材料，弹性模量低，只有钢材的 1/10～1/20，且在荷载的长期作用下易产生蠕变，即随着时间的延续变形增大，而且温度愈高，变形增大愈快。但塑料中的纤维增强等复合材料以及某些高性能的工程塑料，其强度大大提高，甚至可超过钢材。

2. 饰品用塑料的分类

塑料目前尚无确切的分类，通常按照以下方式分类。

(1) 按塑料的物理化学性能可以分为以下两种。

热塑性塑料：在特定温度范围内能反复加热软化和冷却硬化的塑料。如聚乙烯塑料、聚氯乙烯塑料。

热固性塑料：因受热或其他条件能固化成不熔不溶性物料的塑料。如酚醛塑料、环氧塑料等。

(2) 按塑料成型方法可以分为以下五种。

模压塑料：指供模压用的树脂混合料，如一般热固性塑料。

层压塑料：指浸有树脂的纤维织物，可经叠合、热压结合而成为整体材料。

注射、挤出和吹塑塑料：一般指能在料筒温度下熔融、流动，在模具中迅速硬

第九章　树脂塑料亚克力饰品及生产工艺

化的树脂混合料。如一般热塑性塑料。

浇铸塑料：指能在无压或稍加压力的情况下，倾注于模具中能硬化成一定形状制品的液态树脂混合料。如MC尼龙。

反应注射模塑料：一般指液态原材料，加压注入模腔内，使其反应固化制得成品。如聚氨脂类。

（3）按塑料半制品和制品可以分为以下三种。

模塑粉（又称塑料粉）：主要由热固性树脂（如酚醛）和填料等经充分混合、按压、粉碎而得。如酚醛塑料粉。

增强塑料：加有增强材料而某些力学性能比原树脂有较大提高的一类塑料。

泡沫塑料：整体内含有无数微孔的塑料。

3. 饰品用塑料的组成

塑料按组成成分的多少，可分为单组分塑料和多组分塑料。单组分塑料仅含合成树脂，如"有机玻璃"就是由一种被称为聚甲基丙烯酸甲酯的合成树脂组成。多组分塑料除含有合成树脂外，还含有填充料、增塑剂、固化剂、着色剂、稳定剂及其他添加剂。饰品用塑料一般都属于多组分塑料。

（1）树脂。树脂是塑料的基本组成材料，在多组分塑料中约占$30\%\sim70\%$，单组分的塑料中含有树脂几乎达100%。树脂在塑料中主要起胶结作用，把填充料等其他组分胶结成一个整体。因此，树脂是决定塑料性质的最主要因素。

（2）填充料。又称填充剂或填料，是为了改善塑料制品某些性质，如提高塑料制品的强度、硬度和耐热性以及降低成本等，而在塑料制品中加入的一些材料。填料在塑料组成材料中约占$40\%\sim70\%$，常用的填料有木粉、滑石粉、硅藻土、石灰石粉、铝粉、炭黑、云母、二硫化钼、石棉、玻璃纤维等。其中纤维填料可提高塑料的结构强度；石棉填料可改善塑料的耐热性；云母填料能增强塑料的电绝缘性；石墨、二硫化钼填料可改善塑料的摩擦和耐摩性能等。此外，由于填料一般都比合成树脂便宜，故填料的加入能降低塑料的成本。

（3）增塑剂。为了提高塑料在加工时的可塑性和制品的柔韧性、弹性等，在塑料制品的生产、加工时要加入少量的增塑剂。增塑剂通常是具有低蒸气压、不易挥发的分子量较低的固体或液体有机化合物，主要为酯类和酮类。常用的有邻苯二甲酸二丁酯、邻苯二甲酸二辛酯、磷酸二辛酯、磷酸二甲苯酯、己二酸酯、二苯甲酮等。

（4）固化剂（又称硬化剂、熟化剂）。其主要作用是使某些合成树脂的线型结构交联成体型结构，从而使树脂具有热固性。不同品种的树脂应采用不同品种的固化剂。酚醛树脂常用六亚甲基四胺；环氧树脂常用胺类、酚酐类和高分子类；聚酯树脂常用过氧化物等。

(5)稳定剂。许多塑料制品在成型加工和使用过程中,由于受热、光、氧的作用,过早地发生降解,氧化断链、交联等现象,使材料性能变坏。为了稳定塑料制品的质量,延长使用寿命,通常要加入各种稳定剂,如抗氧剂(酚类化合物等)、光屏蔽剂(炭黑等)、紫外线吸收剂(2-羟基二苯甲酮、水杨酸苯酯等)、热稳定剂(硬脂酸铝、三盐基亚磷酸铅等)。

(6)着色剂。为了使塑料制品具有特定的色彩和光泽,可加入着色剂。着色剂按其在着色介质中的溶解性分为染料和颜料。染料皆为有机化合物,可溶于被着色的树脂中;颜料一般为无机化合物,不溶于被着色介质,其着色性是通过本身的高分散性颗粒分散于被染介质,其折射率与基体差别大,吸收一部分光,而又反射另一部分光线,给人以颜色的视觉。颜料不仅对塑料具有着色性,同时兼有填料和稳定剂的作用。

(7)根据饰品用塑料使用及成型加工中的需要,有时还加入润滑剂、抗静电剂、防霉剂等。

二、塑料饰品示例

塑料饰品的范围非常宽,如戒指、手镯、手链、项链、耳环、挂坠、发饰等,有些是单一的塑料,有些则与金属、仿钻、皮革等结合在一起。

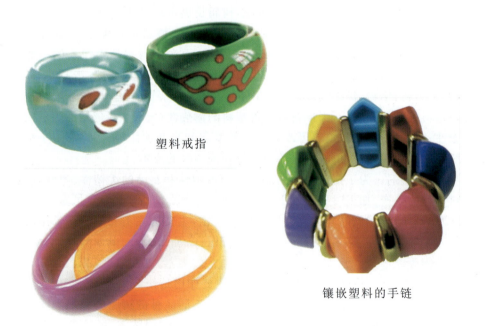

塑料戒指

镶嵌塑料的手链

塑料手镯

塑料编绳手链

真空镀膜塑料项链

塑料挂坠

塑料耳环

镶钻塑料发夹

三、塑料饰品生产工艺

塑料工业包括三个生产系统:塑料原料(树脂或半成品及助剂)的生产、塑料制品的生产、塑料成型机械(包括模具)的制造。对工艺饰品来说,主要指塑料的成型加工。

塑料成型加工是一门工程技术,所涉及的内容是将塑料转变为塑料制品的各种工艺。在转变过程中常会发生以下一种或几种情况,如聚合物的流变以及物理、化学性能的变化等。塑料成型的方法很多,主要分为一次成型技术、二次成型技术和二次加工技术三个类别。

(一)塑料饰品的一次成型技术

塑料饰品的一次成型是指将粉状、粒状、纤维状和碎屑状固体塑料、树脂溶液或糊状等各种形态的塑料原料制成所需形状和尺寸的制品或半制品的技术。这类成型方法很多,目前生产上广泛采用注射、挤出、压制、浇铸等方法成型。

1. 注射成型

塑料的注射成型是在模具中进行的,模具按成型方向分为凸模和凹模;这两种各有长处,前者成型出的产品立体感强,制作难度大;后者制作简单,适应范围也广些,但立体感不是很强。按材质分四种:金属模、木质模、玻璃钢模、石膏模。这四种模具也各有千秋:金属模有灵活性强、使用范围广、精度高、使用寿命长,但成本也不菲。木模灵活性强、使用范围也广,成本也大众,但使用寿命不是太长。玻璃钢模具备了前两种的长处,但制作难度大。石膏模成本低、精度高、使用寿命也不错,但对材料的厚度有限制(一般不超过1mm)。所以要根据产品的制作工艺和使用材料的性能正确选择模具。

注射成型主要应用于热塑性塑料和流动性较大的热固性塑料,可以成型几何形状复杂、尺寸精确及带各种嵌件的塑料饰品。目前注射制品约占塑料制品总量的30%。近年来新的注射技术,如反应注射、双色注射、发泡注射等的发展和应用,为注射成型提供了更加广阔的应用前景。

2. 挤出成型

挤出成型又称挤塑成型或挤出模塑,首先将粒状或粉状的塑料加入到挤出机(与注射机相似)料斗中,然后由旋转的挤出机螺杆送到加热区,逐渐熔融呈粘流态,然后在挤压系统作用下,塑料熔体通过具有一定形状的挤出模具(机头)口模而成型为所需断面形状的连续型材。

基础成型工艺过程包括:物料的干燥、成型、制品的成型与冷却、制品的牵引与卷曲(或切割),有时还包括制品的后处理等。

第九章 树脂塑料亚克力饰品及生产工艺

挤出成型的塑料件内部组织均匀紧密,尺寸比较稳定准确。且其几何形状简单、截面形状不变,因此模具结构也较简单,制造维修方便,同时能连续成型、生产率高、成本低;几乎所有热塑性塑料及少部分热固性塑料可采用挤出成型。塑料挤出的制品有管材、板材、棒材、薄膜、各种异型材等。目前约50%的热塑性塑料制品是挤出成型的。此外挤出成型还可用于塑料的着色、造粒和共混改性等。

3. 压制成型

压制成型是指主要依靠外压的作用,实现成型物料造型的一次成型技术。压制成型是塑料加工中最传统的工艺方法,广泛用于热固性塑料的成型加工。根据成型物料的性状和加工设备及工艺的特点,压制成型可分为模压成型和层压成型。

模压成型是将粉状、粒状、碎屑状或纤维状的热固性塑料原料放入模具中,然后闭模加热加压而使其在模具中成型并硬化,最后脱模取出塑料制件,其所用设备为液压机、旋压机等。

层压成型是以纸张、棉布、玻璃布等片状材料,在树脂中浸渍,然后一张一张叠放成所需的厚度,放在层压机上加热加压,经一段时间后,树脂固化,相互粘结成型。压制成型设备简单(主要设备是液压机)、工艺成熟,是最早出现的塑料成型方法。它不需要流道与浇口,物料损失少,制品尺寸范围宽,可压制较大的制品,但成型周期长,生产效率低,较难实现现代化生产。对形状复杂、加强筋密集、金属嵌件多的制品不易成型。

4. 浇铸成型

浇铸技术包括静态浇铸、离心浇铸以及流延浇铸和滚塑等。

静态浇铸是在常压下将树脂的液态单体或预聚体注入大口模腔中,经聚合固化定型得到制品的成型方法。静态浇铸可生产各种型材和制品,有机玻璃是典型的浇铸制品。

离心浇注是将原料加入到高速旋转的模具中,在离心力的作用下,使原料充满模具,而后使之硬化定型为制品。离心浇铸可生产大直径的管制品和空心制品。

流延浇注是将热塑性塑料溶于溶剂中配成一定浓度的溶液,然后以一定的速度流布在连续回转的基材上(一般为无接缝的不锈钢带),通过加热使溶剂蒸发而使塑料硬化成膜,从基材上剥离即为制品。

滚塑成型是将塑料加入到模具中,然后模具沿两垂直轴不断旋转并使之加热,模内的塑料在重力和热的作用下,逐渐均匀地涂布、熔融粘附于模腔的整个表面上,成型为所需的形状,经冷却定型得到制品。

(二)塑料的二次成型技术

塑料的二次成型是指在一定条件下将塑料半制品（如型材或坯件等）通过再次成型加工，以获得制品的最终形状的技术。目前生产上采用的有中空吹塑成型、热成型和薄膜的双向拉伸成型等几种二次成型技术。

1.吹塑成型

吹塑成型是制造空心塑料制品的成型方法，是借助气体压力使闭合在模腔内尚处于半熔融态的型坯吹胀成为中空制品的二次成型技术。中空吹塑又分为注射吹塑和挤出吹塑。

注射吹塑是用注射成型法先将塑料制成有底型坯，再把型坯移入吹塑模内进行吹塑成型。其主要过程是，首先由注射机在高压下将熔融塑料注入型坯模具内并在芯模上形成适宜尺寸、形状和质量的管状有底型坯，所用模芯为一端封闭的管状物，压缩空气可从开口端通入并从管壁上所开的多个小孔逸出。型坯成型后，打开注射模将留在芯模上的热型坯移入吹塑模内，合模后从模芯通道吹入 0.2~0.7MPa 的压缩空气，型坯立即被吹胀而脱离模芯并紧贴吹塑模的型腔壁上，并在空气压力下进行冷却定型，然后开模取出制品。

挤出吹塑成型过程，管坯直接由挤出机挤出，并垂挂在安装于机头正下方的预先分开的型腔中；当下垂的型坯达到规定的长度后立即合模，并靠模具的切口将管坯切断；从模具分型面的小孔通入压缩空气，使型坯吹胀紧贴模壁而成型；保压，待制品在型腔中冷却定型后开模取出制品。

用于中空吹塑成型的热塑性塑料品种很多，最常用的原料是聚乙烯、聚丙烯、聚氯乙烯和热塑性聚酯等，常用来成型各种液体的包装容器。

2.热成型

热成型是将热塑性塑料片材加热至软化，在气体压力、液体压力或机械压力下，采用适当的模具或夹具而使其成为制品的一种成型方法。热成型特别适用于壁薄、表面积大的制品的制造。塑料热成型的方法很多，主要有模压成型和差压成型两大类。

模压成型是采用单模（阳模或阴模）或对模，利用外加机械压力或自重，将片材制成各种制品的成型方法，它不同于一次加工的模压成型。此法适用于所有热塑性塑料。

差压成型是采用单模（阳模或阴模）或对模，也可以不用模具，在气体差压的作用下，使加热至软的塑料片材紧贴模面，冷却后制成各种制品的成型方法。差压成型又可分为真空成型和气压成型。

3. 双向拉伸成型

为使热塑性薄膜或板材等的分子重新定向,特在玻璃化温度以上所作的双向拉伸过程。拉伸定向要在聚合物的玻璃化温度和熔点之间进行,经过定向拉伸并迅速冷到室温后的薄膜或单丝,在拉伸方向上的机械性能有很大提高。

(三)塑料的二次加工技术

塑料的二次加工是在一次成型或二次成型产物保持硬固状态不变的条件下,为改变其形状、尺寸和表面状态使之成为最终产品的技术。生产中已采用的二次加工技术多种多样,但大致可分为机械加工、连接加工和修饰加工三类方法。

1. 机械加工

塑料可采取的机械加工方法很多,如裁切、切削等。

裁切是指对塑料板、棒、管等型材和模塑制品上的多余部分进行切断和割开的机械加工方法。塑料常用的裁切方法是冲切、锯切和剪切,生产中有时也用电热丝、激光、超声波和高压液流裁切塑料。

切削是用刀具对工件进行切削。常用的有车削、铣削、钻削和切螺纹等几项技术。

激光加工在塑料的二次加工中应用越来越广,激光不仅可用于截断,还可用于打孔、刻花和焊接等,其中以打孔和切断最为常见。用激光加工塑料具有效率高、成本低等优点。绝大多数塑料都可用激光方便地加工,但是酚醛和环氧等热固性塑料却不适于激光加工。

2. 连接加工

连接的目的是将塑件之间、塑料件与非塑料件之间连接固定,以构成复杂的组件。依据塑料连接加工的原理,可分为机械连接、热熔连接和胶接。

机械连接是用螺纹连接、铆接、按扣连接、压配连接等机械手段实现连接和固定的方法。适合于一切塑料制件,特别是塑料件与金属件的连接。

热熔连接亦称焊接法,是将两个被连接件接头处局部加热熔化,然后压紧,冷却凝固后即牢固连接的方法。常用的有外热件接触焊接、热风焊接、摩擦焊接、感应焊接、超声波焊接、高频焊接、等离子焊接等。焊接只适用于热塑性塑料。

胶接是借助同种材料间的内聚力或不同材料间的附着力,使被连接件间相对位置固定的方法也称为粘接。塑料制品间及塑料制品与其他材料制品间的粘接,需依靠有机溶剂和胶粘剂来实现。有机溶剂粘接,仅适用于有良好溶解能力的同种非晶态塑料制品间的连接,但其接缝区的强度一般都比较低,故在塑料的连接加工中应用有限。绝大多数塑料制品间及塑料制品与其他材料制品的粘接，是通过胶粘剂实现。依靠胶粘剂实现的粘接称为胶接。胶粘剂有天然的和合成的，目前常用的是合成高分子胶粘剂，如聚乙烯醇、环氧树脂等。胶接法既适用于热塑性塑料，也适用于热固性塑料。

3. 修饰加工

修饰加工的目的是美化塑料饰品表面，通常包括以下四个方面。

(1)机械修饰。即用锉、磨、抛光等工艺，除去制作上毛边、毛刺，以及修正尺寸等。

(2)涂饰。包括用涂料涂敷制作表面，用溶剂使表面增亮，用带花纹薄膜贴覆制品表面等。

(3)施彩。包括彩绘、印刷和烫印，其中烫印是在加热、加压下，将烫印膜上的彩色铝箔层(或其他花纹膜层)转移到饰品上。

(4)镀金属。包括真空镀膜、电镀以及化学法镀银等。

第三节　亚克力饰品及生产工艺

一、亚克力材料简介

亚克力是英文 Acrylics 的音译，Acrylics 则是丙稀酸(酯)和甲基丙烯酸(酯)类化学物品的总称，俗称"经过特殊处理的有机玻璃"。1872 年丙烯酸的聚合性被科学家发现，到 1937 年甲基丙烯酸脂工业制造开发成功，人类才正式规模化生产。

亚克力具有许多优良的性质，表现在以下几个方面。

(1)亚克力具有高透明度，透光率达 92%，是目前最优良的高分子透明材料，有"塑胶水晶"之美誉，而且厚度达到一定程度时仍能维持高透明度。此外，该材料还兼具良好的表面硬度与表面光泽度。

(2)自重轻，密度约 $1.15 \sim 1.19 \text{ g/cm}^3$，比普通玻璃轻一半，是铝的 43%。

(3)亚克力具有突出的耐候性、耐老化性及耐酸碱性，尤其应用于室外，居其他塑胶之冠。亚克力可以透过 73% 的紫外线，普通玻璃只能透过 0.6% 的紫外线。在照射紫外光的状况下，与聚碳酸酯相比，亚克力具有更佳的稳定性。

(4)亚克力材料的相对分子质量大约为 200 万，是长链的高分子化合物，而且形成分子的链很柔软，因此它的机械强度较高，韧性好，不易破损，抗拉伸和抗冲击的能力比普通玻璃高 7~18 倍。亚克力在经受热冲击时不易爆裂，而玻璃

第九章　树脂塑料亚克力饰品及生产工艺

在急冷急热时容易破碎。特别是一些经过加热和拉伸处理过的亚克力，其中的分子链段排列得非常有次序，使材料的韧性有显著提高。用钉子钉进这种有机玻璃，即使钉子穿透了也不产生裂纹。

（5）亚克力材料具有良好的加工性能，既可采用热成型（包括模压、吹塑和真空吸塑），也可用机械加工方式，如粘接、锯、刨、钻、刻、磨、丝网印刷、喷砂等。亚克力熔点约240～250℃，比玻璃低很多，热成型加工相对容易，加热后可弯曲压模成各种亚克力制品。用微电脑控制的机械切刮和雕刻不仅使加工精度大大提高，而且还可制作出用传统方式无法完成的图案和造型。另外，亚克力板可采用激光切割和激光雕刻，制作效果奇特的制品。

（6）亚克力具有良好的适印性和喷涂性，采用适当的印刷（如丝印）和喷涂工艺，可以赋予亚克力制品理想的表面装饰效果，色彩丰富艳丽，亮度高，可满足不同品位的个性追求。

（7）亚克力修复性强，维护方便，易清洁，雨水可自然清洁，或用肥皂和软布擦洗即可；质地柔和，冬季没有冰凉刺骨之感。

但是，亚克力材料也具有一些明显的不足。它具有室温蠕变特性，随着负荷加大、时间增长，可导致应力开裂现象。亚克力具有吸湿性，加工前必须进行干燥处理。另外，亚克力存在表面硬度不高、易擦毛等缺点，需要对其进行改性处理。

目前市场上有不少质低价廉的"亚克力"，其实是普通有机板或复合板（又称夹心板）。普通有机板用普通有机玻璃裂解料加色素浇铸而成，表面硬度低，易褪色，用细砂打磨后抛光效果差。复合板只有表面很薄一层亚克力，中间是ABS塑料，使用中受热胀冷缩影响容易脱层。真假亚克力，可从板材断面的细微色差和抛光效果中去识别。

二、亚克力饰品的类别

亚克力材料具有质轻价廉、透明度高、韧性好、加工可塑性大、表面装饰性能好等优点，使之成为一种重要的工艺饰品材料。此外，它还被广泛用作饰品展示架、标示牌、包装盒等材料。常见的工艺饰品类别示例如下。

亚克力项链

亚克力耳环

亚克力饰品架

亚克力发夹

三、亚克力饰品的生产工艺

（一）亚克力的工艺特性

（1）亚克力含有极性侧甲基，具有较明显的吸湿性，吸水率一般为0.3%～0.4%，成型前必须干燥，干燥条件是80～85℃下干燥4～5小时。

（2）亚克力在成型加工的温度范围内具有明显的非牛顿流体特性，熔融黏度随剪切速率增大会明显下降，熔体黏度对温度的变化也很敏感。因此，对于亚克力的成型加工，提高成型压力和温度都可明显降低熔体黏度，取得较好的流动性。

（3）亚克力开始流动的温度约160℃，开始分解的温度高于270℃，具有较宽的加工温度区间。

（4）亚克力熔体黏度较高，冷却速率又较快，制品容易产生内应力，因此成型时对工艺条件控制要求严格，制品成型后也需要进行后处理。

（5）亚克力是无定形聚合物，收缩率及其变化范围都较小，一般约为0.5%～0.8%，有利于成型出尺寸精度较高的塑件。

（6）亚克力切削性能甚好，其型材可很容易地机加工为各种要求的尺寸。

（二）亚克力饰品成型方法

亚克力具有良好的表面硬度与光泽，加工可塑性大，可制成各种形状的饰品，其成型方法有浇铸、注塑成型、挤出成型、热成型等，与塑料饰品生产工艺基本一致。

1. 浇铸成型

浇铸成型用于成型有机玻璃板材、棒材等型材，即用本体聚合方法成型型材。浇铸成型后的制品需要进行后处理，后处理条件是60℃下保温2小时，120℃下保温2小时。

2. 注塑成型

注塑成型采用悬浮聚合所制得的颗粒料，成型在普通的柱塞式或螺杆式注塑机上进行。表9-1是两种不同注塑机进行亚克力注塑成型时的工艺条件示例。注塑制品也需要后处理消除内应力，处理在70～80℃热风循环干燥箱内进行，处理时间视制品厚度，一般均需4小时左右。

3. 挤出成型

亚克力也可以采用挤出成型，用悬浮聚合生产的颗粒料制备有机玻璃板材、棒材、管材、片材等，但这样制备的型材，特别是板材，由于聚合物分子量小，力学性能、耐热性、耐溶剂性均不及浇注成型的型材，其优点是生产效率高，特别是对于管材和其他用浇注法时模具，难以制造的型材。挤出成型可采用单阶或双阶排气式挤出机,螺杆长径比一般在20~25。

表9-1 亚克力注塑成型的工艺参数

工艺参数	螺杆式注塑机	柱塞式注塑机
料筒后部温度/℃	180~200	180~200
料筒中部温度/℃	190~230	
料筒前部温度/℃	180~210	210~240
喷嘴温度/℃	180~210	210~240
模具温度/℃	40~80	40~80
注射压力/MPa	80~120	80~130
保压压力/MPa	40~60	40~60
螺杆转速/rpm	20~30	

4.热成型

热成型是将有机玻璃板材或片材制成各种尺寸形状制品的过程,将裁切成要求尺寸的坯料夹紧在模具框架上,加热使其软化,再加压使其贴紧模具型面,得到与型面相同的形状,经冷却定型后修整边缘即得制品。加压可采用抽真空牵伸或用对带有型面的凸模直接加压的方法。采用快速真空低牵伸成型制品时,宜采用接近下限温度;成型形状复杂的深度牵伸制品时,宜采用接近上限温度;一般情况下采用正常温度。

四、亚克力饰品的保养与维护

(1)清洗。亚克力饰品,若无经特殊处理或添加耐硬剂,则产品本身易磨损、刮伤。对一般灰尘处理,可用软质刷或清水冲洗,再用软质布料擦试。若表面油污可用软性洗洁剂加水,以软质布料擦拭。

(2)打蜡。欲要产品光鲜亮丽,可使用液体抛光蜡,以软布均匀地擦拭即可。

(3)粘着。若制品不慎破损,可用二氯甲烷类的粘合剂或快干剂接着即可。

(4)抛光。若制品被刮伤或表面磨损不是很严重,可尝试使用抛光机装上布轮,沾适量液体抛光蜡,均匀打光即可改善。

第十章 木饰品及生产工艺

木来自天然,历来用于工艺品的创作,随着人们返璞归真、崇尚自然的时尚,木开始应用于饰品制作,并获得了良好的市场效应。这种完全采用天然木材料制作的饰品,既美观大方,又迎合了人们追求环保、追求时尚、追求个性的心理,在市面上成为新宠。

木材的种类非常多,饰品用木材一般选用产量较少、比较名贵的品种,如沉香木、花梨木、阴沉木、紫檀木、金丝楠木、硅化木等。

第一节 沉香木及饰品

一、沉香简介

沉香被誉为"植物中的钻石",它集天地之灵气,汇日月之精华,蒙岁月之沉淀,自古以来都被列为众香之首。古人经常提到的"沉檀龙麝"里面的沉,就是指沉香。沉香作为中国传统文化的一位传递者,现如今吸引了越来越多的人们来欣赏它、研究它,它不仅可以作为一种佩戴装饰品,增加个人魅力,亦可熏香来舒缓心情释放压力,还是一种十分珍贵的药材。

沉香跟沉香木是两种不同的概念,沉香木是指沉香的宿主,其树种属双子叶植物瑞香科,为常绿型乔木树。这种树有些地方直接叫沉香树,其中没有结成油脂的那部分叫沉香木。沉香树主要生长在亚热带,我国的广东、广西、海南、台湾等地区,以及越南、马来西亚、印度尼西亚、菲律宾等东南亚国家出产这种树。当沉香树的表面或内部形成伤口时,为了保护受伤的部位,树脂会聚集于伤口周围。当累积的树脂浓度达到一定的程度时,将此部分取下,便为可使用的沉香。然而,伤口并不是树脂凝聚的唯一原因,沉香树脂亦会自然形成于树的内部及已腐朽的部位上。沉香其实是一种含有沉香树脂的木质成分和一种被称为"沉香醇"的油脂成分的混合物,我国古人将沉香归为"木类",称其为"蜜木"或"香木"。

二、沉香的形成条件

沉香的形成非常难得,对自然条件的要求极为苛刻,起码要满足以下几个条件。

1. 要形成沉香,先要有沉香树,这是结香的先决条件

橄榄科、樟树科、瑞香科和大戟科这四大树种都能结出沉香,其中,质量最上乘的沉香往往出自瑞香科沉香树,且现在市面上见到的大部分沉香都是瑞香科沉香树所结的。瑞香科沉香树的结香过程漫长,加上其对结香条件的要求特别高,因此这类树种的结香比例是比较低的。

瑞香科沉香树对生长环境要求很高,包括土壤、温度、湿度等,只有温暖、潮湿的东南亚地区才适宜它生长,一旦所处的环境气温低于-2℃,沉香树的生存就会受到威胁,就算被移植到其他地方也很难存活。而且这种树木质酥脆,枝干易被折断,从而导致它受伤甚至死亡,因此在风沙大的地区不易存活。一颗沉香树想要结出令人满意的沉香,除了保证具备上述的生存环境外,还必须具备成熟且发育良好的树脂腺,而一般生长数十年以上的香木才具备这个条件。由于这种树木适应环境的能力差,所以野生沉香树最多也只有一两百年的寿命。

2. 复杂的结香过程——伤口加上长时间的醇化过程

当一颗沉香树找到了适宜生长的环境,并且成熟了,这才仅仅是个开始。接下来,它需要等待自然界的各种机缘巧合给它一个结香的机会。

沉香树在受到一些伤害后,会形成伤口,这些伤害包括雷击、风沙侵蚀、虫蚁噬咬、刀斧或动物伤害等。有了这些伤口,沉香树才有可能结香,但这也并不是绝对的。如果这些伤口在短期内没有愈合,其周围组织就有可能会被细菌感染。如果发生了病变,沉香树中的树汁就会像人体免疫系统一样开始发挥作用,会变异形成一种膏状的油脂块。这是为阻止木质组织因病变而溃烂,而这种油脂块在以木质为载体的情况下,会沿着沉香的木质导管不断扩散,经过一段时间的醇化反应后会形成一种油脂和木质的混合物质。这个过程就是结香的过程。

3. 继续结香——香体的各种变化

沉香中的沉香油脂(沉香醇)是具有活性的,会随着时间的推移和所处环境的变化而不断变化,其特性也会跟着改变。由此,沉香树伤口在成功结香后,主要会出现以下几种情况。

(1) 沉香油脂依附于沉香木内部结香,作为载体的沉香树会提供沉香香体不断生长、扩散的各种条件,如营养等。因此,沉香木体内的沉香油脂会不断扩散,油脂质量会越来越好。

(2) 香体离开了沉香木,掉入泥水或土质环境中。此时,便没有树体为香体

提供营养了，香体会停止扩散，并且其外形、颜色等也会随着环境的变化而变化。如果沉香长时间处于这样的环境中，就会变质或风化，最后消失。但是如脱落的香体本身含油量比较大，外壳被风化后也能保护内部的油脂，这样内部油脂就能被保存下来。

（3）香体依然依附于沉香木，但沉香木最终死亡腐朽。残留树体内的香体会继续生长一段时间或直接停止生长，这是由香木腐朽的不同情况决定的。不管香体如何，其内部的活性油脂都会保存一段时间，其中油脂含量较高的香会随着时间和环境的变化而不断变化其外观、形态，并形成各种香味。

三、沉香的分类

沉香的分类方式多种多样，可根据其形成方式、品质、产地、香味等方面来划分。

1. 根据香体变化情况分类

仍然存留在活沉香树体内的香体称为"生香"，剥离沉香树或所寄存的沉香树死亡的香体称为"熟香"，又叫作"熟结"或"死香"。区分两者通常从香味和外观入手。

"生香"香味中带有清新的甜味和凉味，但由于香体成香时间短，内部的水分未干且香脂的醇化程度太低，往往带有一定程度的生涩气味且水分过多。"熟香"的香味更偏重于醇厚的蜜味和奶味，但由于其香体长期处于泥土中，含有较多杂质，或者是香体内木质成分在环境中发生霉变，因此往往带有一定程度的霉味和酸味。

"生香"的油脂是沿着木质导管扩散生长的，所以其油脂线比较明显，更接近木质，用刀去削，会有比较明显的木感。"熟香"的生长时间一般较长，受环境影响较大，其表面的油脂线不太突出，且一般质地较为酥脆，用刀去削，会有酥松感。

2. 根据结香油脂好坏分类

如果树木的木质内部树汁充足、营养丰富，当一颗沉香树的伤口深达木质内部时，往往更容易结出颜色较深、油量较丰富的沉香，称其为树心油沉香。树心油沉香油脂线浓密，且大多为黑油，当油脂含量达到一定程度就会沉水，这种是上等沉香。不同沉香位置、不同时间、不同伤口大小等外在因素都会影响树心油沉香的形态。

如果树体受到的伤害只在树皮表面，则沉香油脂就会沿着树皮表层导管游走，并一直附着在树皮表面，这就是边皮油沉香。边皮油沉香往往结油较薄，呈薄片状，难以形成厚实的香体，一旦加热，油脂很快会完全挥发。边皮油沉香还可以继续细分为排油沉香和皮油沉香，排油沉香是靠近木质部分的，皮油沉香是直接结在树皮之上的。

第十章 木饰品及生产工艺

3. 根据结香外形特质分类

受各种外在因素影响,沉香树接触的沉香会有不同的外形特质,可分为以下几种典型的品种。

(1)板头沉香。沉香树若是被刀斧砍伤,或因树体横向折断,造成的伤口往往呈面状,这种大面积的伤口会导致树体结成外形较薄但油脂浓密的香体,这种沉香称为板头沉香。其特点是形状、边缘不规则,香体扁平。由于板头沉香伤口横截于树体,所以其油脂线不是沿着树体导管呈线状分布,而是如同导管横截面般呈点状、面状分布。

(2)虫漏。沉香树被虫咬的伤口结出的香体称为虫漏,其造型独特,一般为螺旋状。虫咬的伤口通常为一个虫眼,虫子在沉香树导管上横向或斜向咬出一条虫道,沉香油脂便以虫道为中心形成香体。每一块虫漏上,最少也能找到一个虫眼,这是虫漏的显著特征。

(3)倒架沉香。"倒架"这个词来源于香农采香时的一种特殊情况,沉香树早已死亡,卧倒于泥土或沼泽之中,但沉香香体还存在于香树之内,香树的木质成分在微生物的作用以及外部环境的影响下已经腐朽、风化,但香体却被完好地保存下来,且其形状如同卧倒的架子一般,故称为倒架沉香。

(4)水沉香(又名水纹沉香、水格沉香)。也是香农创造的一种称谓,指的是香体脱离树体后进入潮湿的泥地、沼泽中,熟化后形成的沉香。水沉香往往颜色偏黑,由于后期环境潮湿,受风化影响小,因此是油脂纹路清晰可见的一种熟香。水沉香质地坚硬,韧性大,香体一般较为厚实。

(5)土沉香。它也是一种熟香。当香体脱落或沉香树自然死亡时,香体落入较为干燥的泥土中。此后香体受风化影响较大,形成疏松多孔的质地,这就是土沉香。土沉香埋在土里,其颜色会受到土质及其所含杂质的颜色的影响。土沉香的外形根据熟化程度、风化程度而变化。风化不严重的,外表坚硬,香体厚实;风化严重的,表面通常多孔,具有酥脆的质感。

(6)蚁沉香。它与虫漏很相似,也是由于虫咬、蜂叮而形成的香体,但蚁沉香一般指的是那种油脂等级更高、年头更久的沉香。与虫漏相比,蚁沉香的香气一般更偏重于甜味,香味更加醇厚,而虫漏的香气中凉味更重。

(7)奇楠沉香。这是最高等级的沉香,是香料中最璀璨夺目的明星。奇楠的油色非常丰富,以绿油为主,也有黑油、黄油、红油、紫油。根据颜色又可分为莺歌绿、兰花结、金丝结、糖结、铁结等。

4. 人造沉香

随着沉香市场的日益升温,天然野生沉香已经被大量开采,自然资源越来越稀缺。在东南亚,生活在森林中的土著人的工作之一就是采沉香,他们会随机在

板头沉香

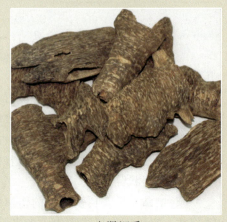
虫漏沉香

倒架沉香

水沉香

土沉香

蚁沉香

第十章 木饰品及生产工艺

沉香树上用采香刀砍出伤口,为树木结香人为地创造条件,这样可以为后代采香提供更多的资源和条件。其实这种行为并不属于人工沉香,产生出的香同样是野生的,因为只是人为触发了结香的条件,但结香的过程仍然是自然形成的,没有人工催化和干扰。不过这种传统低效率的结香方式已经完全无法满足沉香市场,巨大的商业利益使得"人工沉香"开始泛滥。人工造香就是人为在沉香树上打洞、打钉子、火烧、涂抹真菌以及使用沉香诱导剂来促使结香,当然并不是说所有的人工沉香都是劣质的,有的油脂含量还是不错的。不过也有一些不良商家的造香手段很低劣,利用化学香来结香,有的只是表面一层结香,里面都是白木,这种人工沉香不仅香味难闻,而且对人的身体亦不好,价格要比纯天然的沉香制品低廉很多。

奇楠沉香

奇楠沉香雕刻观音

沉香吊坠

沉香木手串

四、沉香工艺饰品

高品质的沉香,多用于礼佛与雕刻,以其原材料体积与品质上的要求,雕制作品几乎均是精美的艺术品,极具收藏价值,为商界及宗教人士所喜爱,如沉香雕刻观音工艺品等。

随着佛教的兴盛,以及人们追求时尚和品味,沉香木饰品也走进寻常百姓中,如沉香吊坠和沉香木手串。需要说明的是,由于沉香已列入管制类植物,真正的沉香饰品价格是很贵的。市面上销售的大多数廉价沉香饰品,尽管外表相似,都散发着香味,但这些木制饰品从选材和做工上与真正的沉香其实有着很大的差异。

第二节　黄花梨木及其饰品

一、黄花梨简介

黄花梨学名为降香黄檀,依产地有海南黄花梨、越南黄花梨、老挝黄花梨、非洲黄花梨、巴西黄花梨等,以海南黄花梨最为珍贵。海南黄花梨木纹如行云流水,手感细滑,颜色雅致柔和,带有清香气味,而且心材坚硬致密,加工性能良好。因数量稀少堪称植物中的大熊猫,享有"中国最贵的树木"之美誉,是深受古今中外推崇的木中翘楚,与紫檀木、鸡翅木、铁力木并称为中国古代四大名木。海南黄花梨的身价上涨早在其作为唐朝贡品时就开始了,到了明代更是名扬天下,用其制作的家具在当时十分昂贵。明代及清代早期制作高档的家具大多是用黄花梨木所制,由于前朝过量采伐而使得清代中期以前黄花梨木材急剧减少及至濒临灭绝,所以后来采用红木代替。清代以后,这种极难成材的黄花梨越来越少,变得异常珍贵。

海南黄花梨是蝶形花科黄檀属香枝木类树种,是红木国家标准中的5属8类33种红木之一。其心材被称为"格",是海南黄花梨木的精华。黄花梨虽然易成活,但非常难成材,人们常说的"500年碗口粗",指的是心材。有人说,黄花梨生长30年仅能做成一个小珠子,可见其成材是多么不易。如今,海南黄花梨已被国家列为一级珍稀、濒危植物。

第十章 木饰品及生产工艺

二、黄花梨木特征

黄花梨木的木性极为稳定,不管寒暑都不变形、不开裂、不弯曲,有一定的韧性,适合作各种异形家具,如三弯腿,其弯曲度很大,惟黄花梨木才能制作,其他木材较难胜任。黄花梨木与其他木材的特点比较相近且容易混淆,最主要的是易与花梨纹紫檀混淆。这种花梨纹紫檀木主要产地是两广和海南岛,有些地方称之为海南紫檀,也有称为越南檀,因越南及周边国家也生长有这种树。

黄花梨木色金黄而温润,心材颜色较深呈红褐色或深褐色,有犀牛角的质感,时间久了就会变成暗红色。黄花梨木的密度较小,可能比红木(酸枝木)还要轻一些,放入水中呈半沉状态,也就是不全沉入水中也不全浮于水面。黄花梨木生长年轮明显,纹理清晰可辨,自然交错,如行云流水,非常具有观赏性,且光泽柔和,气味清香。最特别的是,木纹中常见的有很多木疖,这些木疖一般很平滑,不开裂,呈现出狐狸头、老人头及老人头毛发等纹理,非常奇特,美丽可人,即为人们常说的"鬼脸儿"。

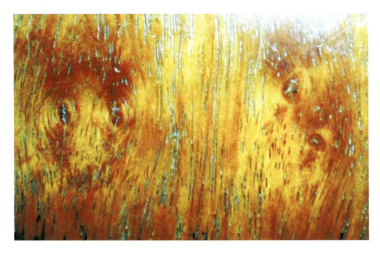

海南黄花梨木的鬼脸儿

三、海南黄花梨的分类

1. 按照心材划分

海南黄花梨的心材是不断由边材转化而成的,其颜色丰富,深浅不一,大小也有区别。习惯上称心材为格,心材较大的为油格,心材较小的为糠格。心材颜色有浅黄、金黄、橘黄、红褐、赤紫、深褐等多种。通常油格呈深褐色,糠格呈红褐色或紫褐色。颜色不同,木材的相对密度、油性、气味也不相同。颜色越深的则

· 265 ·

相对密度、油性越大,降香气味也更浓;反之,心材颜色浅则相对密度、油性小,降香气味也偏淡。

2. 按油性划分

按照海南黄花梨花色和油性的区别,可分为黄黎、黄油黎、油黎三类。

黄黎其实就是人们常说的糠梨,当老油黎放得时间久了,经过氧化,木头里面的油性和水分就逐渐没有了。尽管从纹理中还能依稀辨认出油黎,但是实际上木材已经变得非常粗糙甚至糟烂了,这样的海南黄花梨就是糠梨。而大部分黄黎颜色较浅,含油量较大,为了与颜色较深的糠梨区别开来,就称之为黄黎。黄黎的主要特征是:纹理清晰流畅,颜色浅淡,以环形纹理为主。

黄 黎

黄油黎

油 黎

黄油黎是近几百年才有的称呼,也是由于红木市场的实际才开发出来的名字。黄油黎在纹理和线条方面保持了黄黎的明快和妖娆,但是整体色泽偏向黄棕色,甚至有些地方呈深棕色。黄油黎不同于黄黎的最大区别是,黄油黎多以鬼脸为主,纹理更加妖娆深邃,较黄黎相比油性也更为丰富。很多极品虎皮纹都出自于黄油黎。

油黎一直被很多海黄玩家作为海南黄花梨的最高级别来对待,它的油性更加美丽,料质更加细腻,透润感好。有些商家用称重量大小来表明油黎的好坏、新老、细密程度与含油量,其实这是不完全科学的。实际上,木头的重量更多的并不是取决于料质的细密程度,而是料质的含水量,同样科属的一种木头的新老料,新料的重量并不比老料小,因为新料含水量很大,所以多数情况下新料的重量往往高于老料。特别是很多老海黄,料质非常干,油性也都散发殆尽,重量还不如人工种植的海黄。因此油黎的好坏与否,重量是其中一个参考方面,但是重量对料质的好坏、细密和新老不起决定因素。

四、黄花梨木饰品

黄花梨木具有颜色丰富、色彩鲜美、纹理清晰的特点,在制作饰品时如加以利用和发挥,可以突出表现木质本身纹理的自然美,给人以文静、柔和的感觉。海南黄花梨木制作的手链和工艺品如下。

海南黄花梨木制作的手链

海南黄花梨木工艺品

第三节 阴沉木及其饰品

一、阴沉木简介

《辞海》1979年版认为,"木材因地层变动而久埋于土中者,称为'阴沉木',也称'阴木沙'。一般多为杉木,质坚耐久,旧时以为制棺木的贵重木料。"山之北,水之南皆曰阴,一般将生于山北或秋冬生者称之为阴木。而阴木显然与阴沉木有异,阴木为生于地上之木,阴沉木则是久埋于地下之木(图10-1)。

阴沉木并不单指杉木一种,而是久埋于地下未腐朽,可以为器的多种木材的集合名称。阴沉木种类繁多,主要有柏木、杉木、楠木、野荔枝木、苦梓、绿楠、铁

流行饰品材料及生产工艺

图 10-1 阴沉木的挖掘

力等。阴沉木在各地均为不同的名称,东北松花江流域称之为"浪木""沉江木",四川称之为"乌木"(主要阴沉木颜色一般呈深色)。这些木材的共同特点为质地坚硬、耐潮、耐虫、耐腐并具香味,油性重,其色彩因年代不同、炭化程度不同而各不相同,年代久远的阴沉木乌黑发亮,十分华贵。

有关阴沉木形成的原因,一般认为是天体发生自然变异,由地震、洪水、泥石流将地上植物生物等全部埋入古河床等低洼处。一些埋入淤泥中的部分树木,在缺氧、高压状态下,在细菌等微生物的作用下,经过数千年甚至上万年的炭化过程而形成,故又称"炭化木"。可见阴沉木历经岁月沧桑、饱受多种自然外固和内固之力,使其天然形状怪异、古朴、典雅,仪态万千。难怪外国人参观后,惊叹为"东方神木"。

二、阴沉木工艺饰品

阴沉木本质坚硬,多呈褐黑色、黑红色、黄金色、黄褐色等,其切面光滑,木纹细腻,打磨得法,可达到镜面光亮,有的阴沉木本质已近似紫檀。

由于阴沉木为不可再生资源,开发量越来越少,一些天然造型的阴沉木艺术品极具收藏价值。历代都把阴沉木用作避邪之物,制作工艺品、佛像、护身符挂件等。古人云:"家有乌木半方,胜过财宝一箱。"阴沉木的优异性质,使之也被应用于饰品制作。一些阴沉木工艺饰品示例如下。

第十章 木饰品及生产工艺

阴沉木摆件

18K镶钻嵌阴沉木耳环

阴沉木嵌925银戒指

第四节 紫檀木及其饰品

一、紫檀木简介

中国自古以来就有崇尚紫檀之风,是最早认识和开发紫檀的国家。紫檀之名,最早出现于1500年前的晋朝,[晋]崔豹《古今注》有记载,时称"紫檀木,出扶南,色紫,亦谓之紫檀"。"紫"寓意祥瑞,再加上紫檀特有的优良木性及稀有程度,所以在明清两朝,紫檀木便倍受皇家所珍视。两朝的皇帝都不惜重金,集天下之能工巧匠打造各种紫檀家具、饰物。截至明末清初,全世界所产紫檀木的绝大部分都汇集到中国,分储于广州和北京。

紫檀主要分为大叶紫檀和小叶紫檀。大叶紫檀是卢氏黑黄檀的俗称,实属黑酸枝木,它的管孔也比后者粗糙,生长轮不明显,从物理学特征上来看,其气干密度、抗弯强度、弹性模量、顺纹抗压强度等都不如小叶紫檀。小叶紫檀俗称小叶檀,它是世界上最名贵的木材之一,主要产于印度及马来半岛、菲律宾等地,中国湖南、广东、云南也有少量出产。小叶紫檀木生长缓慢,成材时间漫长,因此直径一般都较小,多在20cm以内,再大就会空心而无法使用。在各种硬木中,印度小叶紫檀木质地最为细密,木材的份量最重,入水即沉,并且常言"十檀九空",其珍贵程度可想而知。图10-2是小叶紫檀原木示例。

由于世人对于小叶紫檀木的青睐,很多其他种类的木材鱼龙混杂,比较突出的是以大叶紫檀冒充印度小叶紫檀。实际上,小叶紫檀是非常具有特点的,两者的主要区分方式如下。

(1)小叶紫檀的导管充满红色树胶及紫檀素,而大叶紫檀导管线色深,与本色对比大。

(2)小叶紫檀密度大,沉于水,而大叶紫檀有些沉于水,有些则浮于水。

(3)小叶紫檀的板面材多呈紫红或深紫红色,大叶紫檀新开面呈桔红色,久后为深紫或底色发乌咖啡色。

(4)小叶紫檀有荧光反应(图10-3),而大叶紫檀则没有。

(5)小叶紫檀有较强的油质感,但是比重轻的大叶紫檀的油质感就较弱。

(6)小叶紫檀没有清香气或者很微弱,大叶紫檀有酸香味。

(7)小叶紫檀的纹理较直,花纹较少,大叶紫檀的花纹明显,局部卷曲。

图10-2　印度小叶紫檀原木

图10-3　小叶紫檀浸泡清水5小时后的荧光反应

二、紫檀木工艺饰品

小叶紫檀木比重大,入水即沉,硬度高,用其制作的器物经打蜡磨光不需漆油,表面就呈现出缎子般的光泽,最适于用来制作工艺饰品。

小叶紫檀木发钗

小叶紫檀木嵌银戒指

小叶紫檀木手链

小叶紫檀木手镯

小叶紫檀木吊坠

第五节　金丝楠木及其饰品

一、金丝楠木简介

金丝楠木是一些材质中有金丝和类似绸缎光泽现象的楠木的泛称,它是中国特有的名贵木材,属国家二级保护植物。它主要分布于中国四川、贵州、湖北和湖南等海拔1 000~1 500m的亚热带地区阴湿山谷、山洼及河旁。这里气候温暖湿润,既无高纬度地区的狂风暴雪肆虐,又无热带雨林地区的炎日酷热烤晒,属于典型的亚热带季风性气候。独特的自然环境和气候条件造就了金丝楠木温润平和、不温不燥的木质特性。金丝楠木性稳定,不翘不裂,经久耐用,香气清新宜人,自古有"水不能浸,蚁不能穴"之说。

金丝楠木材色一般为黄中带浅绿,但经过氧化后会呈现出丰富多彩的颜色,有金黄色、淡黄色、绿色、紫红色和黑色等。金丝楠木的金丝实际上是楠木细胞液经漫长的氧化后形成的一种结晶体,这种结晶体能多角度地反射光线,木材表面在阳光下金光闪闪,金丝浮现,且有淡雅幽香。因此,许多楠木虽有或多或少的金丝,但并非所有的楠木都能达到成为金丝楠木的标准。楠木要想成为金丝楠木,应满足以下要求:光照下质地晶莹通透或半通透;金丝成色很高,必须整块木材的结晶率达到80%以上,且光照下有步移景换、步步惊心的奇幻效果;木纹必须有祥瑞之相,如虎皮纹、凤纹、霞光、云海、波涛、山峰等。

二、金丝楠木纹理

金丝楠木的纹理丰富多变,加上它特有的移步换影(木分为阴阳两面,不同角度不同颜色),其价值与纹理是成正比的,纹路越漂亮和稀少,其价值就越高。大致分为四个级别:普通级、中等级、精品级、极品和珍品。

(1)普通级别的纹路有:金丝纹、布格纹和山峰纹

(2)中等级别的纹路有:普通水波纹、新料黑虎皮纹、金峰纹及形成画意的峰纹等。

(3)精品纹理有:老料黑虎皮、金虎皮纹、金线纹、金锭纹、云彩纹、水滴纹、水泡纹等。

(4)极品纹理有:极品水波纹、极品波浪纹、凤尾纹、密水滴、金菊纹、芝麻点瘿木、丁丁楠云朵纹等。

第十章 木饰品及生产工艺

极品水波纹金丝楠木

(5)珍品纹理有:龙胆纹、龙鳞纹、金玉满堂纹、玫瑰纹、葡萄纹瘿木和形成美景、鸟兽图案的纹理。

葡萄纹金丝楠木

三、金丝楠木工艺饰品

金丝楠木具有耐腐、防虫、冬暖夏凉、不易变形、质地温润柔和、纹理细密瑰丽、香气宜人等特点,是建筑、家具、工艺饰品的上好材料,近年来价格一路攀升。

金丝楠木首饰盒

金丝楠木手镯

金丝楠木手链

第十章 木饰品及生产工艺

第六节 硅化木及其饰品

一、硅化木简介

硅化木和其他动植物化石一样,是一种十分珍贵的地质古生物遗迹资源,属于大自然留给我们的宝贵而不可再生的自然遗产。由于硅化木具有相当重要的科学研究、科普教育和旅游价值,越来越引起了科学界和社会各界的广泛关注。中国是世界上硅化木发育较为广泛的地区之一,目前已经在全国近20多个省市和自治区均有硅化木化石的发现和报道,分布范围遍及东北的辽宁、黑龙江、吉林,华北的内蒙古、北京、河北、山西、西北的新疆、甘肃、陕西、西南的四川、重庆、云南,华南的湖北、湖南、广东、广西,以及华东地区的浙江和山东等地。就硅化木的规模和保存状况而言,当数新疆奇台、北京延庆、浙江新昌和四川射洪等产地最具代表性,并且先后被批准为国家地质公园。

硅化木的形成过程非常漫长。在距今大约1.5~3亿年前的晚古生代和中生代时期,地球陆地被茂密的植物所覆盖,发育有丰富多样的蕨类植物和裸子植物森林。尤其是在距今1.5亿年的侏罗纪晚期,高大茂盛的裸子植物盛极一时,成为主宰地球的高等陆生植物类型。

然而,随着地质构造运动所产生的火山爆发、森林火灾、大规模海进海退、暴雨洪水冲刷、大面积泥石流等地质活动的影响,使得部分森林被埋藏在地下地层中,树木与空气长期隔绝,经过漫长的石化作用形成了以植物茎干为代表的木化石,俗称"古石树"。石化作用主要是指硅化,严格地说,它可以细分为矿化-硅化木和炭化-硅化木等类型。不管那种类型的木化石都离不开二氧化硅的作用。

当植物茎干等长期被埋藏在地下,富含二氧化硅成分的水溶液进入木材内部的管状分子后,经过交代作用,使木材内部结构中的水分及营养全部被SiO_2置换,而木材的解剖构造、细胞形态乃至外部树皮以及树根等被硅化后可以长久保存下来,形成了质地坚硬的木化石,这就是人们通常所说的"硅化木"。

硅化木通常情况下是以植物化石树木的粗大茎干保存的,也有部分保存了植物的根系等营养器官。木化石的树干多呈倒伏状态,有的与所在的地层平行,而保存的长度变化较大,从几十厘米到几十米不等;有的茎干则直立于地面保存,主要是树木的下部靠近根处,常为树桩或者树墩。而规模不大的木化石大多数情况下由于经历了水体的长距离搬运或迁移,它们多成碎块状保存。另外,由于埋藏和保存条件较好时,连化石树干外部形态酷似现代树木的"树皮"印模也可以保存下来。

硅化木

硅化木吊坠

硅化木手链

硅化木手镯

硅化木摆设品

二、硅化木工艺饰品

硅化木极具观赏价值,广泛用于制作摆设工艺品和饰品,它让人们不只关注饰品本身,更在乎的是石头背后的故事,不止是饰品,更是艺术品。精美的硅化木饰品,既美丽大方,又寓意深远,既能体现侏罗纪时代原始自然遗产的收藏价值,又融入了悠悠亿年的渊源情怀。古朴典雅的风格加上时尚元素的点缀,更是让人流连忘返。

第七节　木质工艺饰品生产工艺

一、木质工艺饰品的一般生产流程

一般地说,木质工艺饰品的生产大体要经过10道工序。

(1)设计。根据客户和市场的需求,由专业设计人员设计饰品样品,打样,并由生产技术人员设计工艺流程和生产运行流程。

(2)选材。根据艺术设计的需要,选择所适合的木材。

(3)切割。将选好的木材进行初步加工,切割板材或线材等初加工品,再进行材料整形。

(4)整形。木材类别很多,很多木材由于纤维结构、材质、含水量等原因,初加工过的材料容易变形。根据不同材质要采取相应方法进行整形,主要方法有:水泡、平压、火烤、蒸煮、定型等方法。有些木材还要进行去糖、去香等工艺,如竹、桦等木质材料中含糖成分较高,容易遭虫蚀,要进行去糖;如松、樟等材质要进行提取松香和樟油等工艺,否则饰品中的松香樟油味道太浓,不宜佩戴。

(5)成型。将整形好的木材按照工艺设计的要求切割,逐块加工成初级艺术形状。加工的方法主要有锯解、切割、车铣、车刨、钻孔、雕刻、压痕等工艺。

(6)抛光。对已初级成型的饰品件进行表面抛光处理,主要有三个步骤:一是打毛边,把初级饰品件上的毛边、毛刺、木屑等打磨干净;二是粗抛光,用粗砂材料对饰品配件进行打磨,使表面光洁;三是细抛光,用细砂材料、毛、丝、棉、麻等各种细纤维材料进行高光洁度的抛光。

(7)表面装饰处理。将已进行了表面处理的饰品配件进行艺术制作,主要是用绘图、转印、染色、雕刻、压痕等方法,将饰品配件进行艺术化制作,使之成为一个合格的饰品配件。

(8)组装。将饰品配件及各种辅件,如珠、爪、链、线、丝、结、钗、钏、扣、勾等各种饰品配件、辅件,按照工艺设计图纸进行组装,通过用结、连、串、扣、焊、粘等各种方法将它们组装起来,成为饰品成品。

(9)检验。从艺术设计到组装,各个工艺流程中都要进行不同技术要求的检验,除工艺标准检验外,还要进行健康、环保、安全等方面的技术检验。

(10)包装。将已做好的饰品成品进行包装。

二、木珠手串生产工艺流程

以小叶紫檀佛珠手链为例,其制作工艺过程如下。

(1)选材。在木珠手串加工行业中,尤其是小叶紫檀加工,最重要的就是选材。常言"十檀九空",买木料时候不仅要看外观,还要按照木料的体积、重量、密度等推测木头是否有空。

(2)切片。按照要做的木珠尺寸切片,切片时要预留加工余量(图10-4)。

(3)贴圆片或画圆圈。根据每个木片的形状,在木片上画出圆圈或贴上圆纸片,作为开料的基准(图10-5)。画圆圈时要考虑它们的布局,争取获得尽可能多的圆圈,提高木料的使用率。对于有瘤疤、空洞、裂痕之类的瑕疵木料,在画圆圈时要避开这些瑕疵,以免影响木珠的质量。同时要注意在每个圆片之间留有一定的间距,作为锯切时的余量。

(4)锯切下料。按照画好的圆圈轮廓线,把大木片锯成一个个小木柱(图10-6)。可以采用线锯、圆弧刀口的旋转切刀和头部为锯齿状的钢管等下料工具,每种工具有其特点。线锯一般用于大量加工,因为它的锯片相对于其他方法来说是最薄的,相同重量的木头出成率也是最高的。圆弧刀口的旋转切刀和钢管两种加工方法原理类似,都是利用旋切手法将木片旋切成小木柱或圆珠,操作简便。切刀的优点是直接可以旋出圆珠,省去将圆柱磨削成圆珠的步骤。钢管旋出来的圆柱非常规整,方便下一步的加工。但是这两种方法用到的工具都有一

图10-4 木料切片

图10-5 在木片上画圆圈以便下料

第十章 木饰品及生产工艺

图 10-6 锯切下料

图 10-7 旋出圆珠

定的厚度,所以浪费原材料会更多一点。

(5)打孔。利用简单的钻孔工具就可以对小木柱进行钻孔,孔的大小根据穿绳的粗细和数量来确定。钻孔时要注意控制木柱的垂直度,防止钻孔发生偏斜。

(6)旋出圆珠。根据要求的圆珠尺寸选择相应尺寸的旋刀,旋刀的刃口为圆弧状。将小木柱横着固定在设备上,开动机器,使小木柱按照一定的速度旋转,旁边的旋刀也不断旋转,将木柱切削成圆珠(图10-7)。在切削的过程中,木柱与旋刀点接触必然产生热量,需要在木柱上方加水滴,一来可以降低圆珠的温度,二来可以补充圆珠产生高温时表面蒸发的水分,避免木珠内外密度应力不一致而产生开裂的现象。

(7)制作三通佛头。每条佛珠手串一般要搭配一个三通佛头,可以从圆珠堆中选择一颗,在钻床上钻出三通孔(图10-8)。

(8)打磨。采用从粗到细的砂纸对木珠表面进行打磨(图10-9)。打磨得越精细,木珠里面的油脂析出就更多。

图 10-8 钻三通孔

图 10-9 圆珠表面打磨

(9)成品圆珠。如图 10-10 所示。
(10)用弹力绳穿过木珠,将其串成手链。

图 10-10 已处理完毕的圆珠

第十一章 流行饰品的表面处理工艺

饰品的表面处理工艺是利用物理、化学、电化学、机械等各种方法,改变饰品表面的纹理、色彩、质感,防止蚀变,起到美化装饰和延长使用寿命的一种技术处理,它极大地丰富了饰品产品的装饰效果,拓宽了饰品设计的可用手段,使饰品产品呈现出更加生动多姿的风采,为消费者提供了更多的个性选择,对于提高饰品产品的表面效果、使用寿命及经济附加值等具有十分重要的意义。

现代流行饰品表面处理工艺的类别非常多,常用的手段主要有抛光、电镀、化学镀、化学电化学转化膜、物理气相沉积、珐琅、滴胶、表面纳米喷镀等。

第一节 抛光工艺

抛光是金属饰品表面处理工艺的重要环节。饰品在没抛光之前其表面十分粗糙,如打磨时会留下锉痕和砂纸痕,铣削孔口时,孔边的钻痕、修整边线的铲痕、夹具留下的夹痕、焊接残留的细小焊疤。抛光的目的就是消除被处理工件表面的细微不平,使其高度亮泽。饰品抛光主要包括机械抛光、化学抛光、电化学抛光等工艺。

一、机械抛光

机械抛光就是利用抛光机械设备和抛磨介质对饰品表面进行处理。常见的机械抛光方法有以下几类。

1. 布轮抛光

布轮抛光是采用安装在抛光机上的抛光轮来完成的。在抛光轮的工作面上周期性地涂抹抛光膏,同时将被处理工件的表面用力压向处于高速旋转状态下的抛光轮工作面,借助于抛光轮的纤维和抛光膏的作用,使被处理工件表面获得镜面般的外观(图11-1)。目前一般认为布轮抛光机原理是:由于高速旋转的抛光轮与被处理工件表面摩擦产生的高温,可以使工件表面发生塑性变形,填平了被处理工件表面的微观凹处;同时,抛光时产生的高温,也可使被处理工件表面迅速生成一层极薄的氧化膜,当这层氧化膜被抛除后,露出的基体表面又被氧

图 11-1 布轮抛光　　　　　　图 11-2 振动抛光

化,如此循环,直到抛光结束,最后获得了平整光滑的表面。

2. 振动抛光

它是在振动抛光机的振动盘中安装振动马达,振动盘通过振动弹簧与底座连接。启动振动研磨机时,振动马达产生强大的激振力,通过振动弹簧带动振动盘中的研磨介质产生三个方向的运动,即上下振动、由里向外的翻转、螺旋形的顺时针旋转,从而对饰品表面产生磨削作用而得到光饰(图 11-2)。

3. 滚筒抛光

其工作原理是:在转动体的圆周上等距离地装上四个六角滚筒,滚筒一方面随转动体转动进行公转,另一方面在链轮系统的作用下,滚筒绕自己的轴心线进行自转(转向相反)。滚筒的行星运动使滚筒内的物质会因离心力的作用始终保持在滚筒内壁的外周一侧,并在表层上产生流动层。在这个流动层内,研磨石和工件产生相对运动,并对工件表面进行细微切削、挤压,从而使工件表面得到光整(图 11-3)。

4. 漩涡抛光

其工作原理是:利用底部回转盘高速运转产生的离心力,使工件与磨料在固定槽的作用下产生强力摩擦,形成螺旋式的涡流运转,使工件与磨料产生高速回转摩擦和螺旋翻转,这样被研磨抛光的饰品就可以在很短的时间内被均匀地去除毛刺以及抛光,达到理想的抛光效果。转盘抛光机的底盘是在容器内的一个旋转盘,容器顶部敞口,容器壁不旋转,容器与盘之间的缝隙可小于 0.05mm,使之可以使用最细的胡桃壳颗粒(图 11-4)。

5. 拖拽抛光

工作时工件拖过抛光介质,而抛光介质本身不运动。每个工件都有自己的

第十一章 流行饰品的表面处理工艺

图 11-3 滚筒抛光

图 11-4 涡流抛光

支撑位,工件之间的表面不会接触,因而不会损坏表面。与传统抛光方法相比,形成了更大的相互运动和更强的处理力度,明显减少了处理时间。对处理重的工件有很大的优点。拖拽抛光方法特别适用于重的戒指、链扣和表壳,也适合很多其他可以悬挂在固定支架上的工件(图11-5)。

图 11-5 拖拽抛光

上述几种抛光方法的特点对比如表11-1。

表11-1 不同抛光工艺的特点

抛光方法	抛光介质	研磨介质	优　点	缺　点	适宜的工件
振动抛光	木屑、瓷片、胡桃壳颗粒、玉米粉、钢球	陶瓷、塑料	便宜,大件,冲压件	处理时间长,压力小,有压痕,光滑效果差,干法处理时不可能得到理想结果	小链,机制链
滚筒抛光	木制立方体、木针、胡桃壳颗粒、玉米粉、钢球	陶瓷、塑料	便宜	处理时间长,处理不方便,表面有尘,表面挤压	各种首饰件
漩涡抛光	胡桃壳颗粒、瓷片、塑料	陶瓷、塑料	效率高,处理时间短,机器完成70%的工作量,工序少,首饰洁净,处理容易,表面质量高	只能处理不重的工件(最大20g),不能处理小链的宝石座	大多数首饰件,工业产品,表壳
拖拽抛光	胡桃壳颗粒	胡桃壳颗粒	可以抛光大而重的工件,没有冲击碰撞,处理时间短,处理容易,表面质量高	没有湿磨	可以固定在架子上的各种首饰件

二、化学抛光

化学抛光是指金属材料表面在配比合理的腐蚀剂、氧化剂、添加剂组成的抛光溶液中发生的一系列化学反应。在进行化学抛光的过程中,或是因为金属微观表面不均匀的钝化膜在抛光溶液中形成的稠性黏膜,使微观表面的溶解速度不均匀,凸出部分溶解速度显著大于凹洼处的溶解速度,降低表面的微观粗糙程度,从而使金属表面平整光亮。

三、电化学抛光

电化学抛光是把工件放入特定溶液中,被抛光工件作为阳极,不溶性金属为阴极,两极同时浸入到电解槽中,在电场作用下产生有选择性的阳极溶解,使金属表面平滑并具有金属光泽的过程(图11-6)。

第十一章 流行饰品的表面处理工艺

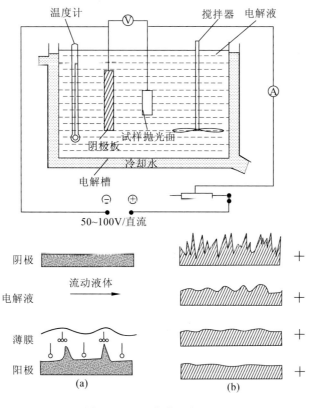

图 11-6 电化学抛光原理

在电化学抛光过程中,阳极表面形成了具有高阻率的稠性黏膜,这层动膜在表面的微观凸出处的厚度较小,而在微观凹入处则厚度较大,因此电流分布是不均匀的,微观凸出部分电流密度高,溶解速度快。微观凹入部分电流密度较低,溶解速度慢。溶解下来的金属离子通过黏膜的扩散,从而达到平整和光亮的作用。另外,手触摸后使工件带有的油腻,可以与碱性物质反应生成可溶性盐,达到清除油腻的目的。以上两种作用效果达到后,有利于电镀层质量的稳定和提高。

第二节 电镀工艺

电镀是利用电化学方法在镀件表面沉积形成金属和合金镀层的工艺方法。其过程是镀液中的金属离子在外电场的作用下,经电极反应还原成金属原子,并在阴极上进行金属沉积的过程。由于电沉积在镀件表面形成的金属或合金镀层的化学成分和组织结构不同于基体材料,不仅改变了镀件的外观,也使镀件表面获得所需的物理化学性能或力学性能,达到表面改性的目的。这是饰品生产中应用最广泛的表面处理技术。

一、饰品电镀基本知识

1. 饰品电镀的类别

若根据镀层使用的目的划分,饰品电镀可以分为防护性镀层和装饰性镀层。

(1)防护性镀层。主要目的是防止金属腐蚀。通常使用的镀锌层、镀锡层等属于此类。黑色金属在一般大气条件下常用镀锌层来保护,对接触有机酸的黑色金属,一般用镀锡层来保护。

(2)装饰性镀层。以装饰性为主要目的,当然也有一定的防护性。多半由多层镀层形成的组合镀层,因为很难找到单一的镀层满足装饰性镀层的要求。通常先在基体上镀一底层,然后再镀上一个表面层,有时还要镀中间层。例如电镀贵金属和仿金电镀层应用较广泛,特别是在一些贵重饰品和小五金饰品中,用量较多,产量也较大。主要是电镀贵金属和各种合金。

若根据镀层和基体金属在腐蚀过程中的电化学关系来分,饰品电镀可以分为阳极镀层和阴极镀层。

(1)阳极镀层。指镀层与基体金属形成腐蚀微电池时,镀层为阳极而首先溶解,如铁上镀锌。这类镀层不仅能对基体起机械保护作用,还能起化学保护作用。

(2)阴极镀层。指镀层与基体金属形成腐蚀微电池时,镀层为阴极。如铁上镀锡。这类镀层仅能对基体起机械保护作用,一旦镀层被损坏后,不但不能保护基体,反而加速基体的腐蚀速度。

2. 金属电沉积的基本过程

电沉积是一种电化学过程,也是氧化还原过程。电沉积时,将金属部件作为阴极,所镀金属或合金作为可溶性阳极,或采用钛网作为不溶性阳极,分别连接电源的负极和正极,并浸入含有镀层成分的电解液中,在电流的作用下饰品表面就可得到沉积层(图11-7)。

金属电沉积过程实际上是金属或其络合离子在阴极上还原成金属的过程。由于镀层金属和一般金属一样,具有晶体结构,因此电沉积过程又称电结晶过程。它包括以下三个步骤。

(1)传质过程。金属离子或金属络合离子从电解液中,通过扩散、对流、电迁移等步骤,不断输送到电极表面。

(2)电化学过程。金属离子或金属络合离子脱水,并吸附在阴极表面上放

第十一章　流行饰品的表面处理工艺

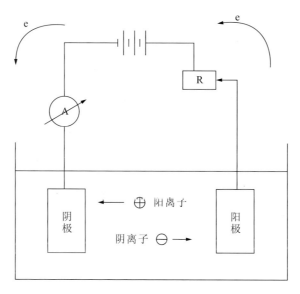

图 11-7　金属电沉积过程示意图

电,还原成金属原子的过程。

(3)结晶过程。金属原子在阴极上排列,形成一定形状的金属晶体,结晶通常分形核和长大两步进行。

结晶的粗细由晶核的形成速度和长大速度决定。如果晶核的形成速度比晶核长大快,则生产的结晶数目较多,晶粒较细、较致密;反之,晶粒就较粗。

二、电镀铜及铜合金

铜镀层呈粉红色,均匀细致,不同工艺镀出的铜镀层色调有所不同。电镀工艺中,铜镀层用途广泛,主要用来做底镀层、中间镀层,也可作表面镀层、仿金电镀等。

目前使用的镀铜工艺主要有氰化物镀铜、酸性硫酸盐镀铜和焦磷酸盐镀铜三种,其中,氰化物镀铜液剧毒,严重污染环境及危害人体健康,已列为明令淘汰的工艺。此外,还有氨基磺酸盐镀铜、有机胺镀铜、柠檬酸盐-酒石酸盐镀铜以及 HEDP 镀铜等,近几年来也有所发展和应用。

20 世纪 70 年代,研究以无氰取代有氰电镀,在无氰电镀中出现了焦磷酸盐镀铜、硫酸盐镀铜,但它们都不能直接镀在钢铁基体上作打底镀层。

(一)硫酸盐镀铜

硫酸盐镀铜广泛应用于防护装饰性电镀、塑料电镀、电铸印刷线路板加厚镀铜。可分为两种类型:一是用于零件电镀的高铜低酸镀液,这种镀液的镀层高度整平、镜面光亮、韧性好;另一种用于印刷板电镀的高酸低铜镀液,具有很好的分散能力和覆盖能力,很适合穿孔电镀,镀层均匀细致。

1. 镀液的主要组成

(1)硫酸铜。是主盐,供给电沉积必需的 Cu^{2+},浓度过低时将降低电流密度上限,降低沉积速度,影响镀层光亮度,浓度过高时会降低镀液的分散能力,同时因硫酸铜溶解度的限制而析出硫酸铜结晶,以 180~220g/L 为宜。

(2)硫酸。主要作用是提高溶液的导电性。浓度过低时导致阳极铜的不完全氧化,生成 Cu_2O,使镀层产生"铜粉"或毛刺,同时镀液的分散能力降低,硫酸浓度适当时,镀层电流密度范围宽,镀层光亮,整平能力达到最佳效果。硫酸浓度过高,影响镀层的光亮度和整平度。

(3)氯离子。是阳极活性剂,可以帮助阳极正常溶解,抑制 Cu^+ 的产生,提高镀层光亮度、整平能力,降低镀层内应力。氯离子浓度过低,导致出现树枝状镀层,高电流区易烧焦,镀层易出现麻点或针孔。氯离子浓度过高,导致阳极表面出现白色胶状膜层,无论添加多少光亮剂,镀层都不会光亮。氯离子浓度以 40~100ml/L 为宜。

(4)添加剂。优秀的添加剂组合会产生镀液稳定、产品合格率高、工作效率高的效果。当前添加剂及其材料多已商品化。不同要求的镀层对添加剂的要求也有区别。如装饰性镀层更重视镀层的起亮速度和高度整平性;防护装饰性镀层更重视镀层的整平性、柔软性;线路板镀层需要极好的低电流区效果,镀层分布均匀和镀层的延展性等。镀铜添加剂主要有载体、光亮剂、整平剂和润湿剂四部分组成。

1)载体:好的载体可以使光亮剂、整平剂的效果发挥到最佳,载体多为表面活性剂配制而成,不可能由单一材料达到最佳效果。如聚醚类化合物、乙二胺的四聚醚类阴离子化合物等。

2)光亮剂和整平剂:有机多硫胺类化合物、有机多硫化合物、聚硫有机磺酸盐、有机染料等,在载体配合下具有光亮、整平的效果,两种效果可能出现在同一材料上,其中染料更偏重整平能力。

3)湿润剂:可改善镀液的润湿作用。常用的有非离子型或阴离子型表面活性剂,如聚乙二醇、OP乳化剂等。光亮酸铜采用空气搅拌,只能选择低泡润湿剂。

2. 硫酸盐酸性镀铜的电极反应

阴极:$Cu^{2+} + 2e = Cu \quad \varphi^0_{Cu^{2+}/Cu} = +0.34V$

$Cu^{2+} + e = Cu^+ \quad \varphi^0_{Cu^{2+}/Cu^+} = +0.17V$

第十一章 流行饰品的表面处理工艺

$$Cu^+ + e \Longrightarrow Cu \qquad \varphi^0_{Cu^+/Cu} = +0.51V$$

由于 Cu^{2+} 的标准电极电位比氢要正得多,因此阴极上不会析出氢气,但当 Cu^{2+} 还原不充分时会出现 Cu^+,从标准电极电位看,Cu^+ 还原成 Cu 的反应更容易发生,Cu^+ 的还原会导致镀层粗糙,应设法避免。

阳极:铜阳极在硫酸溶液中,发生阳极溶解,提供了镀液中所需的铜离子,即:$Cu-2e \Longrightarrow Cu^{2+}$。

在 Cu^{2+} 生成的同时,不可避免地生成 Cu^+,即:$Cu-e \Longrightarrow Cu^+$。当 Cu^+ 出现并进入溶液时,若溶液中有足够的硫酸和空气,就可以使 Cu^+ 氧化,即:$4Cu^+ + O_2 + 4H^+ \Longrightarrow 4Cu^{2+} + 2H_2O$。当溶液中的硫酸浓度不足时,$Cu^+$ 会水解,即 $2Cu^+ + 2H_2O \Longrightarrow 2CuOH + 2H^+ \Longrightarrow Cu_2O + H_2O$。此时 Cu_2O 以电泳方式沉积在阴极上,产生毛刺。由于 Cu^+ 不稳定,还可以发生歧化反应,即:$2Cu^+ \Longrightarrow Cu^{2+} + Cu$,生成的 Cu 也会以电泳方式沉积在镀层上,产生铜粉、毛刺、粗糙。因此在电镀过程中应尽量避免 Cu^+ 的出现,采用含磷的铜阳极,并对镀液进行空气搅拌,可以解决。

(二)焦磷酸盐镀铜

焦磷酸盐镀铜不能直接镀在铁和锌的基体上,多用于锌合金基体镀酸性硫酸盐镀铜之前,用于保护基体免于强酸的腐蚀,保证镀层组合的质量,也用于塑料金属化电镀工艺,在五金电镀方面应用不多。

光亮焦磷酸盐镀铜结晶细致,具有良好的分散能力和覆盖能力。阴极电流效率高,但长期使用会发生磷酸盐积累,使沉积速度下降。

1. 镀液的主要组成

(1)焦磷酸铜。它是镀液的主盐,供给铜离子。铜含量过低,允许电流密度降低,镀层的光泽和整平性差;铜含量过高,将降低阴极极化,镀层粗糙。镀液中的铜与焦磷酸钾的含量要维持在一定比例。

(2)焦磷酸钾。它是主要络合剂,当 pH 值为 8 时,络合物的主要形式是 $[Cu(P_2O_7)_2]^{6-}$,镀液中维持 $[P_2O_7^{4-}]:[Cu^{2+}]=7\sim8$ 比较合适,比值过大,导致电流效率降低,镀层出现针孔,且镀液易混浊。

(3)柠檬酸胺。它是辅助络合剂,也是阳极去极化剂。它可以改善阳极溶解,同时提高镀液的分散能力,并提高镀层的光亮度。含量过低,阳极溶解不好,镀液分散能力下降,产生"铜粉",一般含量在 $10\sim30g/L$ 为宜。

2. 焦磷酸盐镀铜的电极反应

阴极反应:$[Cu(P_2O_7)_2]^{6-} + 2e^{6-} \Longrightarrow Cu + 2P_2O_7^{4-} \qquad 2H_2O + e \Longrightarrow H_2 + 2OH^-$

阳极反应：$Cu+2P_2O_7^{4-}-2e=\!=\![Cu(P_2O_7)_2]^{6-}$

当阳极发生钝化时,有氧气析出：$4OH^--4e=\!=\!O_2+2H_2O$

当阳极氧化不完全时,有 Cu^+ 发生：$Cu-e=\!=\!Cu^+$

后两个反应要从操作上注意防止发生。

(三)仿金电镀

近年来由于建筑、五金、灯饰、饰品等装饰性电镀的发展,仿金镀层应用广泛。

1. 仿金电镀的主要类别

仿金镀层可以是铜锌、铜锡或铜锡锌合金,也可以由铜锌合金经过后处理以产生逼真的镀金效果。仿金效果可以达到 18K、4K、玫瑰金等色泽。铜锡合金(青铜)根据含锡量可分为三类：低锡青铜含锡量 5%～15%,呈粉红色到金黄色;中锡青铜含锡量 15%～40%,呈黄色;高锡青铜含锡 40%～50%,呈银白色。

仿金镀层电镀时间很短,它的光泽主要靠底层来衬托,一般多镀在光亮镍镀层或其他白而亮的镀层上。黄铜镀层也可作为装饰性薄金镀层的底层,还可作为防护和润滑镀层。黄铜在空气中易变色,作为表面镀层或薄金层的底层必须进行防变色处理,如喷有机涂层或涂阴极电泳漆。近年来,在饰品镀层上,为防止人的皮肤对镍过敏,白铜锌合金可作为低档的代镍镀层,也可作为铬的底层及玩具金属装饰白色和需白色的涂料的底镀层。

两种金属同时共沉积而获得合金的关键是,它们的沉积电位要接近,并且阴极极化能保证两种金属按希望的比例沉积。氰化物镀液中存在的络离子主要是 $Cu(CN)_3^{2-}$ 和 $Zn(CN)_4^{2-}$,铜氰离子的稳定性大大高于锌氰离子,且铜的阴极极化远远大于锌。因此要得到适合要求的镀层需严格控制总氰化物、游离氰化物、铜锌比例、pH 值,以及温度、电流密度、搅拌等因素。

2. 仿金电镀工艺流程

铜合金仿金电镀有两大难题：一是如何保持镀层的光泽,防止铜合金镀层变色;二是如何达到逼真的效果。因此,合理的电镀工艺流程和电镀后处理就成为关键。常用的仿金电镀工艺流程如下：

镀光亮镍——→镍活化——→清洗——→镀仿金——→热水洗——→数道流动水洗

——→防变色处理——→水洗＜烘干——→喷透明涂料——→涂料着色

　　　　　　　　　　　　　　　　透明电泳漆水洗——→烘干

(1)工件镀光亮镍前需经过前处理,光亮镍镀层最后是泛白光色调的,这样可衬托仿金层更靓丽。

(2)镍活化,目的是除去光亮镍表面的钝化层,改善与表面层的结合力,方法是在电解除油液中阴极处理3~5分钟,取出水洗后用5%硫酸活化,充分水洗后入仿金镀槽。

(3)电镀仿金镀层后,经过热水洗,再通过用逆流漂洗将工件表面清洗干净。

(4)防变色处理,目的是防止水洗后的镀层变色。常用的钝化工艺有重铬酸钾或苯并三氮唑。

(5)阴极电泳用丙烯酸型阴极电泳漆处理,或用透明涂料如丙烯酸型清漆,或有机硅透明涂料喷或浸。

(6)清漆或涂料着色。为使外观产生逼真的仿金效果,弥补仿金镀层色调的不足,可以用透明涂膜着金色。

三、电镀镍

镍镀层用途十分广泛,它对钢铁基体是阴极性防护层,其防护能力与镀层孔隙率有关。镍镀层作为装饰性金、钯-银镀层的底层广泛应用于五金装饰等行业。镍镀层有瓦特镍、半光亮镍、光亮镍、高硫镍、镍封、高应力镍、低应力镍、珍珠镍、黑镍和复合镀镍等。在饰品行业中应用较多的镍镀层有半光亮镍、光亮镍、珍珠镍、黑镍等。

(一)光亮镍

光亮镍是当今用量最广的镀层之一,它以瓦特镍为基础,加入添加剂而获得光亮整平的镍镀层。

1. 镀液主要组成

(1)镍。镍离子的来源可以是硫酸镍、氯化镍、氨基磺酸镍等,镍离子是镀液的主要成分,一般含量为52~70g/L。镍离子浓度高,允许电流密度提高,并提高沉积速度,但浓度过高,镀液分散能力降低,会导致低电流区无镀层。镍离子浓度太低,沉积速度降低,严重时高电流区烧焦。

(2)缓冲剂。硼酸是镀镍溶液中最好的缓冲剂,它发挥缓冲作用的最低浓度不小于30g/L,一般在镀液中取40~50g/L为宜。硼酸还可以提高阴极极化,提高溶液导电性,改善镀层的力学性能。

(3)润湿剂。电镀过程中阴极会析氢,润湿剂可降低镀液的表面张力,增加镀液对镀件表面的润湿作用,使电镀过程中产生的氢气泡难以滞留在阴极表面,从而防止产生针孔麻点。润湿剂由表面活性剂组成,分高泡润湿剂和低泡润湿剂,高泡润湿剂如十二烷基硫酸钠,低泡润湿剂如二乙基己基硫酸钠。

(4)光亮剂。包括初级光亮剂、次级光亮剂和辅助光亮剂。

初级光亮剂:主要作用是使晶粒细化,降低镀液对金属杂质的敏感性,一般用量为1~10g/L,会使镍镀层含约0.03%S。典型的初级光亮剂如糖精、二苯磺酰亚铵(BB1)、对甲苯磺酰铵、苯磺酸、1,3,6萘磺酸、苯亚磺酸、苯亚磺酸钠(BSS)等。

次级光亮剂:使镀层产生明显的光泽,但同时带来镀层的应力和脆性及对杂质的敏感性,须严格控制用量,与初级光亮剂配合,可产生全光亮的镀层。典型的次级光亮剂如:1,4-丁炔二醇、丙炔醇、己炔醇、吡啶、硫脲等。

辅助光亮剂:对镀层光亮起辅助作用,对改善镀层的覆盖能力,降低镀液对金属杂质的敏感性有利。典型的辅助光亮剂如:烯丙基磺酸钠、乙烯基磺酸钠、丙炔磺酸钠等。

(5)镀镍的商品添加剂。根据各自的性能特点将各类中间体组合而成,大体有几种类型。

开缸剂(柔软剂):主要由初级光亮剂配以辅助光亮剂组成。

光亮剂(主光剂):由一种或数种配合,主要成分是次级光亮剂,并辅以其他成分。

润湿剂:分低泡和高泡两种。

除杂剂:如除铁剂、除铜剂、除锌剂、低区走位剂等。

2.电极反应

阴极:$Ni^{2+} + 2e = Ni$ $2H^+ + 2e = H_2$

阳极:$Ni = Ni^{2+} + 2e$ $4OH^- = 2H_2O + O_2 + 4e$

(二)电镀黑色镍和枪色镍

黑色和枪色镍(黑珍珠)镀层主要用于光学镀层和装饰仿古镀层,一般镀在光亮镍、铜、青铜、锌镀层上,厚度不大于$2\mu m$。这类镀层硬而脆,抗蚀性较差,镀层表面需用清漆保护。

黑色和枪色外观的产生是由于镀液中发黑材料的不同,黑镍镀层中有较多的非金属相,如含锌的黑镍镀层,一般含镍质量分数为40%~60%,锌20%~30%,硫10%~15%,有机物10%左右,是镍、锌、硫化镍、硫化锌和有机物的混合体。

镀液的工作温度、pH值、电流密度都影响镀层的黑度,若镀层不黑或有彩或发黄,首先检查导电,再检查电流是否太高或太低,温度是否过高,再检查镀液成分中是否硫氰酸盐、硫酸锌、钼酸铵等浓度不够。

(三)电镀珍珠镍

珍珠镍(又称缎面镍)由于结晶细致、孔隙少、内应力低、耐蚀性好,并且色调柔和,不会因手触摸留下痕迹,在装饰性电镀上受到重视和喜爱,广泛应用于镀铬、银、金的底层,也可以直接用于表面层,尤其在钟表、饰品等方面应用很多。

缎面镍电镀的主要工艺是通过镀液中加入某些有机物,如阴离子和两性物质,它们在电解条件下与镀液形成直径与胶体微粒相近的沉淀物,在阴极上与镍共沉积,获得具有珠光光泽的缎面镍镀层。选择添加剂的品种和浓度,即可控制沉淀物的直径。目前珍珠镍工艺几乎全是专利商品添加剂。

珍珠镍易出现的缺陷是"亮点",可以通过清除污染,镀液使用前充分搅拌解决。

四、电镀银及银合金

银的元素符号为 Ag,相对原子质量为 107.9,标准电极电位为 0.799V,Ag^+ 的电化当量为 4.025g/(A.h)。

银与银合金镀层具有优良的导电性、低接触电阻和可焊性,并有很强的反光能力和装饰性。作为装饰性镀层,广泛应用于餐具、乐器、饰品等。

镀银层与空气中的硫作用,极易生成氧化银和黑色硫化银,就是与塑料、橡胶等含硫物质接触,也易发黑,空气中氧有助于发黑。镀银层变色严重影响零部件外观,影响镀层可焊性和电性能。

镀银溶液至今仍以氰化物镀银液为主,氰化镀银层细致、洁白,镀液分散能力和覆盖能力好,工艺比较稳定,但氰化物含量高,毒性大。国内外对非氰化物镀银工艺进行了大量的研究,目前已有商品供应,如 NS 镀银、烟酸镀银、硫代硫酸盐镀银、丁二酰亚胺镀银、咪唑-磺水杨酸镀银等工艺。非氰化物镀银由于其镀层外观不如氰化物细致,维护不如氰化物方便,原材料供应不顺畅,一直进展缓慢。

(一)氰化物镀银

从 1840 年第一个镀银专利到现在,氰化物镀银已有 160 多年的历史。在镀银生成中,氰化物镀银一直占主导地位。氰化镀银的发展在 20 世纪 70 年代,光亮剂引入镀银液,从镀液中直接镀出光亮银层,省去抛光工序,提高了效率,并节约了大量的银。光亮镀银已成为氰化镀银的主流。

1.氰化物镀银液的主要组成

(1)银。是镀液的主盐,在镀液中以银氰络离子形式存在。银的来源可能由 $AgNO_3$、$AgCl$、$AgCN$、$KAg(CN)_2$,但是 $AgNO_3$ 和 $AgCl$ 最好能转化为 $AgCN$ 或 $KAg(CN)_2$,再加入镀液。镀液中 Ag 维持在 20~40g/L,银浓度太高,镀层结晶粗糙,色泽发黄;银浓度太低,电流密度范围太窄,沉积速度降低。

(2)氰化钾。是络合剂,除与 Ag 络合外,一定量的游离氰化钾对镀液的稳定、阳极正常溶解有利,对镀液分散能力有利。一般工艺中的数据多指游离 KCN,它的浓度太高,镀液沉积速度缓慢;浓度太低,镀层易发黄,银阳极易钝化,沉积速度缓慢。

(3)氢氧化钾、碳酸钾。可提高镀液的导电能力,有助于镀液的分散能力和改善镀层的亮度。

(4)酒石酸钠。可降低阳极极化,防止阳极钝化,促进银阳极溶解。

(5)光亮剂。加入光亮剂可以得到全光亮的镀层,并扩大电流密度范围,但对不同用途的银镀层,需要选择合适的光亮剂。如用于装饰性的镀层,对镀层厚度要求不高,但对镀层的色泽(白度和亮度)要求特别高,不适合用含有金属的添加剂。对电器电子方面应用的功能性镀层,对镀层厚度和电性能要求较高,有些考虑到镀层硬度的要求,可加入酒石酸锑钾等金属盐类。

非金属光亮剂多含硫,可以得到色泽洁白的银镀层,但是寿命不够长,加入镀液中如果不及时使用,会分解。金属类光亮剂,如锑、硒、碲、钴、镍等,可以改善镀层光亮度并提高硬度,更适合镀硬银。

2. 氰化镀银的电极反应

阴极:

银氰络合离子在阴极上直接还原:$Ag(CN)_2^- + e \rightleftharpoons Ag + 2CN^-$

副反应:$2H_2O + 2e \rightleftharpoons H_2 + 2OH^-$

阳极:

用可溶性银阳极:$Ag + 2CN^- \rightleftharpoons Ag(CN)_2^- + e$

用不溶性阳极时:$4OH^- \rightleftharpoons 2H_2O + O_2 + 4e$

氰化物镀银电流效率高,阴极、阳极电流效率都接近100%。

(二)镀银层的变色

镀银饰品在空气中放置或使用一段时间后,与空气中的有害气体或含硫等物质接触,使镀层产生腐蚀变色,严重影响饰品外观。究其原因,主要有以下方面。

(1)镀银层本身在潮湿的、含有硫化物的大气中很容易反应而变黄,严重时变黑。

(2)镀银工艺操作不当。镀后清洗不彻底,表面残留有微量的银盐,这种离子化的银很容易变色。镀液被污染或纯度不够,有铜、铁、锌等金属离子存在,造成镀层纯度不高。工艺操作不当使镀层粗糙,孔隙率高。孔隙率高的表面容易积聚水分和腐蚀介质。

(3)镀银后包装储存不当。变色原因主要包括:一是镀银饰品直接受到光照,银原子受紫外线作用,转变为银离子,加快了变色速度;二是储存在潮湿、高温的环境易变色;三是包装密封不好,包装材料会和银镀层反应。

(三)镀银层防变色处理工艺

为了防止银层变色,在生产上常采用镀银层钝化工艺,通常有以下几种方法:化学钝化、电化学钝化、浸防银变色剂、电镀贵金属、浸有机保护膜等。

1. 化学钝化

非光亮镀银后的镀件经彻底水洗后,应立即进行铬酸处理。

(1)铬酸处理。铬酐(CrO_3):80~85g/L;氯化钠:15~20g/L;温度:室温;时间:5~15秒。铬酸处理后,银镀层表面生成较疏松的黄色薄膜。

(2)脱膜工艺。氨水:300~500ml/L;室温;时间:20~30秒。

(3)出光。硝酸或盐酸质量分数5%~10%;室温;时间:5~20秒。

镀银层经过上述工序后进行化学钝化,才能取得较好的效果。化学钝化膜层很薄,对接触电阻影响不大,但钝化膜结构不够致密,防变色能力不强,可以接着进行电化学钝化。

2. 电化学钝化

可在化学钝化后进行,也可在光亮镀银后直接进行。将银镀层作为阴极,阳极用不锈钢,通过电解处理,使银层表面生成较为致密的钝化膜,它的抗变色能力高于化学钝化膜。如果用化学钝化加电解钝化效果更佳。

3. 浸电接触保护剂

将保护剂溶于有机溶剂中,在一定温度下浸泡1~2分钟,对表面有保护作用。

4. 电镀贵金属

电镀金、铑、钯、钯镍合金(80%)等,厚度0.1~0.2μm。

5. 有机保护膜

厚度一般在5μm以上,保护效果较好。可以浸(喷)丙烯酸型或有机硅型的透明保护涂料,或阴极电泳丙烯酸型电泳漆。对有机保护膜的要求主要是涂层致密性好,透明度高,涂膜硬度不小于HV4,且与基体的结合力好。

五、电镀金及金合金

金的相对原子量为197,一价金的标准电极电位为+1.68V,三价金的标准电极电位为+1.5V,Au^+的电化当量为7.357g/(A·h),Au^{3+}的电化当量为2.449 77g/(A·h)。

金具有极高的化学稳定性,不被盐酸、硫酸、硝酸、氢氟酸或碱腐蚀。金的导电性仅次于银和铜。金的导热性为银的70%，金有极好的延展性。由于金的化学稳定性、导电性、易焊性好，在装饰行业用途广泛。

对于工艺饰品，一般采用装饰金镀层，要求镀层色泽好，有光泽，耐磨损，不变色。镀层纯度可分为纯金和K金，纯金的含金量在99.9%以上，K金常用的有22K、18K、14K等。镀层厚度可分为薄金和厚金，薄金可直接镀在镍、铜、青铜等基体上，厚金需先打底。

电镀金始于19世纪初，镀金应用专利的出现在19世纪40年代末，是以氰化物为基础的碱性镀液。由于氰化物的剧毒，国内外一直在研制无氰、微氰的镀金液，先后出现了酸性镀纯金、酸性镀硬金、中性镀金和非氰镀金。当前，镀金溶液可分为碱性氰化物、酸性微氰、中性微氰和非氰化物四种。总体而言，微氰、无氰的镀金液在稳定性、镀金效果等方面仍与碱性氰化镀金液有一定的差距。

（一）氰化物镀金

1.碱性氰化物镀金

(1)碱性氰化物镀金液的主要组成。碱性氰化物镀金液分散能力好、镀液稳定、便于操作和维护，并且容易加入不同的合金元素，如Cu、Ni、Co、Ag、Cd等产生不同色调的金合金。如加入镍可得到略带白色的金黄色，加入Cu、Cd可得到玫瑰金色；加入Ag可得到淡绿色的金镀层，控制好镀液中合金元素的浓度和工作条件，几乎可得到所需要的各种色调的金镀层。氰化镀金的镀层孔隙率较高，耐磨及抗蚀性较差。由于镀金含氰量较高，近年来使用量已大幅度减少，但是在饰品行业，氰化镀金仍是最主要的镀种。碱性氰化镀金液的主要组成如下。

1)氰化金钾（含金68.3%）。是镀液中的主盐，镀层中金的来源。Au含量太低，镀层发红，粗糙。氰化金钾质量很重要，使用时要注意选择。氰化金钾要先溶于去离子水中再加入镀液。

2)氰化钾（氰化钠）。是络合剂，能使镀液稳定，电极过程正常进行。含量过低，镀液不稳定，镀层粗糙，色泽不好。

3)磷酸盐。是缓冲剂，使镀液稳定，改善镀层光泽。

4)碳酸盐。是导电盐，可提高镀液导电率，改善镀液分散能力。但镀液为碱性，若开缸时不加碳酸盐，长期使用后空气中的CO_2进入镀液，也会积累碳酸盐，当碳酸盐累积过多，会使镀层粗糙，产生斑点。

5)合金成分Cu、Ni、Co、Ag、Cd多是以氰化物盐加入，也有用EDTA盐加入的。它们的浓度要控制得当，可得到14K、16K、18K、23K等不同比例的合金镀层。而且16K的金银镀层，18K的金铜镉镀层可用来作厚金镀层组合中的中间层，可镀到所需要的厚度。

(2)碱性氰化镀金的电极反应。氰化物镀金液中的主盐是氰化金钾 $KAu(CN)_2$。在溶液中含氰络离子 $Au(CN)_2^-$,在阴极上放电,生成金镀层。

阴极:

$$[Au(CN)_2]^- + e \Longrightarrow Au + 2CN^-$$

副反应　$2H^+ + 2e \Longrightarrow H_2$

阳极:

用可溶性银阳极:$Au + 2CN^- - e \Longrightarrow [Au(CN)_2]^-$

用不溶性阳极时:$2H_2O - 4e \Longrightarrow 4H^+ + O_2$

留在溶液中的一部分 CN^-,被初生态的氧所氧化,可能的生成物有 CNO^-、COO^-、CO_3^{2-}、NH_3、$(CN)_2$ 等,在溶液中聚集,成为污染物。

2.酸性氰化镀金工艺

酸性微氰镀金液存在的基础就在于金氰络离子在 pH 值 3.1 时仍不会分解。酸性镀金液 pH 值 3.5～5.5。纯金镀层光亮、均匀、细致,色调黄中带红。镀液中加入合金元素 Co、Ni、Sb、Cu、Cd 等产生金合金,用于满足装饰行业不同色调的要求,如 1N14、2N18、3N 等 22.5～23.5K 的镀金层。

生产中主要将酸性镀金分为薄金和厚金两种类型。薄金镀层包括预镀金和装饰金。预镀金要求与基体和镀金层有极好的结合力,同时,预镀金镀液对厚金镀液起着防污染的作用。装饰金可以是纯金,也可以是金合金,主要取决于外观的要求。厚金镀液包括普通镀金液和高速镀金液。镀液可根据要求镀到所需厚度。酸性氰化镀金液的主要组成如下:

(1)氰化金钾。主盐,含量足够可镀出光亮的结晶细致的金镀层。含量不足,电流密度范围窄,镀层呈红色,粗糙,孔隙率高。

(2)柠檬酸盐。具有络合、缔合和缓冲作用。浓度过高,电流效率下降,溶液易老化;浓度过低,镀液分散能力差。

(3)磷酸盐。缓冲剂,可使镀液稳定并改善镀层光泽。

(4)钴、镍、锑、铜、镉、银等是合金元素,可以改善镀层硬度和外观色泽,其浓度应严格控制。

(二)无氰镀金

20 世纪 60 年代无氰镀金用于生产,有亚硫酸盐、硫代硫酸盐、卤化物、硫代苹果酸等镀液,但应用最广泛的是以 $[Au(SO_3)_2]^{3-}$ 为络阴离子的亚硫酸盐镀液。

亚硫酸盐镀液的特点是:镀液有良好的分散能力和覆盖能力,镀层有良好的整平性和延展性(延伸率可达 70%～90%),可达镜面光泽,镀层纯度高,焊接性良好。沉积速度快,孔隙少。镀层与镍、铜、银等金属的结合力好。

亚硫酸盐镀液的不足之处是镀液稳定性不如含氰镀液,而且硬金耐磨性差。目前该工艺市场份额小但有前景。

六、电镀铑

铑镀层呈银白色,表面光泽强,不受大气中二氧化碳、硫化物腐蚀气体的影响,对酸、碱均有较高的稳定性,表现出抗腐蚀能力强的特点。铑镀层的硬度高,为银镀层的10倍,耐磨性好,作为装饰性镀铑层,白色中略带青蓝色调,光泽亮丽、耐磨、硬度高,是最高档的装饰镀层。由于铑的硬度较高,脆性较大,镀层过厚易剥落,因此对于一般的流行饰品,镀铑前通常要先镀银、钯或镍作底层。

镀铑溶液有硫酸盐、磷酸盐或氨基磺酸盐等,以硫酸盐型应用最多。其镀液易维护,电流效率高,沉积速度快,适合于饰品加工。

1. 硫酸铑镀液的主要组成

(1) 硫酸铑。是镀液的主盐,铑含量合适时可镀出结晶细致的光亮镀层。含量过高时镀层不白,镀层粗糙;含量过低时镀层泛黄,光亮度差。一般控制铑含量在 $1.6\sim2.2\text{g/L}$。

(2) 硫酸。其主要作用是维护镀液的稳定,增加导电性,硫酸含量偏低会影响镀层的白亮度。

2. 镀铑的电极反应

阳极反应:$4OH^- - 4e = 2H_2O + O_2\uparrow$

阴极反应:$Rh^{2+} + 2e = Rh$

阴极副反应:$2H^+ + 2e = H_2\uparrow$

第三节 化学镀工艺

化学镀是直接利用还原剂让金属离子在被镀表面上自催化还原而沉积出金属镀层的方法。与电沉积方法不一样,化学镀不需要外接电源。化学镀的历史悠久,1845年就认为可以用化学方法沉积,但一直没有实际的应用和实践。一直等到20世纪50年代化学镀镍溶液研发成功并能付诸实用,随后引发的大量研究和推广工作。到目前为止,化学镀已形成很大的生产规模,由化学镀沉积出的金属有 Ni、Co、Pd、Cu、Au、Ag、Pt、Sn、Sb、Bi、Fe 等,以 Ni、Co、Pd、Cu、Au、Ag

六种金属元素为基础,和以上各种其他金属元素可形成各种合金镀层。当镀液中含有固体分散相,还可以形成各种化学复合镀层。

一、化学镀的特点

与电镀相比,化学镀具有以下优点。

(1)化学镀适用于各种基体材料,包括金属、半导体及非金属材料。

(2)化学镀层厚度均匀一致,无论工件的形状、结构如何复杂,只要采取适当的技术措施,都可以在工件上得到均一的镀层。

(3)对于能自动催化的化学镀而言,可获得任意厚度的镀层,甚至可以电铸。化学镀得到镀层具有很好的化学、机械和磁性性能(如镀层致密、硬度高)。

但是,化学镀也具有一些缺点:一是化学镀液的寿命较短;二是上镀速度较慢,只有低于临界镀速,才能保证镀层质量。

二、化学镀原理

化学镀是通过溶液中适当的还原剂使金属离子在金属表面的自催化作用下还原进行的金属沉积过程,实质是化学氧化还原反应,有电子转移、无外电源的化学沉积过程。这类化学沉积可分成三类。

1. 置换镀

将还原性较强的金属(基材、待镀的工件)放入另一种氧化性较强的金属盐溶液中,基体金属是强还原剂,它给出的电子被溶液中的金属离子接受后,沉积在基材表面形成镀层。这种工艺又叫做浸镀。例如铜置换银,铜工件作为基体将溶液中的银置换出来,沉积出来的银层覆盖在铜表面,当完全覆盖后还原反应立即停止,所得的镀层很薄。因为反应是基于基体金属的腐蚀才得以进行,致使镀层与基体的结合力较差,适合于浸镀工艺的进基材和镀液的体系也不多,所以该工艺的应用不多。

2. 接触镀

将待镀金属与另外一种辅助金属接触后浸入金属盐的溶液中,辅助金属的电位应低于沉积出的金属。金属工件与辅助金属浸入溶液后构成原电池,辅助金属活性强是阳极,被溶解放出电子,金属工件是阴极,溶液中金属离子还原出的金属层沉积在工件上。本法缺乏实际的应用意义,但可以应用在非催化活性基材上引发化学镀。

3. 还原法

首先化学镀液中含有镀层金属离子,然后添加适当的还原剂提供的电子将金属离子还原沉积出金属镀层。这种化学镀反应必须要控制好其速度，否则在整个溶液中进行沉积就没有意义。还原法是指在具有催化能力的活性表面上沉积出金属镀层，由于施镀过程中沉积层具有自催化能力，使该工艺可以连续不断地沉积形成一定厚度的且具有实际价值的金属镀层，也是真正意义的"化学镀"工艺。用还原剂在自催化活性表面实现金属沉积的方法是唯一能代替电镀法的湿法沉积过程。

三、化学镀金

根据镀液中是否使用还原剂，化学镀金可分为还原型和置换型两类。还原型化学镀金液包括金盐、络合剂、还原剂、pH缓冲剂及其他各种添加剂，其反应是利用还原剂，将金还原后均匀沉积在基体上，达到所需要的厚度。一般可以沉积出较厚的镀金层，厚度在 $1\mu m$ 左右。置换型化学镀金是在没有外加还原剂的情况下进行，由于金属之间存在电位差，较活泼金属可以将较不活泼的金属通过置换反应从溶液中置换出来。例如，在镍基体上的置换镀金，就是利用金和镍的电位差使镍将金从镀液中置换到镍层表面的过程。金的标准电位为 1.68 V，而镍的标准电位只有 -0.25 V，二者电位相差很大，镍基体浸入置换镀金液即可发生置换反应，镍面迅速被一层金置换。但金原子体积较大，在镍面的排列较为疏松，孔隙较多。因此在随后的浸金过程中，随着时间的延长，镀液中的金离子通过金层表面的孔隙继续与镍原子发生置换反应。

1.化学镀金液的组成及工艺条件

化学镀金液中含有金离子化合物（即金盐）、络合剂、pH缓冲剂、还原剂、稳定剂等主要成分。

（1）金盐及络合剂。适宜的金离子化合物有 $KAu(CN)_2$、$KAu(CN)_4$ 等氰化金盐；$HAuCl_4$、$KAuCl_4$、NH_4AuCl_4、$Na_3Au(SO_3)_2$、$Na_3Au(S_2O_3)_2$ 等水溶性金化合物；$Au(OH)_3$ 等溶解度较低的金化合物等。它们可以单独或者混合使用。金离子浓度一般为 $0.001\sim0.1mol/L$。如果金离子浓度低于 $0.001mol/L$，则不能获得实用的沉金速度；如果金离子浓度高于 $0.1mol/L$，容易生成金沉淀物，金化合物不能充分发挥化学镀的作用，造成金的浪费，经济上很不利。镀液中加入络合剂旨在与镀液中的金属成分形成络合物，同时还可以起着缓冲剂的作用，抑制镀液pH值的变化。可用的络合剂有 $EDTA \cdot 2Na$、K_2SO_3、Na_2SO_3、$K_2S_2O_3$ 和 $Na_2S_2O_3$ 等。

（2）还原剂及添加剂。目前的研究过程中，主要使用的还原剂大致有二甲胺硼烷（DMAB）、次亚磷酸钠、肼、硼氢化物、肼基硼烷、硫脲、抗坏血酸钠、三氯化钛等。

(3)工艺条件。镀液 pH 值一般为 5~9,最佳范围为 6~8,较低的 pH 值有利于提高镀金层的附着性,但是过低的 pH 值容易产生有害气体及腐蚀。过高的 pH 值使镀液呈强碱性,会溶解镀件表面上的镀层。根据金离子化合物和络合剂的种类及浓度,适宜地选择 NaOH、KOH、NH_4OH 等碱性溶液或者 H_2SO_4、H_3PO_4、H_3BO_3 等无机酸溶液,调节镀液 pH 值。施镀温度一般为 50~90℃,最好为 60~85℃。较低的操作温度特别适宜于不耐高温的镀件物品,还可以节约能源,操作安全。

2. 无氰化学镀金

化学镀金的无氰化发展,即以非氰金盐、络合剂代替镀金液中的 CN^-,是化学镀金的一个重要发展方向,是在氰化物镀金基础上的一个重大进步,近几年来在国内外有很大发展。目前的无氰镀金镀液主要有亚硫酸盐镀金、硫代硫酸盐镀金、卤化物镀金、硫氰化物镀金等,其中以亚硫酸盐镀金有较好的实用价值。下面主要介绍亚硫酸盐镀金体系。

亚硫酸盐体系:1842 年,亚硫酸金盐始用于无氰电镀金作为金源;后来应用于化学镀金液中,称为亚硫酸盐镀金液。在该镀金液中使用的还原剂有:次亚磷酸钠、甲醛、肼、硼氢化物、DMAB、抗坏血酸钠、硫脲及其衍生物及苯基系化合物等。为获得实用性无氰镀金液,还需要向镀液中加入少量稳定剂,如:EDTA、三乙醇胺、NTA、苯并三唑、2-巯基苯并噻唑等。这些添加剂可与亚硫酸金盐中一价金离子形成复合络合剂,从而提高镀液稳定性。

四、化学镀镍

化学镀镍层同时具有镀层厚度与零件形状无关、硬度高、耐磨性好和天然润滑性,以及优良的耐腐蚀性等优点,因此化学镀镍层被誉为"设计者的镀层"。即设计者可以根据零件需要的性质在镀层体系中找到合适的对象。

1. 化学镀镍液组成及工艺条件

化学镀镍溶液对化学镀工艺的稳定和镀层的质量至关重要,自化学镀发展以来,已经开发出很多种镀液。其中,采用比较多的镀液是以硫酸镍为主盐、次亚磷酸钠为还原剂的组合,同时适当配以其他成分来调节稳定性、络合作用等性能。

(1)镍盐。主要有硫酸镍和氯化镍两种。在施镀过程中,如果镍盐含量浓度过低,反应速度慢,很难生成镀层。若浓度过高,导致一部分镍离子游离在镀液中,降低镀液稳定性,容易形成粗糙镀层,甚至诱发镀液分解。因此,必须保持镀液中镍盐的适当含量,并在工艺过程中准确分析和适当补充镍盐的含量。

(2)还原剂。常见的还原剂为次亚磷酸钠。还原剂的作用是通过催化脱氢,提供活泼的初生态氢原子,把镍离子还原成金属镍。还原剂的含量对沉积速度的影响较大,增加还原剂浓度,可以加快沉积速度,但还原剂浓度不能过高,否则镀液易发生自分解,破坏了镀液的稳定性,同时沉积速度也将达到一个极限值。

(3)络合剂。常用的络合剂主要有乙醇酸、苹果酸、酒石酸、柠檬酸、乳酸等。加入络合剂以络合镍离子控制沉积速度。络合剂的加入即要考虑能络合全部镍离子,也要充分考虑镀液的沉积速度,以保持络合即各组分的适当比例。络合剂可以降低溶液中自由离子的浓度和平衡电位,同时和镀件表面接触吸附,提高镀件表面活性,加速次亚磷酸盐释放出氢离子。采用复合络合剂能有效提高镀液稳定性、沉积速度,使镀层表面光亮致密。

(4)pH值调整剂和缓冲剂。镀液pH值对沉积速度、还原剂利用率、镀层性能都有很大的影响。由于H^+是还原反应的副产物,所以随反应的进行,镀液pH值会降低。故化学镀时pH值的调整和控制非常重要。pH值调整剂通常使用NaOH、KOH或其碳酸盐、氨水等碱性化合物,如需降低pH值则需加入无机酸或有机酸等。加入缓冲剂是为了防止在沉积反应过程中,由于镀液pH值剧烈变动所造成的沉积速度不稳定。缓冲剂的阴离子结合成为电离度很小的弱酸分子,故而能控制镀液pH值的剧烈变化。

(5)稳定剂。在施镀过程中,因种种原因不可避免地会在镀液中产生活性的结晶核心,致使镀液自分解而失效。加入稳定剂后可对这些活性结晶核心中毒,失去自催化效应,从而达到防止镀液分解的目的。稳定剂的使用已成为化学镀镍工艺的技术秘诀。常用的稳定剂有铅离子、锡的硫化物等。

(6)促进剂。在化学镀镍溶液中添加络合剂一般会导致沉积速度降低,如果添加过量,致使沉积速度很慢,甚至无法使用。为了提高沉积速度,往往在镀液中添加少量的有机酸,这类有机酸称为促进剂。

(7)温度。温度是影响化学镀镍沉积速度最重要参数。化学镀镍的催化反应一般只能在加热条件下实现,许多化学镀镍的单个反应步骤只有在50℃以上才有明显的沉积速率。化学镀镍磷合金的酸性镀液操作温度一般在85~95℃,一般的碱性化学镀液在中等温度范围内就可以沉积。随温度的升高,沉积速度加快。然而,镀液温度的提高将会加速亚磷酸盐的增加,使镀液不稳定。镀液在工作过程中搅拌均匀,注意防止镀液局部发生过热,保持稳定的工作温度,以免造成镀液的严重自分解和镀层分层等不良后果。

(8)pH值。随镀液pH值的提高,沉积速度加快,亚磷酸盐的溶解度降低,容易引起镀液的自分解发生,如果镀液pH值过高,则次磷酸盐氧化成亚磷酸盐的反应加快,而催化反应转化为自发性反应,使镀液很快失效。pH值增加,镀层中磷含量有所下降。pH值太低时,反应无法进行,比如酸性镀液,当pH值<

3时就很难沉积出镍磷合金镀层。

(9)搅拌的影响。化学镀镍过程受扩散过程的影响,对化学镀液搅拌有利于提高反应物向工件表面的传递速度,同时也有利于反应产物的脱离。从本质上讲,搅拌改变了工件/溶液界面扩散层内的化学成分和pH值。搅拌方式包括机械搅拌、磁力搅拌、超声波分散以及化学分散方法,此外化学镀镍在加热升温的条件下进行时,大量氢气的逸出可以形成"自搅拌"作用。其中,机械搅拌简便易行,一般借助外界剪切力和撞击力等机械能使粒子在介质中充分分散,但是它对镀液的整体,尤其是烧杯底部的镀液搅拌不能很好的顾及。磁力搅拌利用磁力转子在镀液中的旋转产生搅拌,对底部镀液的搅拌效果甚佳,这就对于含有沉降性质颗粒的复合镀液有利,但是磁力搅拌机一般只对镀槽的底部加热,这种加热方式很容易引起底部镀液的局部过热,这就可能给镀液的稳定性和镀层性能带来不利的影响。超声波分散是近些年来公认的效果非常好的一种分散方法,它是利用超声波的高能量和空化效应,对聚集的微粒有粉碎作用来对微粒进行分散的一种物理方法,但是由于超声波的巨大能量,这种分散在施镀时应采用间歇方式,若辅以一定强度的机械搅拌,可以达到更好的效果。

五、化学镀铜

化学镀铜技术在装饰品中主要应用在塑料、木材等非金属表面镀层。无论是装饰性还是功能性的塑料电镀,多数都需要化学镀铜,以保证获得良好导电性能的底层而最终得到良好的镀层。与其他塑料表面金属化的方法相比较,化学镀铜是最经济最简单的方法。

1. 化学镀铜的常用方法

化学镀铜液中主要是由铜盐、还原剂、络合剂、稳定剂、调整剂等组分组成,目前广泛应用的化学镀铜液以硫酸铜作为主盐、以甲醛作为还原剂,主要由两部分组成:一是含有硫酸铜、酒石酸钾钠、氢氧化钠、碳酸钠、氯化镍的溶液;二是含有还原剂甲醛的溶液。这两种溶液要预先分别配制,使用的时候再混合起来使用。甲醛在碱性液中主要是以甲叉二醇及其阴离子形式存在。在化学镀铜过程中,甲醛迅速地发生歧化反应,产生其自身的氧化还原产物,引起镀液过早老化。由于镀液中没有配位剂,因此这些氧化物只有极少量能被溶解,而大部分不断累积。典型的镀液配方及工作条件为硫酸铜 5g/L,酒石酸钾钠 25g/L,氢氧化钠 7g/L,甲醛 10ml/L,时间 20~30 秒。

2. 非金属表面化学镀铜

随着化学镀铜应用领域的扩大,在非金属表面上进行化学镀铜的技术也逐渐成熟。例如将激光微细刻蚀技术与化学镀相结合,实现了陶瓷基底无掩膜制作铜互连导线,取得了一定成效。在这个基础上进一步建立并实现在陶瓷等非金属材料表面上无需经过催化活化的化学镀铜法。该法简化了化学镀铜工艺步骤,镀层性能良好,镀液稳定性好,镀速快;而且能节省贵金属的使用,降低生产成本。化学镀金属是塑料表面金属化的主要方法之一。

塑料经过金属化之后再利用化学镀或电镀进行二次加工,可以得到具有耐磨性、耐热性、热稳定性以及特殊功能的塑料制品。

化学镀铜还应用到木质材料的表面处理上,处理后的材料具有较好的装饰性及耐腐性,可以提高产品的附加值。近年来,日本在木材镀铜、镀金处理工艺研究方面取得了一定的进展。处理对象主要是柳杉等常用树种的木材,试材形状包括木片和小方材。处理工艺先在水系及有机溶剂洗浸液中进行试材超声波处理,脱脂和脱掉对镀膜有碍的成分,然后用聚乙二醇甲苯溶液封闭树脂道,附着催化剂,最后进行化学镀,其间需经过若干次干燥。

尽管化学镀铜工艺有较大的发展,但是以下几方面仍有待进一步改善:化学镀铜的稳定性和镀速的关系;多络合体系化学镀铜的动力学研究;添加剂对镀层性能的影响;镀层微观结构与基体表面形貌的关系;甲醛的替代品等。

六、化学镀实例:树叶的叶脉电镀

叶脉电镀又称树叶装饰电镀,首先精选具有艺术性、硬而密脉络的树叶,经去除叶绿素露出叶脉,再经过表面金属化后进行电镀加工。

这些树叶经过整型、加工后,既能保持树叶原有的逼真原状,又能体现电镀后的高雅华贵(图11-8)。

图11-8 经化学镀和表面电镀处理后的树叶吊坠

叶脉装饰电镀主要工艺分为三大部分：叶脉处理、表面金属化（化学镀）、装饰电镀。

1. 叶脉处理

将新摘下来的树叶放置在碱性水溶液下进行浸泡，去除叶绿素而使表面呈现出较为完整的自然叶脉形态。浸泡用的溶液用氢氧化钠配制，浸泡若干天后可去除叶绿素，但这种做法时间长，腐蚀程度不易掌握。在氢氧化钠溶液中适当加入一些碳酸钠并加热煮沸，可促使叶绿素迅速脱落，以树叶绿色转为黄绿色为好。清洗煮好的树叶，如仍有少部分叶绿素残留在叶脉上，就必须用软毛刷沿叶脉轻轻刷洗，以叶脉完好无损为合格。

2. 表面金属化

表面金属化是使一般非金属材料表面能导电的处理方法，为下一步电镀作好准备，可通过敏化、活化、还原、化学镀来实现。化学镀镍使叶脉表面导电，基础配方及工艺条件为：硫酸镍 26～28g/L，次亚磷酸钠 35g/L，柠檬酸 20g/L，其他适量。操作工艺条件为 pH 值 4.6～4.8，温度 90℃。

3. 装饰电镀

光亮镀铜后可进行中期制作：用点焊的方法配置悬挂件，如定位针、钩子等挂件。悬挂件材料一般采用细的紫铜丝，在点焊之前，将细铜丝在酸液中浸泡一下（小于 30 秒），然后覆以焊锡进行点焊。

4. 光亮电镀镍

主要防止铜和金镀层的渗透，镀镍工艺参照前面。

5. 电镀金

最后在表面镀上厚金镀层。

第四节　流行饰品的化学电化学转化膜工艺

化学、电化学转化膜技术是通过化学或电化学手段，使金属与某种特定的化学处理液相接触，从而在金属表面形成一层附着力好、能保护基体金属免受水和其他腐蚀介质的影响，或能提高有机涂膜的附着性和耐老化性，或能赋予表面装饰性能的化合物膜层的技术。

在饰品行业中，化学、电化学转化膜技术得到了比较广泛的应用，通过表面转化形成有色膜或干扰膜，形成各种装饰色彩和表面着色效果，改善材料的外观，提高抗蚀性能。如铜饰品、不锈钢饰品、钛饰品、铝饰品、银饰品等的表面着色处理。

一、铜及铜合金饰品的化学着色工艺

铜合金的着色主要应用在工艺饰品上,大多数铜的化合物皆具有浓烈的色彩,在铜及其合金表面通过化学着装饰色几乎覆盖了整个色谱。目前被市场接受且能规模化工业生产的色调以绿色(碳酸铜)、黑色(硫化铜)、蓝色(碱性铜氨络合物)、黑色(氧化铜)、红色(氧化亚铜)等为主。

1. 表面着色的化学反应机理

铜及其合金表面着色实际上就是使金属铜与着色溶液作用,形成金属表面的氧化物层、硫化物层及其他化合物膜层。选择不同的着色配方和条件可得出不同的着色效果。例如,硫基溶液可被利用的有:硫化物(如硫化钾、硫化铵等)、硫代硫酸钠、多硫化物(如过硫酸钾)等,其着色原理都是基于硫与铜产生硫化铜的特性反应,在不同的反应条件和配方中其他成分的参与下,可以形成黑、褐、棕、深古铜、蓝、紫等颜色。铜与氨的铬合作用及配方中,其他离子参与反应,在不同的反应条件下也可以形成多种着色效果。在着色配方中氧化剂的加入能促进反应,但过多的氧化剂会影响氧化膜的质量。

2. 铜的化学着色工艺

(1)铜着古铜色。把纯铜或镀铜饰品(镀铜厚度要大于 $5\mu m$),浸在下面着色溶液中不断摇动,很快变褐色并不断加深,到一定厚度开始析氧,这时要取出清洗,干燥后进行抛光或把着色件与皮革角料一起在滚筒中滚擦。把凸出处表面着色层磨去而露出部分铜的本色。零件产生从凸面至凹面由浅渐深的色调,形成幽雅古旧风格。在国际市场上的工艺饰品等都喜欢采用这种古色古香的色调。典型的着古铜色工艺规范为:碱式碳酸铜 40~120g/L,氨水 200ml/L,在室温下反应 5~15 分钟。

(2)铜着蓝色。可选择的铜着蓝色工艺方案:硫酸铜 130g/L,氯化铵 13g/L,氨水 30ml/L,醋酸 10ml/L,在室温下反应数分钟。

(3)铜着绿色。可选择的铜着绿色工艺方案:氯化钙 32g/L,硝酸铜 32g/L,氯化铵 32g/L,在 100℃下反应数分钟。

(4)铜着古绿色。可选择的铜着古绿色工艺规范:硫酸镍 5~10g/L,硫酸铵 10~15g/L,硫代硫酸钠 25~30g/L,水 200ml,在 30~50℃下反应数分钟。

(5)铜着褐色。可选择的铜着褐色工艺规范:硫酸铜 6g/L,醋酸铜 4g/L,明矾 1g/L,在 95~100℃下反应 10 分钟。

(6)铜着金黄色。可选择的铜着金黄色工艺方案:硫化钾 0.8g/L,硫化铵 1g/L,硫化钡 0.3g/L,硫化钠 4g/L,高锰酸钾 0.13g/L,双氧水 0.7g/L,在室温下反应数分钟。

(7)铜着红色。可选择的铜着红色工艺方案:硫酸铜 25g/L,氯化钠 200g/L,在 50℃下反应 5～10 分钟。

(8)铜着黑色。可选择的铜着黑色工艺方案:硫化钾 5～12.5g/L,氯化铵 20～200g/L,在室温下反应数分钟。

3. 铜合金的化学着色工艺

铜合金中以黄铜着色较简便,其次是青铜、铝青铜等,铜合金化学着色广泛用于工艺饰品。

(1)铜合金着红色。可选择的铜合金着红色工艺方案:硝酸铁 2g/L,亚硫酸钠 2g/L,在 75℃下反应数分钟。

(2)铜合金着橙色。可选择的铜合金着橙色工艺方案:氢氧化钠 25g/L,硫酸铜 50g/L,在 60～75℃下反应数分钟。

(3)铜合金着褐色。可选择的铜合金着褐色工艺方案:硫化钡 12.5g/L,在 50℃下反应数分钟。

(4)铜合金着巧克力色。可选择的铜合金着巧克力色工艺方案:硫酸铜 25g/L,硫酸镍铵 25g/L,氯酸钾 25g/L,在 100℃下反应数分钟。

(5)铜合金着古绿色。可选择的铜合金着古绿色工艺方案:氯化铵 350g/L,醋酸铜 200g/L,在 100℃下反应数分钟。

(6)铜合金着蓝色。可选择的铜合金着蓝色工艺方案:亚硫酸钠 2g/L,醋酸铅 1g/L,在 100℃下反应数分钟。

(7)铜合金着黑色。可选择的铜合金着黑色工艺方案:硫酸铜 25g/L,氨水少量,在 80～90℃下反应数分钟。

4. 影响着色效果的因素

铜及铜合金饰品的化学着色有时不稳定,影响着色效果的因素主要有以下三种。

(1)基材成分的影响。一般来讲,高含铜量的基材,较易获得纯正诱人的外观,含铜量越低,由于其他合金元素较铜活性高,相应的腐蚀产物将影响铜着色色彩的纯度。例如锌、锡、铝等的腐蚀产物将斑白色的氢氧化物夹杂在膜层中,膜层发白,对此可适当提高稳定剂含量。当材料金相组织中有 β 相存在时,由于该相耐蚀性差,将产生严重孔蚀,孔口处积存大量锌的氢氧化物,产生明显的白点而报废,此时降低稳定剂含量可取得良好效果。

(2)工件表面状况的影响。对于深冲压件或深拉伸件,在严重变形区,机械能的 80% 以位错和空位等晶体缺陷的形式储存起来,化学活性很高,致使产生区域性色差。对这些饰品可采取去应力退火消除之。此外饰品表面粗糙度是否一致,对色彩的一致性也有一定影响。

(3)特殊气候条件的影响。对铜合金饰品涂布着色溶液后在空气中进行成色反应的着色,可能出现由于气候的变化而影响着色稳定性。对于特殊气候,可能会造成反应时间不足或过长的现象,需要适当控制成色时间来解决。

二、银及其合金饰品的着色工艺

银及其合金着色处理主要用于工艺饰品装饰上,是在其表面形成硫化物,可形成黑、蓝黑、淡灰或暗灰绿或灰绿、古银、黄褐、绿蓝等色调。

1. 银着古银色

可选择的银合金着古银色工艺方案:硫化钾 25g/L,氯化铵 38g/L,硫化钡 2g/L,在室温下反应到所需色调为止。

2. 银着黑色

可选择的银合金着黑色工艺方案:硫化钾 15g/L,氯化铵 40g/L,氨水少量,在 80℃下反应到所需色调为止。

3. 银着蓝黑色

可选择的银合金着蓝黑色工艺方案:硫化钾 2g/L,氯化铵 6g/L,在 60~80℃下反应到所需色调为止。

4. 银着蓝黄色

可选择的银合金着蓝黄色工艺方案:硫化钾 1.5g/L,在 80℃下反应到所需色调为止。

5. 银着绿色

可选择的银合金着蓝绿色工艺方案:盐酸 300g/L,碘 100g/L,在室温下反应到所需色调为止。

6. 银着黄褐色

可选择的银合金着黄褐色工艺方案:硫化钡 5g/L,在室温下反应到所需色调为止。

三、锌及其合金饰品的着色工艺

锌及其合金通过铬酸盐钝化处理形成的表面转化膜也具有着色功能,一般可得到彩虹色、草绿色、黄褐色、绿色、军绿色、黑色等多种色彩。

1. 锌着黑色

可选择的锌着黑色工艺方案:硫酸铜 40~50g/L,氯化钾 30~40g/L,在室温下反应 10~15 分钟。

2. 锌着红色

可选择的锌着红色工艺方案：硫酸铜 60g/L，酒石酸 80g/L，氨水 60ml/L，在室温下反应 3～5 分钟。

3. 锌着深红色

可选择的锌着深红色工艺方案：硫酸铜 50g/L，碳酸钠 100～200g/L，重酒石酸钾 50g/L，在室温下反应 5～10 分钟。

4. 锌合金着灰色

可选择的锌合金着灰色工艺方案：硫酸铜 20～25g/L，氨水 50ml/L，氯化铵 30g/L，在 20～25℃下反应 3～5 分钟。

5. 锌合金着绿色

可选择的锌合金着绿色工艺方案：重铬酸钾 80～100g/L，硫酸 25～30g/L，盐酸 150g/L，在 30～40℃下反应 0.5～1 分钟。

6. 锌合金着黑色

可选择的锌合金着黑色工艺方案：硫酸铜 140～160g/L，氯酸钾 80～90g/L，在 20～25℃下反应 3～5 分钟。

四、不锈钢饰品的氧化着色工艺

不锈钢氧化着色，也就是在不锈钢表面形成氧化着色层。即利用其本身无色透明的氧化膜由光的干涉进行着色，这种膜层形成的色泽经久耐用。

不锈钢氧化着色的典型方法包括化学显色法和氧化显色法。化学显色法有因科法、阿色克思法等。因科法是在高温硫酸溶液中浸渍着色，阿色克思法是在中温同种溶液中进行电解，以在不锈钢表面形成薄薄的氧化膜，可以通过改变氧化膜的厚度控制颜色。氧化显色法是在大气中或控制气氛中加热形成氧化膜，这种方法很简便，但颜色难以控制，所以只限于小型不锈钢饰品。

1. 因科法

1972 年，由因科公司确立了酸性溶液氧化法的色泽管理及显色膜强化技术，其处理工序如下：

前处理──→水洗──→显色处理──→水洗──→硬膜处理──→水洗──→干燥

经过预处理的不锈钢板，在 80～85℃ 的铬酸、硫酸混合溶液中浸渍。这种处理可以在不锈钢表面形成以 Cr 为主体的氧化膜，随处理时间不同，可形成数百至数千的厚度，由于光的干涉作用，可按茶色、蓝色、金色、紫色、绿色等顺序显色。氧化膜的成长，即颜色的变化，可改变不锈钢的浸渍电位，掌握这种电位变化,进行色泽管理,是因科法的第一个特点(显色工序)。但是,在这一阶段,显色膜是多孔的,耐磨损性差。因此,应在铬酸和磷酸混合水溶液中继续进行阴极电解处理,强化显色膜。经过这种处理,可以使多孔的显色膜封孔,大幅度地提高耐磨损性和耐蚀性。这是因科法的第二个特点(硬膜处理)。

因科法有一些问题,这种工艺中色泽难控制,对原材料的管理要求严格。

2. 阿色克思法

1985年,由川崎制铁研制成功轮番电流电解法,又称为阿色克思法。这种方法是使不锈钢在60℃以下的铬酸和硫酸混合溶液中电解,表面形成氧化膜。由于反复交替进行规定次数的阳极电解,所以可同时进行显色和膜硬化。通过给定的总电量,可进行色泽控制。用阿色克思法显色的不锈钢,不仅色泽鲜艳,而且还能显现出青铜、黄色等独特色泽。

不锈钢表面所着色泽主要取决于表面膜的化学成分、组织结构、表面光洁度、膜的厚度和入射光线等因素。通常薄的氧化膜显示蓝色或棕色,中等厚度膜显示金黄色或红色,厚膜则呈绿色,最厚的则呈黑色。总体来说,不锈钢着色工艺较为困难,工艺要求较高,其色彩均匀性不易控制。

五、铝合金饰品的阳极氧化处理

铝合金饰品广泛采用阳极氧化的方法进行表面着色,铝是最容易着色的金属之一,通过阳极氧化处理,在铝表面形成厚而致密的氧化膜层,以显著改变铝合金的耐蚀性,提高硬度、耐磨性和装饰性能。铝氧化膜着色的方法主要有电解发色法、化学染色法和电解着色法。

1. 电解发色法

电解发色是阳极氧化和着色过程在同一溶液中完成,在铝合金上直接形成彩色的氧化膜。因此,电解发色法也称为电极着色一步法。电解发色是由于光线被膜层选择吸收了某些特定的波长,剩余波长部分被反射引起的。选择吸收与合金元素在膜层中的氧化状态或电解液成分与氧化膜中物质结合的状态有关。

2. 化学染色法

铝饰品的阳极氧化膜用无机或有机染料都能进行浸渍着色。发色体沉积在氧化膜孔隙的上部。最适合于染色的氧化膜,是经硫酸阳极氧化而得到的氧化膜。

3. 电解着色法(电解着色二部法)

铝或铝合金经过阳极氧化后,浸入更贵的金属盐溶液粒里,通过使用交流电进行极化或用直流电进行阴极极化来进行着色。在电场作用下,使金属离子在氧化膜孔隙的底部被还原沉积,结果使铝及其合金着色。

第十章 流行饰品的表面处理工艺

第五节 物理气相沉积工艺

物理气相沉积的英文名称为 Physical Vapor Deposition,简称 PVD。物理气相沉积是一种物理气相反应生长法,沉积过程是在真空或低气压气体放电条件下进行的,沉积层的物质源是固态物质,经过"蒸发或溅射"后,在零件表面生成与基材性能完全不同的新的固态物质沉积层。

物理气相沉积工艺越来越多地应用于饰品、工艺品表面装饰镀膜,膜层颜色多种多样,有深金黄色、浅金黄色、咖啡色、古铜色、灰色、黑色、灰黑色、七彩色等,可以很好地改善工艺饰品的外观颜色,也可以提高饰品的耐磨性和耐腐性等特点。

一、物理气相沉积工艺的分类

物理气相沉积工艺分为真空蒸发镀、离子镀、磁控溅射镀等几种,后两种属于等离子体气相沉积范围。膜层的沉积是在低气压等离子体气体放电条件下进行的,膜层粒子在电场中获得了较高的能量,使膜层的组织、结构和附着力都比真空蒸发镀有很大的改进。伴随高科技的发展,各种离子镀、磁控溅射镀新技术逐渐成熟,在各个领域不断得到推广应用。

1. 真空蒸发镀

真空蒸发镀膜(简称蒸镀),是指在真空条件下,通过高温加热使膜材气化蒸发,并沉积在基体表面形成固态薄膜。蒸镀技术是真空镀膜技术中发展比较早的一门技术,与溅射和离子镀相比,蒸镀方法比较简单,但是在适当的工艺条件下,它能够制备非常纯净的、具有特定结构和性能的薄膜涂层。所以蒸镀技术在光学、半导体器件、塑料金属化等领域至今仍发挥着重要作用。

真空蒸发镀具有如下技术特点:

(1)真空蒸发镀过程包括镀材物质蒸发、蒸汽原子传输和蒸汽原子在基片表面形核、成长的成膜过程组成,即包括蒸发、输运与沉积过程。

(2)真空蒸发镀膜的沉积真空度高,一般为 $10^{-3} \sim 10^{-5}$ Pa。膜层粒子几乎不与气体分子、其他金属蒸汽原子发生碰撞,径直达到工件。

(3)膜层粒子到达工件的能量是蒸发时所携带的热能。真空蒸发镀膜由于工件不加偏压,金属原子只是靠蒸发时的气化热,大约为 0.1~0.2 eV。因此膜层粒子的能量低,膜层和基体结合力小,很难形成化合物涂层。

(4)真空蒸发镀膜层是在高真空下形成的,蒸汽中的膜层粒子基本上是原子态,在工件表面形成细小的核心,生长成细密的组织。

(5)真空蒸发镀膜膜层在高真空度下获得,一般只在工件面向蒸发源的一面可以沉积上膜层,工件的侧面、背面几乎沉积不上膜层,绕镀性差。

2. 磁控溅射镀

在一定的真空条件下,用几十电子伏特或者更高动能的荷能粒子轰击材料的表面,使被轰击材料的原子获得足够的能量,脱离原材料点阵的束缚,进入气相,这种技术就是溅射技术。利用溅射出的气相元素,进行沉积成膜,这种沉积过程被称为溅射镀膜,其原理如图 11-9 所示。在沉积硬质涂层时,则工件需要接负偏压电源,称磁控溅射离子镀或偏压溅射。

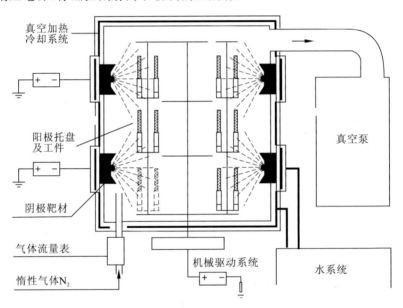

图 11-9 磁控溅射离子镀膜原理图

溅射镀膜是目前 PVD 技术中应用最广泛的一种镀膜技术,具有以下优点:
(1)溅射镀膜膜层质量较好,与基体的结合力非常强。
(2)溅射镀膜的应用范围广泛,适用于各种材料,高熔点材料也易进行溅射。
(3)溅射镀膜薄膜的厚度分布比较均匀。
(4)溅射镀膜工艺重复性好,易实现工艺控制自动化,可大规模连续生产。

3. 离子镀

离子镀是在真空条件下,利用气体放电使气体或被蒸发物质部分离化,在气体离子或被蒸发物质离子轰击作用的同时,把蒸发物或其反应物沉积在基底上。

第十一章 流行饰品的表面处理工艺

离子镀兼具蒸发镀的沉积速度快和溅射镀的离子轰击清洁表面的特点,具体来说有以下方面。

(1)膜层与衬底之间具有良好的附着力,并且薄膜结构致密。

(2)可以提高薄膜对于复杂外形表面的覆盖能力,或称为薄膜沉积过程中的绕射能力。

(3)膜层组织可控参数多、膜层粒子总体能量高,容易进行反应沉积,可以在较低温度下获得化合物涂层。

二、PVD镀膜工艺在饰品业的应用

PVD镀膜技术制备的金属化合物薄膜大多具有较高的硬度和鲜艳的色彩,其中过渡金属的氮化物由于有更高的硬度、耐磨耐蚀性能优良,而越来越受到人们的重视,因而被广泛用来作为装饰膜层。通过调整镀膜的试验材料和试样工艺,可以镀制出除人红色之外的其他各种颜色,如仿金膜层 TiN、ZrN 膜,黑色的 TiC 膜,银色的 CrCN 膜,红色的 BeC 膜,宝石蓝的 TiO_2 膜,黄铜色的 ZrN 膜等各色膜层。其中金黄色膜层 TiN、ZrN 由于其优良的物理、化学和力学性能而广泛应用于装饰领域。

(一)氮化锆装饰镀膜

1.镀膜前处理

真空镀膜对试样表面及真空炉膛的清洁度要求很高,这是获得高质量膜层的必要条件。因此镀膜前要对试样进行清洗,对真空炉进行清理。

试样表面清洁是成膜的关键,试样表面必须干净、无锈斑和油污,因此试样进炉前应严格进行清洗,以去除试样上的油污、污垢、锈迹和水分等。清洗干净的试样不能再用手接触,防止二次污染。

工件镀膜前预处理工艺流程如下:

(1)超声波清洗(1%金属清洗剂),温度50℃,时间3分钟。

(2)超声波清洗(5%金属清洗剂),温度50℃,时间2分钟。

(3)热水清洗,温度50℃,时间30秒。

(4)冷水清洗,常温,时间30秒。

(5)去离子水漂洗,常温,时间20秒。

(6)酒精脱水。

(7)烘干或晾干。

(8)真空炉的清理。用干纱布进行擦拭真空炉内的污垢、附着物和沉积物,用皮老虎清除边角的附着物。

2.镀膜工艺流程

(1)预抽真空。试样装入真空室后,关闭炉门,打开机械泵,对真空室进行粗抽,待真空度达到 0.1Pa 时,再打开油扩散泵,进行细抽。真空室内真空度达到 6.5×10^{-3}Pa 时结束。

(2)辉光清洗。辉光清洗的作用,清洗过程中大量的电子会往阳极运动,电子高速运动下对真空室的氩气产生离化作用,造成辉光现象,产生较柔和的氩离子运动,运动的氩离子在偏压电场的作用下向工件表面进行轰击,将表面的吸附气体、杂质原子从表面碰撞下来,露出工件材料的清洁表面,同时增加了工件表面的微观粗糙度,有利于提高膜层和工件的结合力。通入一定流量氩气使炉内压强上升到 4×100Pa 后,打开加在工件上的偏压电源(电压和脉冲占空比可调),这里偏压值为正,用氩离子对炉壁、靶面、工件和转架清洗,清洗时间根据工件的材料和干净程度而定。

(3)主轰击。主轰击的作用,在工件上加一负偏压,对溅射出来的大量的靶材离子起加速作用。带正电的靶材离子会在负偏压的作用下向工件运动,从而形成高速运动的具有相当大的能量的离子团,这些离子团对工件起一定程度的清洗、活化和注入作用。主轰击的效果:大量的金属离子注入工件表面,注入的离子与基材产生晶格重整。一部分带稍低阶能量的金属离子,注入力较小产生一种扩散层。往工件运动的离子会因与工件产生碰撞,一部分会因带的能阶低或入射角的互异,而产生溅射与弹出。这种离子又会被下一运动的离子碰撞,形成二次能阶离子,最终沉积在工件表面。

清洗完毕后,真空室继续抽真空到 6.5×10^{-3}Pa。然后冲入一定流量氩气,使炉内总压强达到 0.3Pa;调整脉冲偏压和占空比的数值(具体数值根据膜层的要求而定);调节阴极靶的中频电源的功率(电压、电流)为某一数值;对试样进行主轰击,轰击时间根据工艺要求而定。

(4)加入氮气沉积调色。在主轰击流程即将结束时,通入适当流量的反应气体 N_2(这时真空度会略微降低),根据质谱仪显示的氮气的分压强(百分比),手动调节氮气流量计的电位器控制氮气的流量,此时可以根据工艺要求调整脉冲偏压、占空比和阴极靶的中频电源的功率(电压、电流)的数值;对试样进行沉积调色,沉积时间根据工艺要求而定。这样金属离子在适当的偏压下会往工件运动,在运动过程中会与反应气体碰撞而生成金属化合物膜,同时运动速率也会下降而沉积在工件表面。

(5)钝化。钝化的作用,因为刚镀膜的膜层是一种较活泼的结构,并有一定温度,如马上与大气接触,会再次发生反应,造成颜色变化。所以,在镀好膜后,应予降温并通入适量氩气,一方面使惰性气体保护工件的表面膜层,使膜层随降

第十一章 流行饰品的表面处理工艺

温过程更加稳定;另一方面,使靶面吸收大量的氩气而饱和,从而保持新鲜的靶面,避免充入大气后靶面吸收其他气体,从而保护溅射靶面不受污染。钝化时充入最大流量的氩气约2分钟。

(6)充气冷却。待真空室温度降到120℃时,充入空气到大气压。

(7)开炉取件。打开炉门,戴上干净的手套取出试样,并把试样封存以备颜色测量、膜厚测量和俄歇半定量分析。

3. 氮化锆膜颜色控制

作为装饰膜的ZrN仿金膜,膜层的色泽尤为关键。由于中频反应磁控溅射技术的工艺参数较多,因此影响薄膜颜色的因素也就较多。在其他的工艺参数一定的情况下,氮气分压强和溅射功率对薄膜的颜色起至关重要的作用,随着氮气分压强的增大,ZrN薄膜颜色呈现由银白色→浅黄色→金黄色→红金色→深红色的颜色变化规律;随着溅射功率的增大,ZrN薄膜颜色呈现由深黄色→金黄色→浅黄色的变化规律。通过比较ZrN薄膜与黄金和金合金颜色,可以根据调整氮气分压强镀制出所需要的金黄色。

(二)氮化钛装饰镀膜

1. 磁控溅射技术沉积氮化钛工艺过程

(1)安装工件。将工件安装在工件挂具上后,关上镀膜室。

(2)抽真空。开启真空泵,真空度达到6Pa后,开扩散高泵,真空度抽至6×10^{-3}Pa。

(3)烘烤加热。开启烘烤加热电源,对工件加热,达到预定温度。

(4)轰击净化。向镀膜室充入氩气,真空度保持1~3Pa,轰击电压1 000~3 000V,工件产生辉光放电,氩离子轰击净化工件,轰击时间10~20分钟。

(5)沉积氮化钛。首先沉积钛底层,将工件偏压降低至500V左右,通入氩气,真空度调至0.3~0.5Pa。开启磁控溅射靶电源。靶面产生辉光放电,高密度的氩离子流从靶面溅射出钛原子。接着沉积氮化钛涂层,需通入氮气,真空度在0.5~0.7Pa范围。由于平衡磁控溅射的金属离化率只有5%~10%,金属的活性比较低,获得氮化钛等化合物涂层控的工艺范围(配氮量)比较窄。与辉光放电相比,欲获得优质氮化钛涂层时,必须严格控制钛的溅射量以及氩-氮比。否则沉积速率很低,色泽不好控制。

(6)取出工件。当膜层厚度达到预定要求后,向镀膜室充气;打开镀膜室,取出工件。

2. 工艺参数对氮化钛薄膜性能的影响

(1)沉积温度对氮化钛薄膜性能的影响。沉积温度对TiN涂层的硬度和结合力有影响,在500℃附近沉积TiN薄膜的硬度和结合力最高,温度过低或过高对TiN薄膜的表面硬度均不利。沉积温度过低,实际上反映了预轰击时间过短或轰击能量较低,这对薄膜的致密性将会有影响,TiN薄膜形核不充分,组织粗化,从而使其硬度下降。而当沉积温度过高时,则会使试样表面产生过热现象,若沉积温度超过基底材料的回火温度,将导致基底硬度降低,无法与薄膜形成良好的结合,导致薄膜硬度的下降。因此,在保证试样表面不过热的情况下,升高沉积温度对提高TiN薄膜的硬度是有好处的。

(2)沉积电压对氮化钛薄膜性能的影响。随着沉积电压的升高,制备的TiN薄膜的断口组织细化,薄膜的显微硬度和沉积速率增加。在同一沉积条件下提高放电电压,也就意味着增强等离子体强度,使化学反应向有利于生成物的方向发展,所以提高沉积电压可以增加TiN薄膜的沉积速率。

(3)工件对氮化钛薄膜性能的影响。工件上薄膜使用性能的好坏不仅与薄膜本身的性能有关,而且还与工件材料的性能有关,尤其是工件材料的硬度,只有在比较坚硬的基体材料上,硬质薄膜才能发挥出其优越的耐磨性能。基底材料硬度不同,则TiN薄膜与基底的结合强度亦不同。基底硬度越大,TiN薄膜与基底之间的结合越好。在实际应用中,要尽量使基底材料在一定的沉积温度条件下保持较高的硬度,以提高薄膜的质量。基底表面粗糙度越小,氮化钛薄膜与基底之间的结合强度越高,基底表面粗糙度以抛光为佳。

第六节 珐琅工艺

珐琅英文名叫"enamel",是将各种颜色的釉料附在首饰金属胎上(采用金、银、铜、钛等材料作为胎底),经高温烧制而成的瑰丽多彩的工艺美术品。珐琅色彩非常绚丽,具有宝石般的光泽和质感,耐腐蚀、耐磨损、耐高温、防水防潮,坚硬固实,不老化不变质。珐琅应用在工艺饰品上拥有悠久历史,在古老的世纪,珐琅被运用在珠宝盒各种装饰品的设计上,到15世纪制表匠把它们用在制表工艺上,为手表增添明艳的色彩。珐琅考究的烧制方法耐人寻味,丰富的色彩表现力又将其推向时尚潮流的风口浪尖。珐琅首饰以色制胜,常常得到首饰设计师的垂青,特别是将珐琅用于金属首饰的表面装饰,可以大大增强首饰的艺术表现力。

珐琅在中国南方俗称"烧青",在北方俗称"烧蓝",在日本叫作"七宝烧"。

首饰珐琅处理方法主要分为:画珐琅、内填珐琅、掐丝珐琅三种。

1. 画珐琅

画珐琅工艺起源于西欧法国,于清朝康熙年间由欧洲商人及传教士经广东

第十一章 流行饰品的表面处理工艺

传入中国，最早在广东制造，广东民间称作"烧青""广珐琅"或"洋珐琅"。这种异常精美的工艺一进入中国便受到皇帝及大臣的喜爱与重视，清朝康熙、雍正、乾隆三帝皆于北京皇宫造办处及广东两地设立珐琅作坊，并多次从广东选送优秀画珐琅工匠进京效力，大量生产，所作珐琅器及珐琅珠宝皆供皇室享用。

画珐琅是三大类珐琅技术中最困难的一种。直接在金属上绘画的最大优势在于图案线条更加丰富，可以绘制更为精细、复杂的图案，自由而不受约束。不过，少了金属丝勾框这一步，将大大增加珐琅烧制的难度。首先是不同颜色之间的混色问题，没有金属丝将不同的颜色分隔开来，一旦珐琅彩料配制不好就会产生颜色互染的混乱状况。

画法琅制作方法是在金属胎上先上数层白色釉，也称瓷白。瓷白是一种白色固体，用时须研磨成粉末，适量加水调和，可用小号排笔在金属胎上涂刷，涂时要求均匀。烧瓷的炉火温度一般在720～820℃之间。烧结后就有了白色的底板，再以各色釉彩于此底板上作画，就像油画一样细绘出图案。混色是最大的问题，如果混色过度则烧结后图案模糊不清，破坏画面，所以当局部描绘后要先烧结，再描绘下一个部分，再烧结，一直重复此动作才能完成作品，有时须重复烧结数十次，如果中间一次烧坏都会毁坏此作品，所以画珐琅的工艺价值是非常高的。

2. 掐丝珐琅

掐丝珐琅工艺较为复杂，却是中国人最熟悉也是最能引以为傲的珐琅工艺，著名的"景泰蓝"就是掐丝珐琅的一种。其特点是在金属胎底上，先用金属丝线勾勒出图案的轮廓，使用天然粘合剂固定，然后焊接到金属胎上。再将不同颜色的珐琅釉料填充到勾勒好的轮廓内，这些珐琅釉料由研磨成细粉的矿石和金属氧化物构成。将金属片放入温度为800℃的特制火炉中焙烧，釉料会因高温而改变颜色。由于不同金属氧化物改变颜色所需要的温度不同，珐琅作品可能经过多次焙烧。最后磨平金属细线，再用一种无色透明的保护剂加以保护。

3. 内填珐琅

工艺与掐丝珐琅相似。金属饰品表面的纹饰采用錾刻、敲压或腐蚀等技术形成。先在金属胎上雕凿出图案，在雕凿的轮廓内预留出凹槽。要以不同粗细的线条构成生动的图案，彩绘师将珐琅涂料碾制为粉末，并以少许的水混匀，再将珐琅填入凹槽，以笔刷刷出细细一层彩绘图案。当完成后，待风干放置在超过800℃的高温窑中烧制，每一层的涂料都需要在高温窑中烧制40～60秒。经过多次重复填入珐琅和烧制、打磨，最终形成平滑且富有光彩的作品。

画珐琅首饰

纯银掐丝珐琅吊坠

内填珐琅胸针

第七节　滴胶工艺

　　滴胶工艺较多应用于流行饰品,按照胶料的性质,分软胶和硬胶两大类,软胶硬度较低,不适合打磨抛光,可用于工艺饰品的表面披覆;硬胶硬度高,可以用打磨抛光的方法处理,得到平整光亮的效果。

第十一章　流行饰品的表面处理工艺

一般采用环氧树脂水晶滴胶,它是由高纯度环氧树脂、固化剂及其他物质组成。其固化产物具有耐水、耐化学腐蚀、晶莹剔透的特点。使用该水晶滴胶除了对工艺饰品表面取到良好的保护作用外,还可增加其表面光泽与亮度,在胶料中通过加入各种颜料,可形成丰富的色彩系列,进一步增加表面装饰效果,适用于金属、陶瓷、玻璃、有机玻璃等材料制作的工艺品表面装饰与保护。

滴胶在表面效果上与珐琅相似,经常作为仿珐琅产品,有些地方叫作"软珐琅"。但是两者是有显著区别的,珐琅是珐琅彩颜料在高温下烧制而成,它非常坚硬稳定,耐久性好,不老化不变质,但是容易引起金属氧化和软化,不适合在已

不锈钢滴胶吊坠

镶嵌宝石的饰品上采用;而滴胶属于塑胶树脂类的有机化合物,这类塑胶树脂类的产品无需在高温炉中烧结呈色,只需将液态状的色胶涂在金属上自然风干或在烤温箱中烤干即可,制作简单,不会对金属产生有害影响,适合嵌宝饰品的最终处理,但是滴胶由于胶料材质关系,不耐久,也不耐高温,容易腐蚀和磨损,一定时间后容易出现老化褪色及失去光泽。档次较低,不保值。滴胶的基本过程如下。

(1)先将称量器具、调胶器具、作业物载具、干燥设备等必要的器具和设备以及待滴胶作业物准备到位。

(2)将天平秤(或电子秤)、烤箱、作业物载具、工作台面放置或调整水平。

(3)用干爽洁净的广口平底容器(具)秤量好 A 胶,同时按比例称好 B 胶(一般为 3∶1 重量比)

(4)用圆玻璃棒(或圆木棒)将 AB 混合物左、右或顺、逆时针方向搅拌,同时容器(具)最好倾斜 45°角并不停转动,持续搅拌 1～2 分钟左右即可。

(5)将搅拌好的 AB 混合胶水装入带尖嘴的软塑胶瓶内进行滴胶,将胶料滴到饰品要求的位置。

(6)滴胶面积稍大或滴胶水的数量较多时,为加速消除胶水中的气泡,可采用以液化气为燃料的火枪来催火消泡。消泡时火枪的火焰要调整到完全燃烧状态,且火焰离作业物表面最好保持 25cm 左右距离,火枪的行走速度也不能太快或太慢,保持适当速度即可。

(7)待气泡完全消除掉以后,就可将作业物以水平方式移入烤箱加温固化,温度调节应先以 40℃左右烤 30 分钟,再升高到 60～70℃,直到胶水完全固化。

第八节 蚀刻工艺

蚀刻就是用化学方法按一定的深度除去不需要的金属。其原理类似于电路板的制作,阳纹的加工首先将欲留存的金属部分用耐酸蚀的涂料涂盖,再利用酸性溶液对不需要的金属部分进行腐蚀;阴纹的加工与阳纹的加工正好相反。

蚀刻工艺适用于仿古工艺品和对表面风格有特殊要求首饰的加工和制作。近几年我国用蚀刻方法加工的金属画、工艺品和缕空艺术品出口量大大增加,是工艺饰品的一个新的分支。

蚀刻工艺可分为化学蚀刻、电解蚀刻、激光刻蚀、超声波刻蚀等方法。

一、化学蚀刻工艺

将不需要蚀刻的部分用耐蚀涂料覆盖,然后将工件浸泡在特制的蚀刻溶液中,溶液的配方如表 11-2,使要蚀刻的部位与溶液充分接触,必要时可以加热、搅拌等。根据需要蚀刻的深度和试验得到的蚀刻速率控制蚀刻所需的时间,即可获得所要求的蚀刻结果。

表 11-2 部分金属蚀刻液配方

成分及工艺条件	蚀刻不锈钢	蚀刻铜合金	蚀刻铝
氯化铁/(g·L^{-1})	600~800	600~650	450~550
盐酸/(g·L^{-1})	80~120		
磷酸/(g·L^{-1})	20~30		
硫酸铜/(g·L^{-1})			200~300
硫酸/(g·L^{-1})		90~100	10~20
硝酸/(g·L^{-1})		8~12	
蚀刻加速剂/(g·L^{-1})	80~100		
温度/℃	10~45	15~50	20~40
时间/min	15~20	10~15	10~20

化学蚀刻又分为浸泡和喷淋式蚀刻,浸泡主要加工小型的蚀刻工件,一次可处理多件。喷淋的方法就是将蚀刻的化学溶液不断地喷淋到金属表面的蚀刻部

第十一章 流行饰品的表面处理工艺

位,使溶液与金属充分接触产生腐蚀,使需要蚀刻的金属溶解。这种方法适用于制作大型的工件。

二、电解蚀刻

电解蚀刻的金属部位与溶液充分接触,并将工件作阳极,对着另一块耐蚀金属板作阴极,然后通以电流。蚀刻部分的金属在电解质溶液和阳极电流的共同作用下发生溶解,又叫电化学腐蚀溶解,得到需要的文字或花纹图案的腐蚀坑。蚀刻的深度可根据腐蚀的时间而定。由于电解蚀刻是溶液的化学作用和电流的溶解作用共同所致,所以蚀刻的速度快,容易获得较深的蚀坑,而且生产的效率高,适用于需要有深度的蚀刻工件制作。

第九节 纳米喷镀技术

纳米镜面喷镀技术采用喷涂的工艺做出电镀效果(镀金、镀银、镀铜、镀铬、镀镍、彩镀等),是继电镀、真空镀之后的又一项新兴工艺,只需用喷枪直接喷涂,工艺简单而且环保,无三废排放,成本低,不用做导电层。这种技术广泛适用于金属、玻璃、树脂、塑料、陶瓷、石膏等各种材料。加工颜色随心所欲,可定位喷涂。采用专用设备和先进的材料,可以在各种塑料制品、树脂、金属及玻璃、陶瓷、木材、复合材料等各种材料上做出黄金、红金、24K金、白金、银、圣诞红、嫩绿、宝石蓝、青古铜、红古铜、黑色、棕色等100多种高亮度镜面效果。

纳米喷镀首饰配件

一、纳米喷镀的原理

纳米喷镀是在经活化处理后的镀件表面上喷上适当的溶液而发生氧化还原反应沉积金属的过程。喷镀设备上的两个喷枪口同时喷射,一支喷出含有金属离子的金属盐溶液,金属离子可以是 Ag^+、Cr^{3+}、Ni^{2+}、Cu^{2+} 等,另一支喷出含有还原该金属离子的还原剂溶液。分别喷出的两种溶液在距离被喷镀件的15~

25cm处相遇,以混合状态附着于镀件表面上,并沉积出金属晶休,其晶体粒径为纳米级,对光有强烈的反射作用,形成光亮的纳米镜面。

二、纳米喷镀的特点

(1)绿色环保。无三废排放,无毒无公害,无有害重金属。

(2)投资少,成本低。与电镀相比设备投资小,无需配备废水处理系统。

(3)操作既安全又简单,效率高。操作人员不小心喷到手上或身上的其他位置,也不会有任何伤害。无需做水电镀处理和复杂的前期导电层处理。

(4)可定位喷镀,可在同一产品上分色喷镀。各种颜色随心所欲。

(5)加工件不受体积大小和形状的限制,不受各种材料的限制,可回收利用,节约资源。

(6)色彩多样性应用范围广泛。喷涂的产品既可单纯喷镀金、银、铬、镍、沙色镜面效果,也可以喷镀其他各种颜色,如金黄色、黄铜色、仿古金黄、炮铜色(红黄紫绿蓝)等各种高光亮效果。可以在金属、树脂、塑料、玻璃、陶瓷、亚克力、木材等各种材料上喷镀,可广泛应用于工艺品、饰品等多种表面装饰行业。

(7)纳米喷镀的制品具有优异的附着力、抗冲击力、耐腐蚀性、耐气候性、耐磨性和耐擦伤性,具有良好的防锈功能。

参考文献

鲍秀森.钛及钛合金的切削加工[J].钛工业进展,1994,(4):5-7
蔡珣.表面工程技术工艺方法400种[M].北京:机械工业出版社,2006
陈天玉.不锈钢表面处理技术[M].北京:化学工业出版社,2004
陈信国.几种低熔点合金加热浇注设备[J].机械工人(热加工),1991,(2):8-9
陈英泽,张晓丹.钛及钛合金的加工特点[J].电讯技术,1995,35(6):58-61
晨语.玻璃饰品 让你的视线无法挪移[J].家具与室内装饰,2003,(8):58-60
程秀云,等.电镀技术[M].北京:化学工业出版社,2004
崔金友,姜海波.木材改性处理与应用[J].林业机械与木工设备,2005,33(4):40-42
戴达煌,周克崧,袁镇海,等.现代材料表面技术科学[M].北京:冶金工业出版社,2004
段国平,韩永久.喷绘艺术玻璃技法[M].北京:化学工业出版社,2007
段丽艳.钛铸件的缺陷及消除方法的探讨[J].轻金属,2007,(2):45-48
范景莲.钨合金及其制备新技术[M].北京:冶金工业出版社,2006
冯凤钜.沉香木和沉香[J].中国木材,2005,(6):13-15
冯概彬.不饱和树脂工艺品镀金[J].电镀与环保,1999,19(6):12-13
伏永和.珐琅工艺与现代首饰设计[J].中国宝石,2002,11(4):146-147
高鹏.钨钼难熔金属的注射成形研究[D].北京:北京科技大学硕士学位论文,2007
耿浩然,丁宏升.铸造钛、轴承合金[M].北京:化学工业出版社,2007
耿浩然,王守仁,王艳.现代铸造合金及其熔炼技术丛书:铸造锌、铜合金[M].北京:化学工业出版社,2006
顾纪清.不锈钢应用手册[M].北京:化学工业出版社,2008
国家技术监督局.铸造碳化钨(GB/T2967-1989)[M].北京:中国标准出版社,1990
韩福忠.锡铋合金压型在熔模铸造中的应用[J].山西煤炭,2003,23(3):51-52
何毅华.陶瓷艺术中的审美情感——试论现代陶艺中的情感注解[D].成都:四川美术学院硕士学位论文,2004
胡传炘.实用表面前处理手册(第二版)[M].北京:化学工业出版社,2006
胡绍军.有机玻璃薄板的加工[J].机械工程师,2007,(7):159
黄位森.锡[M].北京:冶金工业出版社,2001
黄筱婷.平凡的神奇——树脂工艺品[J].建筑装饰材料世界,2007,(9):83-85
姜不居.熔模精密铸造[M].北京:机械工业出版社,2007
姜银方.压铸工艺及模具设计[M].北京:化学工业出版社,2006
金孙贤.义乌饰品市场及饰品生产现状与对策[J].经济论坛,2013,(10):54-56

康利宏.云南古代镍白铜初探[J].四川文物,2006,(5):72-76
李金桂,郑家燊.表面工程技术和缓蚀剂[M].北京:中国石化出版社,2007
李寿康.铜及铜合金知识简介[J].金属世界,2005,(4):39-41
李异.金属表面清洗技术[M].北京:化学工业出版社,2007
李异.金属表面艺术装饰处理[M].北京:化学工业出版社,2008
梁惠娥,刘素琼.浅谈藏苗服饰文化中的银饰艺术[J].江南大学学报(人文社会科学版), 2004,(6):110-112
林红强.竹编工艺用竹的材性测定[J].华东森林经理,2005,19(2):30-32
林湘泉.不锈钢的加工特性及切削方法的探讨[J].科技咨询导报,2007,(13):14-15
刘馥凝.天珠[J].中国宝石,2001,(3):190-191
刘徽平,陈一胜,温嵘生,等.黄金色铜粒子制取技术的试验研究[J].江西有色金属,2000,14 (4):38-40
刘平.铜合金及其应用[M].北京:化学工业出版社,2007
刘晓勇.玻璃生产工艺技术[M].北京:化学工业出版社,2008
卢宏远.压铸技术与生产[M].北京:机械工业出版社,1997
罗河胜.塑料工艺与实用配方[M].广州:广东科技出版社,2005
罗启全.铝合金石膏型精密铸造[M].广州:广东科技出版社,2005
马淳安,褚有群,黄辉,等.WC-Co硬质合金的相组成及其相变[J].浙江工业大学学报, 2003,31(1):1-6
梅建军.白铜——中国古代独创合金[J].金属世界,2002,(2):16-17
南一博,任绍辉,郑京.中国古琉璃浅释[J].理论界,2008,(4):135-136
倪如荣.故宫藏银器考析[J].文物世界,2004,(2):40-44
聂小武.铸造用纯铜及铜合金的熔炼工艺[J].机械工人(热加工),2006,(1):61-63
欧阳静.首饰的价值与发展趋势[J].中外轻工科技,2000,(1):6-7
潘锦华.大佛用锡青铜铸造性能的研究[J].铸造,1991,(7):1-5
钱栋,黄艺.义乌仿真饰品行业发展探析[J].现代商贸工业,2010,(20):102-103
邱坚,杨燕,欧志翔,等.木材中硅石的形成机理[J].木材加工机械,2006,(2):1-6
全国有色金属标准化技术委员.GB/T5231-2012 加工铜及铜合金牌号和化学成分[S].北京:国家质量监督检验检疫总局,2012
沈才卿.仿真首饰与高科技结缘——市场前景看好[J].中国黄金珠宝,2001,(1):45-46
沈才卿.人工合成宝石及仿真首饰在珠宝首饰市场中的地位及发展前景[J].铀矿地质,2002, 18(4):255-256
沈才卿.我国的仿真首饰业前景光明[J].珠宝科技,1999,(4):9-11
沈开猷.不饱和聚酯树脂及其应用[M].北京:化学工业出版社,2005
识途.云南少数民族银器饰品[J].中国宝石,2005,14(4):166-167
舒群,郭永良,陈子勇,等.铸造钛合金及其熔炼技术的发展现状[J].材料科学与工艺,2004, 12(3):332-336

参考文献

孙东升.不锈钢材料的车削加工[J].科学情报开发与经济,2002,12(5):180-181

孙永安,李县辉,张永乾.硬质合金的电解磨削加工[J].轴承,2002,(2):18-20

谭德睿,陈美怡.艺术铸造[M].上海:上海交通大学出版社,1996

田荣璋,王祝堂.铜合金及其加工手册[M].长沙:中南大学出版社,2002

万红峰.中高温发光陶瓷釉的研究[D].武汉:武汉理工大学硕士学位论文,2005

王碧文,王世民,王涛.仿金铜合金的研制与应用[J].材料科学与工艺,1998,6(3):69-92

王碧文.铜合金及其加工技术[M].北京:化学工业出版社,2007

王承遇,庞世红,陶瑛,等.无铅玻璃研制的进展[J].材料导报,2006,20(8):21-24

王承遇,陶瑛.玻璃表面处理技术[M].北京:化学工业出版社,2004

王德中.环氧树脂生产与应用[M].北京:化学工业出版社,2002

王广春.快速原型技术及其应用[M].北京:化学工业出版社,2006

王建国.开水能泡熔的合金[J].化工之友,2000,(3):50

王虞薇.义乌饰品产业集群转型升级存在的问题及政策建议[J].现代经济:现代物业中旬刊,2010,9(7):124-126

魏竹波,周继维.金属清洗技术(第二版)[M].北京:化学工业出版社,2007

温鸣,武建军,范永哲.有色金属表面着色技术[M].北京:化学工业出版社,2007

闻风.藏饰情结[J].成都文物,2005,(4):41

吴春苗.压铸实用技术[M].广州:广东科学技术出版社,2003

吴春苗.艺术铸造欣赏[M].广州:华南理工大学出版社,1997

吴芳.传统中的现代——关于藏族首饰的思考[J].中国宝石,2003,(3):99-101

吴晓辉.玻璃艺术的装饰研究[D].武汉:湖北工业大学硕士学位论文,2006

肖翔鹏,许洪胤,刘觑.新型无镍白铜的研究现状及发展前景[J].铝加工,2010,(1):54-56

谢成木.钛及钛合金铸造[M].北京:化学工业出版社,2005

徐宁.硬质合金成型工[M].北京:中国劳动社会保障出版社,2004

许爱民.景德镇陶瓷研究[D].广州:华南理工大学硕士学位论文,2004

娅妮.朦胧之美 过眼烟云[J].家具与室内装饰,2005,(3):92-95

闫洪,周天瑞.塑性成形原理[M].北京:清华大学出版社,2006

杨惠珊.钢铁的意志,温柔的心——琉璃工房的观念佩饰[J].中国黄金珠宝,2004,(2):88-90

杨文斌.熠熠闪烁的苗族银饰[J].装饰,2003,(9):43

杨志达.新潮的时装首饰[J].珠宝科技,1999,(2):24-25

叶久新,文晓涵.熔模精铸工艺指南[M].长沙:湖南科学技术出版社,2006

尹浩英.苗族银饰制作工艺初探[J].广西民族大学学报(哲学社会科学版),2007,29(B12):52-53

袁军平.首饰用不锈钢等的镍释放及抗菌改性[D].广州:暨南大学博士学位论文,2012

岳云志.简析不锈钢切削加工的特性和要求[J].职业技术,2006,(12):197

曾华梁,杨宗昌.电解和化学转化膜[M].北京:轻工业出版社,1987

曾华梁,等.电镀工艺手册(第2版)[M].北京:机械工业出版社,2004
曾正明.实用工程材料技术手册[M].北京:机械工业出版社,2002
张立同,曹腊梅.近净形熔模精密铸造理论与实践[M].北京:国防工业出版社,2007
张维用."琉璃"名字考[J].玻璃与搪瓷,1998,26(6):57-59
张喜燕,赵永庆,白晨光.轻合金丛书——钛合金及应用[M].北京:化学工业出版社,2005
张晓燕.国内时装首饰市场前景探析[J].中国宝石,2005,14(2):68-69
张玉平.金属材料的颜色定量研究及其在无镍白色铜合金开发中的应用[D].上海:上海交通大学博士学位论文,2002
赵孟伟.藏饰风情渐行渐远[J].科学投资,2006,(2):54-55
赵树萍,吕双坤,郝文杰.钛合金及其表面处理[M].哈尔滨:哈尔滨工业大学出版社,2003
赵天婵,欧阳忠.低熔点合金的成分及其熔点[J].机械工艺师,1996,(8):21-22
赵祎.试析贵州施洞地区苗族银饰文化兴盛的原因[J].饰:北京服装学院学报艺术版,2005,(4):10-12
郑静.现代珐琅首饰[J].中国宝石,2006,15(2):133-136
郑静.新材料的使用促进首饰创新[J].中国宝石,2004,13(4):103-104
郑利平.中国古代青铜器表面镶嵌工艺技术[J].金属世界,2007,(1):48-51
中国铸造协会编.熔模铸造手册[M].北京:机械工业出版社,2002
周红,胡映宁,廖小平.硬质合金表面的电解整平与抛光[J].化学世界,1999,(7):350-353
周华伟.出口仿真饰品中有毒有害物质的限量标准与控制[J].绿色科技,2013,(5):188-189
周振华,张丽."天珠"的染色工艺研究[J].宝石和宝石学杂志,2005,7(4):33-34
朱中平.不锈钢钢号中外对照手册[M].北京:化学工业出版社,2004
株洲硬质合金厂.硬质合金生产[M].北京:冶金工业出版社.1974
邹宁宇.玻璃钢制品手工成型工艺[M].北京:化学工业出版社,2006
邹宇超.低熔点合金的开发与应用[J].物理测试,1993,(6):244-245
[俄]梁基谢夫 Hn.郭青蔚译.金属二元系相图手册[M].北京:化学工业出版社,2009
Gerhard G.先进新型的 WC 和黏结剂粉末牌号、性能及应用[J].国外难熔金属与硬质材料,2000,16(2):1-12
Kazuhito K,Yasuharu Y. Nickel-free copper alloy[P]. EP0911419A1,1999
Nestle F O,Speidel H,Speidel M O. Metallurgy: high nickel release from 1- and 2-euro coins[J]. Nature,2002,419(6903):132
Ulf Rolander,等.影响 WC 基硬质合金烧结行为的因素[J].国外难熔金属与硬质材料,2001,17(1):13-17